高等数学

晏丽霞　梅晓玲　李昭敏　主　编
陶燕芳　胡　康　副主编

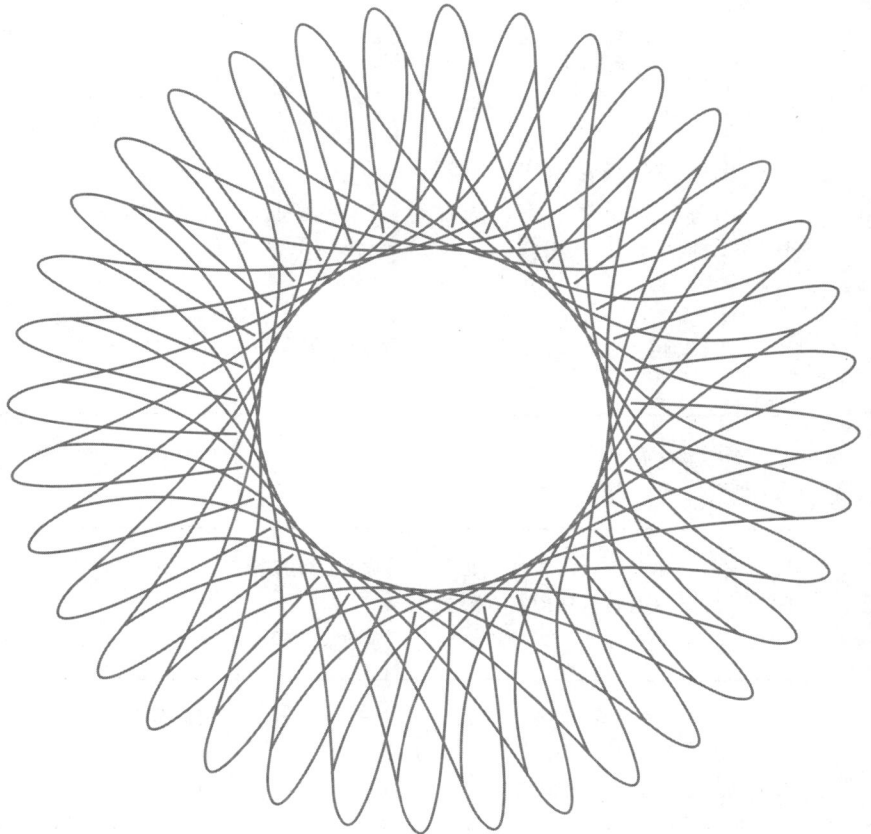

化学工业出版社
·北京·

内 容 简 介

本书共有 8 章,内容包括函数、极限与连续、导数与微分、微分中值定理与导数的应用、不定积分、定积分、多元函数的微积分、微分方程与差分方程及无穷级数. 书末附有初等数学常用公式、积分公式及希腊字母表,每章开头以二维码的形式介绍了与本章内容相关的课外知识,以期将思政元素融入课堂.

本书在保证知识的科学性、系统性与严密性的基础上,突出实际应用,以实例为主线,贯穿于概念的引入过程中. 在例题和习题的选择上,淡化数学理论的抽象感,注重实际,特别针对应用型高等学校经济与管理类专业学生的特点,所举例题尽量偏向于高等数学在经济管理学专业中的实际应用场景.

本书可作为应用型高等学校本科经济与管理类等非数学专业的高等数学或微积分课程的教材使用,也可作为部分专科的同类课程教材使用.

图书在版编目（CIP）数据

高等数学 / 晏丽霞,梅晓玲,李昭敏主编. -- 北京：
化学工业出版社,2025.7. --（普通高等教育教材）.
ISBN 978-7-122-48436-9

Ⅰ. O13

中国国家版本馆 CIP 数据核字第 2025X75U18 号

责任编辑：李锦侠   装帧设计：李子姮
责任校对：王　静

出版发行：化学工业出版社（北京市东城区青年湖南街 13 号　邮政编码 100011）
印　　装：河南省诚和印制有限公司
787mm×1092mm　1/16　印张 14½　字数 355 千字　2025 年 9 月北京第 1 版第 1 次印刷

购书咨询：010-64518888   售后服务：010-64518899
网　　址：http://www.cip.com.cn
凡购买本书,如有缺损质量问题,本社销售中心负责调换.

定　　价：49.80 元

前 言

"高等数学"是高等院校理工类、经管类各专业学生的重要数学基础课之一．以新工科为代表的"四新"专业改革让高等数学课程及其教材有了新的驱动力，深度交叉融合是高等数学课程教与学的新要求．

目前应用型高等学校所用教材大多直接选自传统普通高校教材，无法直接有效地满足实际教学需要．根据当前应用型高等学校经济与管理类专业学生的人才培养目标和所开设的高等数学课程的实际情况，本教材围绕教育部对培养应用型本科人才的要求，以教育部颁布的高等学校经济管理类及理工类少学时数学基础课程教学基本要求及研究生入学考试大纲为依据，全面系统地介绍了高等数学的基本理论、方法及其在经济管理科学领域的应用．

本书深入浅出，力图将内容的深度和广度恰当结合，在介绍数学知识的同时，强调培养学生的数学思维能力，引导学生体会和吸收数学文化和数学思想．在保证知识的科学性、系统性和严密性的基础上，具有以下特点．

第一，内容安排独特．在书中每章的开始，以课程思政元素引出这一章的主要内容，在拓展读者的数学文化素养的同时，让其能润物细无声地感受数学原理之美．每章的结尾，都会有本章思维导图，让读者对全章的内容和逻辑结构有一个更深入、更系统的理解．

第二，以实例为主线，贯穿于概念的引入、例题的配置与习题的选择中，淡化纯数学的抽象，注重实际内容及解决各种具体问题，特别根据应用型高等学校学生的特点，所举实例富有时代性和吸引力，突出实用、通俗易懂的特点．

第三，注重趣味性和知识拓展．在多数章节开头，都会有生动活泼、耐人寻味的实例作引子，通过内容的学习，让学生在学习知识的同时切实体会到所学知识的作用．部分章节引入相关的数学实验和数学模型，使学生感受用现代计算机技术求解复杂问题的趣味．通过了解相关的数学模型，培养学生的综合素质，促进学生积极参与数学建模等活动．

第四，例题与习题设计合理．本书例题循序渐进、便于自学，每章附有具有一定难度的总复习题，拓广了经济应用实例．

本教材适用于普通高等院校经济类、管理类、理工类少学时的各专业作为教材使用，也可以供学生自学使用．同时，还可作为高等职业教育、高等专科教育及成人高等教育各专业学生的教材或教学参考书．

参加本书编写的有晏丽霞、梅晓玲、李昭敏、陶燕芳、胡康，其中晏丽霞负责第一章、第七章的编写，第二~五章分别由梅晓玲、李昭敏、胡康、陶燕芳负责编写，第六章由李昭敏、胡康共同编写，第八章由梅晓玲与陶燕芳共同编写．全书由晏丽霞、梅晓玲审阅并负责统稿．特别感谢沈洁、吴纯、胡耀胜、谭莉、黄莉等老师，在全书编写中他们给出了很多中肯的意见，使编写工作得以顺利完成．在此，我们向所有为本教材编写作出贡献的人表示衷心的感谢．同时，感谢化学工业出版社为本教材的出版所付出的努力．

书中疏漏与欠妥之处在所难免，真心希望广大教师和学生不吝赐教并多提宝贵意见．希望本教材能够为高等数学的教学和学习提供有力的支持，帮助学生更好地掌握高等数学的知识和解题方法，为他们的专业学习和未来发展奠定坚实的数学基础．

编者

2025.6

目　录

第一章

函数、极限与连续

初等数学主要研究对象是常量，而高等数学主要研究对象是函数．所谓函数就是指变量之间的一种依赖关系．极限概念是研究函数概念的理论基础，极限方法则是研究微积分学的一种基本分析方法．本章将对函数概念进行复习和补充，并学习如何利用极限思想研究函数，讨论函数的连续性．极限理论的学习与讨论，将为我们奠定学习高等数学的基础．

第一节　函数

这节将对区间与邻域、函数等作简单介绍．鉴于初学者在学习本课程前所掌握的初等数学的差异，我们还将适当地介绍或复习初等数学中的一些重要结果和公式，供学习者选用．

一、区间与邻域

区间是指介于某两个实数之间的全体实数．这两个实数叫作区间的端点．区间可以分为以下几种．

设 $\forall a, b \in \mathbf{R}$，且 $a < b$．

开区间：$(a, b) = \{x \mid a < x < b, x \in \mathbf{R}\}$．

闭区间：$[a, b] = \{x \mid a \leqslant x \leqslant b, x \in \mathbf{R}\}$．

左开右闭区间：$(a, b] = \{x \mid a < x \leqslant b, x \in \mathbf{R}\}$．

左闭右开区间：$[a, b) = \{x \mid a \leqslant x < b, x \in \mathbf{R}\}$．

上述区间称为**有限区间**，它们的区间长度是有限的，a 和 b 称为区间的**端点**．此外，还有无限区间，分别定义如下．

$[a, +\infty)$：表示不小于 a 的实数的全体，也可记为 $\{x \mid x \geqslant a\}$．

$(-\infty, b)$：表示小于 b 的实数的全体，也可记为 $\{x \mid x < b\}$．

$(-\infty, +\infty)$：表示全体实数，也可记为 $\{x \mid -\infty < x < +\infty\}$．

注意　$-\infty$ 和 $+\infty$ 分别读作"负无穷大"和"正无穷大"，它们不是数，仅仅是个记号．

有限区间和无限区间统称为**区间**．

在后面的学习中，有时需考虑函数在某点附近的局部形态，从而引进邻域的概念，它是某点 x_0 附近的所有点构成的集合．具体定义如下．

设 δ 为某个正数，实数集合 $\{x \mid |x-x_0| < \delta\}$ 在数轴上是一个以点 x_0 为中心、长度为 2δ 的开区间 $(x_0-\delta, x_0+\delta)$，称之为点 x_0 的 δ **邻域**，记为 $U(x_0, \delta)$. x_0 称为邻域的中心，δ 为邻域的半径.

例如，$U(1, 0.5) = \{x \mid |x-1| < 0.5\}$，即以点 $x_0 = 1$ 为中心、以 0.5 为半径的邻域，也就是开区间 $(0.5, 1.5)$.

特别地，点 x_0 的邻域内去掉中心点 x_0 后其余的点所组成的集合称为点 x_0 的**去心邻域**，记为 $U^{\circ}(x_0, \delta)$，用集合表示为 $\{x \mid 0 < |x-x_0| < \delta\}$，区间表示为 $(x_0-\delta, x_0) \bigcup (x_0, x_0+\delta)$. 称开区间 $(x_0-\delta, x_0)$ 为点 x_0 的**左邻域**，开区间 $(x_0, x_0+\delta)$ 为点 x_0 的**右邻域**.

当不必指明邻域半径时，上述记号中的正数 δ 可省略，即邻域、空心邻域可简记为 $U(x_0)$，$U^{\circ}(x_0)$.

二、函数的概念

在研究自然的、社会的以及经济活动的某个过程时，常常会碰到各种不同的量，如时间、速度、温度、成本和利润等. 这些量一般可分成两类，其中一类量在研究过程中保持不变，这种量被称为常量；而另一类量在研究过程中总是变化的，我们把它叫作变量.

例如，圆的面积公式 $S = \pi R^2$ 中，π 是常量，面积 S 和半径 R 是变量，且 S 随着 R 的变化而变化，即变量 S 依赖于变量 R.

又如，单价为 5 元的足球彩票的销售额 y（元）与销量 x（张）之间的关系 $y = 5x$ 中，显然销售额 y 和销量 x 是变量，且 y 依赖于 x，也即当 x 在自然数集 **N** 中任意取定时，由上式就可确定 y 的数值.

1. 函数的定义

定义 1 设 D 是非空实数集，如果对于任意的 $x \in D$，按照某个对应法则 f，都有唯一的一个实数 y 与之对应，则称 f 是定义在 D 上的**函数**，集合 D 称为函数 f 的定义域，与 D 中 x 对应的 y 称为 f 在 x 处的函数值，记作

$$y = f(x), \quad x \in D$$

全体函数值构成的集合称为函数 f 的**值域**，一般记作 $W = \{y \mid y = f(x), x \in D\}$，称 x 为**自变量**，y 为**因变量**.

例 1 求函数 $y = \dfrac{\sqrt{x+3}}{\ln(1-x)}$ 的定义域.

解 从函数式看，需考虑：根式内非负、分母不为零、对数真数大于零三种情况，取它们的公共部分，即求不等式组 $\begin{cases} x+3 \geqslant 0 \\ 1-x > 0 \\ \ln(1-x) \neq 0 \end{cases}$ 的解，得定义域 $D = [-3, 0) \bigcup (0, 1)$.

两个函数为同一函数的要素有两个：(1) 定义域相同；(2) 对应法则相同.

要判断两个函数是否为同一函数，必须判断两个要素是否同时成立，如果定义域和对应法则都相同，则为同一个函数，否则就是两个不同的函数.

如 $f(x) = \lg x^2$ 的定义域为 $x \neq 0$，$g(x) = 2\lg x$ 的定义域为 $x > 0$，由于定义域不同，所以它们不是同一个函数. 再如 $f(x) = x$ 定义域是 **R**，$g(x) = \sqrt{x^2}$ 定义域是 **R**，但是

$g(x)=\sqrt{x^2}=|x|$，因此这两个函数的对应法则不同，所以它们不是同一个函数.

设函数 $y=f(x)$ 的定义域为 D，任取 $x\in D$ 得到对应的函数值 y，则实数对 (x,y) 在 xOy 平面内确定了一点 $P(x,y)$，我们称集合（平面上点的集合）

$$C=\{(x,y)\mid y=f(x),x\in D\}$$

为函数 $y=f(x)$ 的图形（或图像）.

例如，函数 $y=\dfrac{1}{x}$ 的图形（图 1-1），它包含第 I 和第 III 象限内的两支曲线.

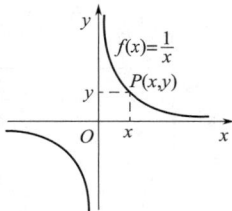

表示函数的主要方法有三种，表格法、图形法、解析法，这在中学时期大家已经熟悉，这里不再做详细的讲解.

图 1-1

2. 几种特殊函数

有些函数，对于其定义域内自变量的不同值，其对应规则不能用一个统一的数学表达式表示，而要用两个或两个以上的式子表示，这类函数称为"分段函数". 分段函数的表达式虽然用几个式子表达，但它表示的是一个函数而不是几个函数.

例如，函数 $y=f(x)=\begin{cases}x-1, & x\le1 \\ 2\sqrt[3]{x}, & x>1\end{cases}$ 是一个分段函数. 它的定义域 $D=(-\infty,+\infty)$. 当 $x\in(-\infty,1]$ 时，对应的函数表达式 $f(x)=x-1$；当 $x\in(1,+\infty)$ 时，对应的函数表达式 $f(x)=2\sqrt[3]{x}$. 特别地，因为 $-2\in(-\infty,1]$，所以 $f(-2)=-2-1=-3$；因为 $8\in(1,+\infty)$，所以 $f(8)=2\sqrt[3]{8}=4$.

下面我们给出几个在高等数学中经常用到的函数.

(1) **常值函数**：$y=C$（C 为常数），它的图像是一条平行于 x 轴的直线，定义域是 **R**，值域是 $\{C\}$. 如图 1-2 所示.

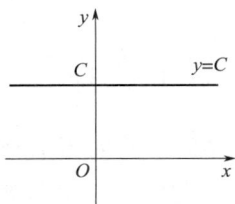

(2) **绝对值函数**：$y=|x|$ 的定义域是 **R**，值域是 $[0,+\infty)$. 如图 1-3 所示.

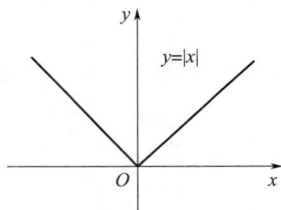

图 1-2

图 1-3

(3) **符号函数**：$y=\operatorname{sgn}x=\begin{cases}1, & x>0 \\ 0, & x=0 \\ -1, & x<0\end{cases}$，它的定义域是 **R**，值域是 $\{-1,0,1\}$. 它的图形如图 1-4 所示.

(4) **取整函数**：$y=[x]$，其中 $[x]$ 表示不超过 x 的最大整数，它的定义域是 **R**，值域是 **Z**. 它的图形如图 1-5 所示. 如 $[1.3]=1$，$[\pi]=3$，$[-2]=-2$，$[-3.2]=-4$.

(5) **狄利克雷函数**：$D(x)=\begin{cases}1, & x\in\mathbf{Q} \\ 0, & x\in\mathbf{Q}^c\end{cases}$，它的定义域为 **R**，值域为 $\{0,1\}$.

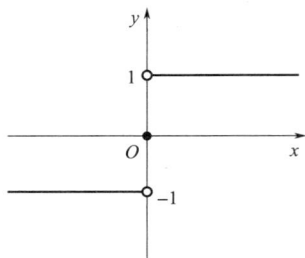

图 1-4

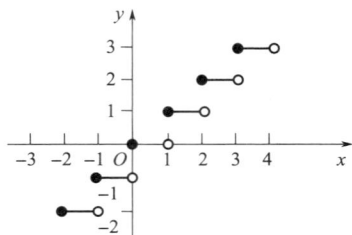

图 1-5

三、函数的几种特性

1. 有界性

设函数 $y=f(x)$ 的定义域为 D，数集 $X\subseteq D$，如果存在常数 M，对于任一 $x\in X$ 都有 $f(x)\leqslant M$，则称函数 $y=f(x)$ 在 X 上有**上界**。如果存在常数 m，对于任一 $x\in X$ 都有 $f(x)\geqslant m$，则称函数 $y=f(x)$ 在 X 上有**下界**。如果函数 $y=f(x)$ 在 X 上既有上界又有下界，则称 $y=f(x)$ 在 X 上**有界**。

函数 $y=f(x)$ 在 X 上有界也可以定义为：设 $y=f(x)$ 的定义域为 D，数集 $X\subseteq D$，若存在 $M>0$，对于任一 $x\in X$ 都有 $|f(x)|\leqslant M$，则称函数 $y=f(x)$ 在 X 上**有界**。如果这样的 M 不存在，就称函数 $y=f(x)$ 在 D 上**无界**。即如果对于任何正数 M，总存在 $x_0\in D$，使得 $|f(x_0)|>M$，那么函数 $y=f(x)$ 在 D 上**无界**。

例如，函数 $f(x)=\cos x$ 对 $(-\infty,+\infty)$ 内的任一 x，都有 $\cos x\leqslant 1$，故数 1 是它的一个上界；对 $(-\infty,+\infty)$ 上的任一 x 都有 $\cos x\geqslant -1$，故数 -1 是它的一个下界。又有 $|\cos x|\leqslant 1$ 对任一实数 x 都成立，故函数 $f(x)=\cos x$ 在 $(-\infty,+\infty)$ 内是有界的。这里 $M=1$。

又如函数 $f(x)=\dfrac{1}{x}$ 在开区间 $(0,1)$ 内没有上界，但有下界，1 就可以作为它的一个下界。$f(x)=\dfrac{1}{x}$ 在开区间 $(0,1)$ 内是无界的，因为不存在正数 M，使 $\left|\dfrac{1}{x}\right|\leqslant M$ 对于 $(0,1)$ 内的一切 x 都成立。但是 $f(x)=\dfrac{1}{x}$ 在区间 $(2,3)$ 上是有界的，例如可取 $M=\dfrac{1}{2}$，可使 $\left|\dfrac{1}{x}\right|\leqslant\dfrac{1}{2}$ 对于一切 $x\in(2,3)$ 都成立。这说明，函数的有界性，是在某相应范围内的性质。

容易证明，函数 $f(x)$ 在 X 上有界的充分必要条件是它在 X 上既有上界又有下界。

2. 单调性

设函数 $y=f(x)$ 的定义域为 D，区间 $I\subseteq D$。如果对于区间 I 上任意两点 x_1 和 x_2，当 $x_1<x_2$ 时，总有 $f(x_1)<f(x_2)$ [或 $f(x_1)>f(x_2)$]，则称 $f(x)$ 在 D 上**单调增加**（或**单调减少**）。

单调增加或单调减少的函数统称为**单调函数**。

例如，函数 $y=x^2$ 在 $(-\infty,0)$ 上单调减少，在 $(0,+\infty)$ 上单调增加。

3. 奇偶性

设函数 $y=f(x)$ 的定义域 D 关于原点对称，即当 $x\in D$ 时，$-x\in D$．如果对于任一 $x\in D$，有 $f(-x)=f(x)$，则称 $f(x)$ 为**偶函数**；若 $f(-x)=-f(x)$，则称 $f(x)$ 为**奇函数**．

例如，$y=\cos x$，$y=x^2$ 是偶函数；$y=\sin x$，$y=x^3$ 是奇函数．

例 2 判断函数 $f(x)=\dfrac{a^x+a^{-x}}{2}$ 的奇偶性．

解 因为 $f(x)$ 的定义域为 **R**，且 $f(-x)=\dfrac{a^{-x}+a^x}{2}=f(x)$，故函数 $f(x)=\dfrac{a^x+a^{-x}}{2}$ 为偶函数．

4. 周期性

设函数 $y=f(x)$ 的定义域为 D，如果存在一个非零常数 T，使得对于任一 $x\in D$，有 $x+T\in D$，且关系式 $f(x+T)=f(x)$ 都成立，则称函数 $f(x)$ 是以 T 为周期的**周期函数**．T 的整数倍也是 $f(x)$ 的周期．能使 $f(x+T)=f(x)$ 成立的最小正数 T 称为周期函数 $f(x)$ 的最小正周期．通常所说的周期指函数的最小正周期．如 $f(x)=\cos x$ 是周期为 2π 的周期函数．

但是并不是所有的周期函数都有最小正周期．例如函数 $y=c$（c 为常数），就没有最小正周期．

四、反函数与复合函数

1. 反函数

设函数 $y=f(x)$ 的定义域为 D，值域为 W，如果对 W 中的任何一个实数 y，有唯一的一个 $x\in D$，使 $f(x)=y$ 成立．那么把 y 看成自变量，x 看成因变量，由函数的定义，x 就成为了 y 的函数，这个函数被称为 $y=f(x)$ 的**反函数**，记 $x=f^{-1}(y)$，其定义域是 W，值域是 D．

按照习惯，我们总是取 x 为自变量，y 为因变量，这样函数 $y=f(x)$ 的反函数就写成 $y=f^{-1}(x)$．如果把 $y=f(x)$ 与其反函数 $y=f^{-1}(x)$ 的图形画在同一坐标平面上，那么这两个图形关于直线 $y=x$ 对称（图1-6）．

显然，$y=f(x)$ 也是 $y=f^{-1}(x)$ 的反函数，或者说，$y=f(x)$ 与 $y=f^{-1}(x)$ 互为反函数，前者的定义域与后者的值域相同，前者的值域与后者的定义域相同．

注意 单调函数必有反函数．

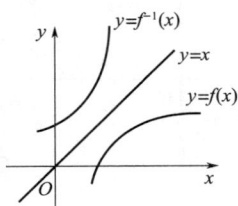

图 1-6

2. 复合函数

对于一些函数，例如 $y=\tan(2x+1)$，我们可以把它看成是将 $u=2x+1$ 代入 $y=\tan u$ 中而得．像这样在一定条件下，将一个函数"代入"到另一个函数中的运算在数学上叫作函数的复合运算，由此而得的函数就叫作复合函数．

定义 2 设函数 $y=f(u)$ 的定义域为 D_f，函数 $u=g(x)$ 的定义域为 D_g，若存在某区域 $D_1\subseteq D_g$，使得 $u=g(x)$ 的对应值域 $R_g\subseteq D_f$，则由它们可以构成下面的函数

$$y=f[g(x)],\quad x\in D_1,$$

此函数被称为由函数 $u=g(x)$ 与函数 $y=f(u)$ 构成的**复合函数**. 它的定义域是 D_1，u 被称为中间变量.

例 3 设函数 $f(u)=u^2$，$u=g(x)=\sin x$，求复合函数 $f[g(x)]$.

解 设 $f(u)=u^2$，$D_f : u\in(-\infty,+\infty)$，

而 $u=g(x)=\sin x$，$x\in(-\infty,+\infty)$，$R_g : u\in[-1,1]\subseteq D_f$，

故可以构成复合函数 $f[g(x)]=\sin^2 x$，$x\in(-\infty,+\infty)$.

例 4 设三个函数 $f(u)=u^3$，$u=g(v)=\ln v$，$v=h(x)=x^2-1$，求 $f\{g[h(x)]\}$.

解 设 $f(u)=u^3$，$u=g(v)=\ln v$，$v=h(x)=x^2-1$.

则当 $D_1=\{x\,|\,|x|>1\}\subset D_h=\{x\,|\,x\in\mathbf{R}\}$ 时，$R_h=\{v\,|\,v>0\}\subseteq D_u$，且 $R_u\subseteq D_f$，故可以构成复合函数：$f\{g[h(x)]\}=\ln^3(x^2-1)$，$x\in(-\infty,-1)\bigcup(1,+\infty)$.

注意 定义中函数能构成复合函数的条件 $R_g\subseteq D_f$ 不可少.

例如，函数 $y=f(u)=\ln u$ 和 $u=g(x)=\cos x-1$ 就不能构成复合函数，因为 $\forall x\in D_g$，$R_g\bigcap D_f=\varnothing$.

可见并不是任意两个函数都可以进行复合而成为复合函数. 一般地，若 $R_g\bigcap D_f\neq\varnothing$，可以得到复合函数 $y=f[g(x)]$.

五、初等函数

1. 基本初等函数

在中学的时候已经讲过下面几类基本初等函数.

幂函数：$y=x^\mu$ $(\mu\in\mathbf{R})$.

指数函数：$y=a^x$ $(a>0$ 且 $a\neq 1)$.

对数函数：$y=\log_a x$ $(a>0$ 且 $a\neq 1)$.

三角函数：$y=\sin x$，$y=\cos x$，$y=\tan x$，$y=\cot x$，$y=\sec x$，$y=\csc x$.

反三角函数：$y=\arcsin x$，$y=\arccos x$，$y=\arctan x$，$y=\text{arccot}\, x$.

部分基本初等函数的图形见表 1-1.

表 1-1 部分基本初等函数的图形

函数	表达式	定义域和值域	图像
常函数	$y=C$	$x\in(-\infty,+\infty)$ $y\in\{C\}$	
幂函数	$y=x^\mu$	定义域与值域随 μ 的不同而不同	

续表

函数	表达式	定义域和值域	图像
指数 函数	$y=a^x$ $(a>0$ 且 $a\neq1)$	$x\in(-\infty,+\infty)$ $y\in(0,+\infty)$	
对数 函数	$y=\log_a x$ $(a>0$ 且 $a\neq1)$	$x\in(0,+\infty)$ $y\in(-\infty,+\infty)$	
正弦 函数	$y=\sin x$	$x\in(-\infty,+\infty)$ $y\in[-1,1]$	
余弦 函数	$y=\cos x$	$x\in(-\infty,+\infty)$ $y\in[-1,1]$	
正切 函数	$y=\tan x$	$x\neq k\pi+\dfrac{\pi}{2}(k\in\mathbf{Z})$ $y\in(-\infty,+\infty)$	
余切 函数	$y=\cot x$	$x\neq k\pi(k\in\mathbf{Z})$ $y\in(-\infty,+\infty)$	

续表

函数	表达式	定义域和值域	图像
反正弦函数	$y = \arcsin x$	$x \in [-1, 1]$ $y \in \left[-\dfrac{\pi}{2}, \dfrac{\pi}{2}\right]$	
反余弦函数	$y = \arccos x$	$x \in [-1, 1]$ $y \in [0, \pi]$	
反正切函数	$y = \arctan x$	$x \in (-\infty, +\infty)$ $y \in \left(-\dfrac{\pi}{2}, \dfrac{\pi}{2}\right)$	
反余切函数	$y = \operatorname{arccot} x$	$x \in (-\infty, +\infty)$ $y \in (0, \pi)$	

2. 初等函数

由常数和基本初等函数经过有限次的四则运算和有限次的函数复合步骤所构成并可用一个式子表示的函数，称为**初等函数**.

例如，$y = \ln x + x \mathrm{e}^{2x}$，$y = \ln(x + \sqrt{1 + x^2})$ 等都是初等函数. 在本课程中所讨论的函数绝大多数都是初等函数. 初等函数在其定义域内具有很好的性质（如连续性），它是高等数学课程中的主要研究对象.

习题 1-1

1. 求下列函数的定义域.

(1) $f(x) = \sqrt{2x - 3} + 2$；

(2) $f(x) = \sqrt{x^2 + 2x - 15}$；

(3) $f(x) = \ln \dfrac{1}{1 - x}$；

(4) $f(x) = \sqrt{x^2 - x - 6} + \arcsin \dfrac{2x - 1}{7}$；

(5) $f(x) = \ln(\cos 2x)$；

(6) $f(x) = \dfrac{\lg(3-x)}{\sqrt{|x|-1}}$.

2. 判断下列函数的单调性.

(1) $y = 2x + 5$；

(2) $y = 1 - 4x^2$；

(3) $y = x^{-\frac{1}{2}}$；

(4) $y = x + \lg x$.

3. 讨论下列函数的奇偶性.

(1) $f(x) = x + \sin x$；

(2) $f(x) = x\cos x$；

(3) $f(x) = x \cdot 3^{x^2}$；

(4) $f(x) = \lg(\sqrt{x^2+1} - x)$.

4. 求下列函数的周期.

(1) $f(x) = \sin(2x + 3)$；

(2) $f(x) = \sin^2 x$；

(3) $f(x) = |\cos x|$；

(4) $f(x) = 1 + |\sin 2x|$.

5. 求下列函数的反函数.

(1) $y = 3x + 1$；

(2) $y = \dfrac{x+3}{x-3}$；

(3) $y = 1 + 3\sin\dfrac{x-1}{x+1}$；

(4) $y = \dfrac{e^x - e^{-x}}{2}$.

6. 下列函数可以看成由哪些简单函数复合而成.

(1) $y = \sqrt{2x-5}$；

(2) $y = (1 + \lg x)^5$；

(3) $y = \sin(x^2 + 1)$；

(4) $y = \sqrt[3]{x^2 - 4}$；

(5) $y = \arctan e^{\sqrt{x-1}}$；

(6) $y = \sqrt{\ln\sqrt{x}}$.

7. 设某商品的市场供应函数 $Q = Q(p) = -70 + 5p$，其中 Q 为供应量，p 为市场价格，商品的单位生产成本是 1.5 元，试建立利润 L 与市场价格 p 的函数关系式.

8. 设生产与销售某种商品的总收益函数 R 是产量 Q 的二次函数，经统计得知当产量分别是 0,2,4 时，总收益 R 为 0,6,8，试确定 R 关于 Q 的函数式.

9. 某厂生产一种元器件，设计能力为日产 100 件，每日的固定成本为 150 元，每件的平均可变成本为 10 元.

(1) 试求该厂生产该元器件的日总成本函数及平均成本函数；

(2) 若每件售价 14 元，试写出总收益函数；

(3) 试写出利润函数.

第二节　数列的极限

极限是高等数学中最为基础且核心的概念之一，其思想与方法贯穿于高等数学的各个领域. 在微积分中，诸如连续性、导数、定积分以及无穷级数等概念，均以极限为基础进行定义与构建. 极限方法不仅是高等数学中的基本工具，更是区分高等数学与初等数学的重要标志.

一、数列极限的定义

引例 1　我国古代很早就有极限思想的萌芽，在《庄子·天下篇》中有"一尺之棰，日取其半，万世不竭". 意思是：一尺长的棍棒，每日截取它的一半，永远截不完. 如果把每天截取后剩余部分的长度依次记录下来，就是

$$\frac{1}{2},\frac{1}{4},\frac{1}{8},\cdots,\frac{1}{2^n},\cdots.$$

当 n 无限增大时，剩余的长度就无限接近于 0，但永远不等于 0.

引例 2 我国魏晋时期的数学家刘徽就用圆的内接正多边形——割圆术——来近似计算圆的面积.

设有一圆，首先作内接正六边形，如图 1-7(a)，将它的面积记为 A_1；再作内接正十二边形，如图 1-7(b)，把它的面积记为 A_2；再作内接正二十四边形，如图 1-7(c)，把它的面积记为 A_3；如此下去，每次边数加倍，把内接正 $6\times2^{n-1}$ 边形的面积记为 A_n，这样，就得到一系列内接正多边形的面积

$$A_1,A_2,A_3,\cdots,A_n,\cdots$$

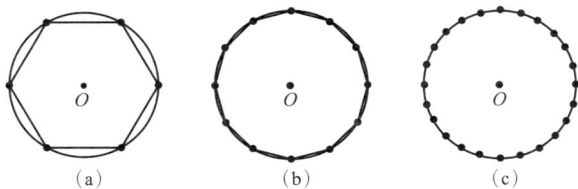

图 1-7

当 n 越大时，内接正多边形的面积与圆的面积差别越小. 刘徽说："割之弥细，所失弥少，割之又割，以至于不可割，则与圆周合体而无所失矣." 也就是说，n 无限增大时，圆内接正多边形的面积 A_n 就无限接近于圆的面积 A.

由此可见，极限方法是在解决实际问题中逐步形成的一种基本方法.

1. 数列

定义 1 如果按照某一法则，对每个正整数 n，对应着一个确定的实数 x_n，这些实数 x_n 按照下标 n 从小到大排列得到一个序列

$$x_1,x_2,x_3,\cdots,x_n,\cdots$$

称为数列，记为 $\{x_n\}$，其中 x_n 称为数列的第 n 项或**通项**.

例如：

（1） $\frac{1}{2},\frac{1}{2^2},\frac{1}{2^3},\cdots,\frac{1}{2^n},\cdots$，通项为 $\frac{1}{2^n}$；

（2） $2,\frac{1}{2},\frac{4}{3},\cdots,1+\frac{(-1)^{n+1}}{n},\cdots$，通项为 $1+\frac{(-1)^{n+1}}{n}$；

（3） $1,-1,1,\cdots,(-1)^{n+1},\cdots$，通项为 $(-1)^{n+1}$.

根据定义，数列 $\{x_n\}$ 实质上是定义在正整数集上的函数 $x_n=f(n)$，$n\in\mathbf{N}_+$，因而数列也称为**整标函数**. 当自变量依次取 $1,2,3,\cdots$ 等一切正整数时，对应的函数值就排成数列 $\{x_n\}$. 数列作为一种特殊的函数，可以讨论它的单调性和有界性等性质.

如果数列 $\{x_n\}$ 满足 $x_1\leqslant x_2\leqslant x_3\leqslant\cdots\leqslant x_n\leqslant\cdots$ 则称数列 $\{x_n\}$ 为单调增加的数列；如果数列 $\{x_n\}$ 满足 $x_1\geqslant x_2\geqslant x_3\geqslant\cdots\geqslant x_n\geqslant\cdots$ 则称数列 $\{x_n\}$ 为单调减少的数列.

如果存在一个正数 M，使得对于一切正整数 n，都满足 $|x_n|\leqslant M$，则称数列 $\{x_n\}$ 为

有界数列.

2. 数列的极限

我们知道，圆内接正多边形的面积 $A_n = f(n)$（n 为正多边形的边数），当 n 越来越大时，A_n 就越来越接近于圆的面积，这里，我们说 A_n 以圆面积为极限.

下列举几个例子.

（1）$x_n = 1 + \dfrac{1}{n} : 2, \dfrac{3}{2}, \dfrac{4}{3}, \dfrac{5}{4}, \cdots$；

（2）$x_n = 1 - \dfrac{1}{n} : 0, \dfrac{1}{2}, \dfrac{2}{3}, \dfrac{3}{4}, \cdots$；

（3）$x_n = 1 + (-1)^{n+1} \dfrac{1}{n} : 2, \dfrac{1}{2}, \dfrac{4}{3}, \dfrac{3}{4}, \cdots$.

对于这三个数列，当 n 无限增大时，x_n 都无限地接近于 1，即"当 n 无限增大时，x_n 与 1 的差无限地接近于 0". 换句话说，随着 n 越来越大，这三个数列的取值与 1 之差的绝对值 $|x_n - 1|$ 越来越小. 当 n 无限增大时，$|x_n - 1|$ 无限接近于 0. 所谓无限接近于 0，即在 n 增大的过程中，$|x_n - 1|$ 可以任意小. "$|x_n - 1|$ 可以任意小"是指：不论事先指定一个多么小的正数，在 n 无限增大的变化过程中，总有那么一个时刻（也就是 n 增大到一定程度），在该时刻以后，$|x_n - 1|$ 总小于那个事先指定的小正数.

下面以数列（3）为例来说明"当 n 无限增大时，$|x_n - 1|$ 可以任意小". 因为

$$|x_n - 1| = \left| 1 + \frac{(-1)^{n+1}}{n} - 1 \right| = \frac{1}{n}.$$

所以，给定一个小正数，比如 0.01，要使 $|x_n - 1| < 0.01$，只要 $n > 100$，即从第 101 项开始，就能使 $|x_n - 1| < 0.01$ 成立；给定一个小正数，比如 0.001，要使 $|x_n - 1| < 0.001$，只要 $n > 1000$，即从第 1001 项开始，就能满足.

由此可见，无论事先给出一个多么小的正数 ε，要使 $|x_n - 1| < \varepsilon$，只要 $n > \left[\dfrac{1}{\varepsilon} \right]$ 即可.

因此，我们给出数列极限的定义如下.

定义 2 给定数列 $\{x_n\}$，如果存在常数 a，对于任意给定的正数 ε（无论它多么小），总存在正整数 N，使得当 $n > N$ 时，不等式 $|x_n - a| < \varepsilon$ 都成立，那么就称常数 a 是数列 $\{x_n\}$ 的**极限**，或者称数列 $\{x_n\}$ **收敛**于 a，记作

$$\lim_{n \to \infty} x_n = a \text{ 或者 } x_n \to a (n \to \infty).$$

如果不存在这样的常数 a，就说数列 $\{x_n\}$ 没有极限，或者说数列 $\{x_n\}$ 是**发散**的，习惯上也说 $\lim\limits_{n \to \infty} x_n$ 不存在.

例如，当 n 无限增大时，数列 $x_n = \dfrac{1}{2^n}$ 收敛于 0；数列 $x_n = 1 + \dfrac{1}{n}$ 收敛于 1；而 $x_n = 3n$ 无极限，所以它是发散的.

上面定义中的正数 ε 用来衡量 x_n 与 a 的接近程度，它可以任意给定，这一点很重要，因为只有这样，不等式 $|x_n - a| < \varepsilon$ 才能表达出 x_n 与 a 可以无限接近的意思. 另外，还应注意到，定义中的正整数 N 与 ε 有关，它随着 ε 的给定而选定.

下面讨论数列极限的几何意义.

将常数 a 及数列 $x_1,x_2,x_3,\cdots,x_n,\cdots$ 在数轴上用它们的对应点表示出来，再在数轴上作点 a 的 ε 邻域，即开区间 $(a-\varepsilon,a+\varepsilon)$（图 1-8）.

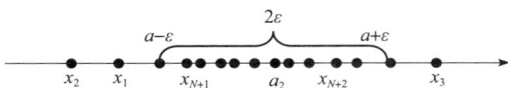

图 1-8

当 $n>N$ 时，由 $|x_n-a|<\varepsilon$ 得：
$$a-\varepsilon<x_n<a+\varepsilon,$$
这说明数列 x_n 从第 $N+1$ 项开始，后面的所有项都落在开区间
$$(a-\varepsilon,a+\varepsilon)$$
内，而只有有限个（最多只有 N 个）在这个区间外.

*例 利用定义证明 $\lim\limits_{n\to\infty}\dfrac{1}{2^n}=0$.

证 由于 $\left|\dfrac{1}{2^n}-0\right|=\dfrac{1}{2^n}$，要使 $\left|\dfrac{1}{2^n}-0\right|=\dfrac{1}{2^n}<\varepsilon$，只要 $n>\log_2\dfrac{1}{\varepsilon}$，于是对 $\forall\varepsilon>0$，取 $N=\left[\log_2\dfrac{1}{\varepsilon}\right]$，则当 $n>N$ 时，$\left|\dfrac{1}{2^n}-0\right|<\varepsilon$ 恒成立，故 $\lim\limits_{n\to\infty}\dfrac{1}{2^n}=0$.

利用极限的定义可以验证某常数是否为某数列的极限，但却不能根据极限的定义求出数列的极限.

二、收敛数列的性质

定理 1（极限的唯一性） 若数列 $\{x_n\}$ 收敛，则 $\{x_n\}$ 的极限是唯一的.

证 （反证法）设 $\{x_n\}$ 同时有两个极限，$\lim\limits_{n\to\infty}x_n=a$，$\lim\limits_{n\to\infty}x_n=b$，且 $a\neq b$，不妨设 $a<b$. 由于 ε 具有任意性，为了方便得到结果，现取 $\varepsilon=\dfrac{b-a}{2}$，由 $\lim\limits_{n\to\infty}x_n=a$ 可知，∃ 正整数 N_1，使当 $n>N_1$ 时，$|x_n-a|<\varepsilon$，从而有
$$x_n<a+\varepsilon=\frac{b+a}{2}. \tag{1-1}$$
同理：由 $\lim\limits_{n\to\infty}x_n=b$ 可知，∃ 正整数 N_2，使当 $n>N_2$ 时，$|x_n-b|<\varepsilon$，从而有
$$x_n>b-\varepsilon=\frac{b+a}{2}. \tag{1-2}$$
取 $N=\max\{N_1,N_2\}$，则当 $n>N$ 时，式 (1-1) 与式 (1-2) 同时成立，这是不可能的，故矛盾，所以假设不成立，即结论成立.

类似可以证明下面的几个定理，这里略去证明.

定理 2（有界性） 若数列 $\{x_n\}$ 收敛，则 $\{x_n\}$ 必有界.

定理 3（保号性） 若 $\lim\limits_{n\to\infty}x_n=a$，且 $a>0$（或 $a<0$），则存在正整数 N，使得当 $n>N$ 时，都有 $x_n>0$（或 $x_n<0$）.

定理 4（保不等式性） 若 $\lim\limits_{n\to\infty}x_n=a$，$\lim\limits_{n\to\infty}y_n=b$，且从某一项开始，恒有 $x_n\leqslant y_n$，则 $a\leqslant b$.

习题 1-2

1. 已知数列的通项，试写出数列的前四项，并观察判定该数列是否收敛.

（1）$x_n=(-1)^n(n+1)$；

（2）$x_n=\dfrac{n+(-1)^{n+1}}{n}$；

(3) $x_n=\dfrac{n+1}{n^2}$;

(4) $x_n=\dfrac{1}{1\cdot2}+\dfrac{1}{2\cdot3}+\cdots+\dfrac{1}{n(n+1)}$.

2. 试写出下列数列的通项，并观察是否收敛，若收敛，写出其极限.

(1) $1,\dfrac13,\dfrac19,\dfrac1{27},\dfrac1{81},\cdots$;

(2) $1,-\dfrac12,\dfrac13,-\dfrac14,\dfrac15,-\dfrac16,\cdots$;

(3) $0,1,0,\dfrac12,0,\dfrac13,\cdots$;

(4) $\sin1,\sin2,\sin3,\sin4,\cdots$.

3*. 用数列极限的定义证明下列极限.

(1) $\lim\limits_{n\to\infty}\dfrac{n}{n+1}=1$;

(2) $\lim\limits_{n\to\infty}\left(1-\dfrac1{3^n}\right)=1$.

第三节　函数的极限

数列是定义于正整数集合上的函数，它的极限只是一种特殊函数（整标函数）$x_n=f(n)$ 的极限. 现在我们讨论定义于实数集合上的函数 $y=f(x)$ 的极限. 对于函数 $y=f(x)$ 的极限，根据自变量的变化分以下两种情况讨论.

一、当 $x\to\infty$ 时函数 $f(x)$ 的极限

自变量 x 趋于无穷（记 $x\to\infty$）可分为两种情况：自变量 x 趋于正无穷（记 $x\to+\infty$）和自变量 x 趋于负无穷（记 $x\to-\infty$）.

例 1　考察下列函数，当 $x\to\infty$ 时，函数 $f(x)$ 趋近于多少？

(1) $f(x)=\dfrac1x$；(2) $f(x)=\mathrm{e}^x$；(3) $f(x)=\sin x$.

解　从图 1-9 可看出，

(1) 当 $x\to+\infty$ 时，有 $\dfrac1x\to0$；当 $x\to-\infty$ 时，也有 $\dfrac1x\to0$. 所以当 $x\to\infty$ 时，有 $\dfrac1x\to0$.

(2) 当 $x\to+\infty$ 时，有 $\mathrm{e}^x\to+\infty$；当 $x\to-\infty$ 时，有 $\mathrm{e}^x\to0$. 所以当 $x\to\infty$ 时，e^x 不能趋向于一个确定的常数.

(3) 无论 $x\to+\infty$ 还是 $x\to-\infty$，$\sin x$ 都不能趋向于一个确定的常数. 所以当 $x\to\infty$ 时 $\sin x$ 也不能趋向于一个确定的常数.

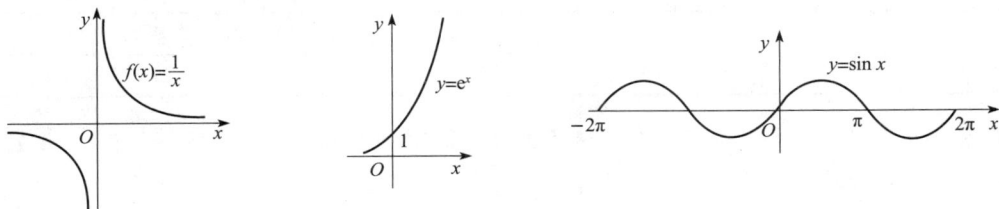

图 1-9

定义 1　设函数 $y=f(x)$ 在 $|x|\geqslant a>0$ 时有定义，A 是一个确定的常数. 若对任意给定的 $\varepsilon>0$，总存在 $X>0(X>a)$，使得当 $|x|>X$ 时，有
$$|f(x)-A|<\varepsilon$$

恒成立，则称常数 A 为函数 $y=f(x)$ 当 x 趋于无穷大时的**极限**，记作

$$\lim_{x\to\infty} f(x)=A \text{ 或者 } f(x)\to A (x\to\infty).$$

如果这样的常数不存在，则称当 $x\to\infty$ 时，函数 $y=f(x)$ 的极限不存在.

有时我们还需区分 x 趋于无穷大的符号. 如果 x 从某一时刻起，往后总是取正值且无限增大，则称 x 趋于正无穷大，记作 $x\to+\infty$，此时只要将定义 1 中 $|x|>X$ 改写为 $x>X$，就可得到 $\lim\limits_{x\to+\infty} f(x)=A$ 的定义；如果 x 从某一时刻起，往后总取负值且 $|x|$ 无限增大，则称 x 趋于负无穷大，记作 $x\to-\infty$，此时将定义 1 中 $|x|>X$ 改写为 $x<-X$，就可得到 $\lim\limits_{x\to-\infty} f(x)=A$ 的定义.

由定义易得下列结论.

$\lim\limits_{x\to\infty} f(x)=A$ 成立的充分必要条件是 $\lim\limits_{x\to+\infty} f(x)=A$ 且 $\lim\limits_{x\to-\infty} f(x)=A$ 都成立.

*例 2　证明 $\lim\limits_{x\to\infty} \dfrac{1}{x}=0$.

证　由 $|f(x)-A|=\left|\dfrac{1}{x}-0\right|=\dfrac{1}{|x|}$，要使 $|f(x)-A|=\dfrac{1}{|x|}<\varepsilon$，只需 $|x|>\dfrac{1}{\varepsilon}$. 因此对于 $\forall \varepsilon>0$，可取 $X=\dfrac{1}{\varepsilon}>0$，当 $|x|>X=\dfrac{1}{\varepsilon}$ 时，有 $\left|\dfrac{1}{x}-0\right|<\varepsilon$ 成立，故 $\lim\limits_{x\to\infty} \dfrac{1}{x}=0$.

二、当 $x\to x_0$ 时函数 $f(x)$ 的极限

对于函数 $y=f(x)$，除研究 $x\to\infty$ 时 $f(x)$ 的极限以外，还需要研究 x 趋于某个常数 x_0 时，$f(x)$ 的变化趋势. 先看两个例子.

例 3　讨论当 x 趋于 1 时，函数值 $y=x^2-3x+3$ 的变化情况.

解　我们列出当自变量 $x\to1$ 时的某些值，考察对应函数值的变化趋势.

x	0.9	0.99	0.999	…	1	…	1.001	1.01	1.10
y	1.11	1.0101	1.001001	…	1	…	0.999001	0.9901	0.91

从表中可看出，x 越靠近 1，对应函数值越靠近常数 1，即 $x\to1$ 时，$y=x^2-3x+3\to1$.

例 4　讨论当 x 趋于 1 时，函数值 $f(x)=\dfrac{x^2-1}{x-1}$ 的变化趋势.

解　我们列出自变量 $x\to1$ 时的某些值，考察对应函数值的变化趋势.

x	0.75	0.9	0.99	0.9999	…	1	…	1.000001	1.01	1.25	1.5
$f(x)$	1.75	1.9	1.99	1.9999	…	2	…	2.000001	2.01	2.25	2.5

从表中可看出，x 越靠近 1，对应函数值 $f(x)$ 就越靠近 2，尽管 $f(x)$ 在 $x=1$ 处没有意义，但只要 x 接近 1，$f(x)$ 就接近 2，即

$$当 x\to1 时，f(x)=\dfrac{x^2-1}{x-1}\to2 (x\neq1).$$

上述两个例子都说明了当自变量 x 趋于某个值 x_0 时，函数值就趋于一个确定值，而这个确定值的存在与否跟函数在 x_0 处是否有定义无关，这个确定值就是函数在某点处的极限.

定义 2　设 $y=f(x)$ 在 x_0 的某一去心邻域 $U°(x_0)$ 内有定义. 如果存在常数 A，对于

任意的正数 ε（无论它多么小），总存在一个正数 δ，使得当 $0<|x-x_0|<\delta$ 时，

$$|f(x)-A|<\varepsilon$$

恒成立，则称常数 A 为函数 $y=f(x)$ 当 $x\to x_0$ 时的**极限**，记作

$$\lim_{x\to x_0}f(x)=A \quad \text{或} \quad f(x)\to A(x\to x_0).$$

如果这样的常数不存在，则称当 $x\to x_0$ 时函数 $y=f(x)$ 的极限不存在.

注意 定义中不等式 $0<|x-x_0|<\delta$ 表示 x 无限接近 x_0，δ 体现了 x 与 x_0 之间的接近程度，δ 越小，x 与 x_0 之间越接近. $|x-x_0|>0$ 表示 $x\ne x_0$，说明当 $x\to x_0$ 时，函数 $f(x)$ 有没有极限与 $f(x)$ 在 x_0 处是否有定义无关.

*例 5 利用定义证明 $\lim\limits_{x\to x_0}C=C$.

证 由于 $|f(x)-A|=|C-C|=0$，所以 $|f(x)-A|<\varepsilon$ 恒成立. 因此对于 $\forall \varepsilon>0$，可任取 $\delta>0$，当 $0<|x-x_0|<\delta$ 时，有 $|f(x)-A|=|C-C|=0<\varepsilon$ 成立，故 $\lim\limits_{x\to x_0}C=C$.

三、单侧极限

前面讲了 $x\to x_0$ 时函数 $f(x)$ 的极限，在那里 x 是以任意方式趋于 x_0 的. 但是，有时我们还需要知道 x 仅从 x_0 的左侧（$x<x_0$）或仅从 x_0 的右侧（$x>x_0$）趋于 x_0 时，$f(x)$ 的变化趋势. 于是，就要引进单侧极限的概念.

定义 3 如果当 x 从 x_0 的左侧（$x<x_0$）趋于 x_0 时，$f(x)$ 以 A 为极限，即对于任意给定的 $\varepsilon>0$，总存在一个正数 δ，使得当 $x_0-\delta<x<x_0$ 时，

$$|f(x)-A|<\varepsilon$$

恒成立，则称常数 A 为函数 $f(x)$ 当 $x\to x_0$ 时的**左极限**，记作

$$\lim_{x\to x_0^-}f(x)=A \quad \text{或} \quad f(x_0-0)=A.$$

如果当 x 从 x_0 的右侧（$x>x_0$）趋于 x_0 时，$f(x)$ 以 A 为极限，即对于任意给定的 $\varepsilon>0$，总存在一个正数 δ，使得当 $x_0<x<x_0+\delta$ 时，

$$|f(x)-A|<\varepsilon$$

恒成立，则称常数 A 为函数 $f(x)$ 当 $x\to x_0$ 时的**右极限**，记作

$$\lim_{x\to x_0^+}f(x)=A \quad \text{或} \quad f(x_0+0)=A.$$

左极限与右极限都称为**单侧极限**. 显然，它与函数极限有如下关系.

定理 1 函数 $y=f(x)$ 在 $x=x_0$ 处极限存在的充分必要条件是函数 $y=f(x)$ 在 $x=x_0$ 处的左、右极限都存在且相等. 即

$$\lim_{x\to x_0}f(x)=A \Leftrightarrow \lim_{x\to x_0^-}f(x)=\lim_{x\to x_0^+}f(x)=A.$$

例 6 试讨论函数 $f(x)=\begin{cases}x+1, & x>1\\ x, & x<1\end{cases}$ 在 $x\to1$ 时的极限是否存在.

解 函数 $y=f(x)$ 的图形如图 1-10 所示.

当 $x<1$ 时，$f(x)=x$，$\lim\limits_{x\to1^-}f(x)=\lim\limits_{x\to1^-}x=1$.

当 $x>1$ 时，$f(x)=x+1$，$\lim\limits_{x\to1^+}f(x)=\lim\limits_{x\to1^+}(x+1)=2$.

左、右极限都存在，但不相等. 由定理 1 可知，$\lim\limits_{x\to1}f(x)$ 不存在.

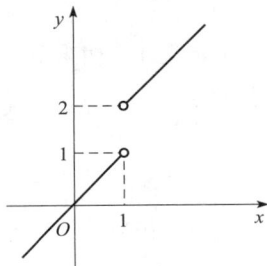

图 1-10

四、函数极限的性质

在前面，我们讨论了函数 $y = f(x)$ 当自变量 $x \to +\infty$，$x \to -\infty$，$x \to \infty$，$x \to x_0$，$x \to x_0^+$，$x \to x_0^-$ 这六种变化过程时相应函数 $f(x)$ 的极限情况. 本小节我们将讨论函数极限的一些性质，现在，我们仅以自变量 $x \to x_0$ 的情形加以讨论，至于自变量的其他情形只需要做出一些相应的修改即可得出. 本节定理及推论证明可自行验证.

定理 2（唯一性） 如果极限 $\lim\limits_{x \to x_0} f(x)$ 存在，则它是唯一的.

定理 3（局部有界性） 如果极限 $\lim\limits_{x \to x_0} f(x)$ 存在，则在点 x_0 的某个去心邻域 $U°(x_0, \delta)$ 内，函数 $f(x)$ 有界，即存在正数 δ 和 M，使得当 $0 < |x - x_0| < \delta$ 时，有 $|f(x)| \leqslant M$.

定理 4（局部保号性） 如果极限 $\lim\limits_{x \to x_0} f(x) = A$，且 $A > 0$（或 $A < 0$），则存在正数 δ，使得当 $0 < |x - x_0| < \delta$ 时，有 $f(x) > 0$ $[$或 $f(x) < 0]$.

习题 1-3

1. 判定下列极限是否存在，若存在，试写出其极限.

(1) $\lim\limits_{x \to 0} \sin \dfrac{1}{x}$；　　　　　　　　(2) $\lim\limits_{x \to \infty} \sin \dfrac{1}{x}$.

2. 求下列函数的 $\lim\limits_{x \to 0^-} f(x)$，$\lim\limits_{x \to 0^+} f(x)$，$\lim\limits_{x \to 0} f(x)$.

(1) $f(x) = \dfrac{|x|}{x}$；　　　　　　　　(2) $f(x) = \begin{cases} x^4 + 3, & x < 0 \\ 0, & x = 0. \\ 2 + 10^x, & x > 0 \end{cases}$

3. 设函数 $f(x) = \begin{cases} x^2, & x > 0 \\ -x, & x < 0 \end{cases}$，求当 $x \to 0$ 时函数的极限.

第四节　无穷小与无穷大

在前面的学习中，我们讨论了函数的极限，在本节将讨论两个特殊的量——无穷小与无穷大. 对于本节的内容，我们均只在 $x \to x_0$ 的情形下讨论，所得到的结论同样适用于自变量 x 的其他变化趋势.

一、无穷小

定义 1 如果 $\lim\limits_{x \to x_0} f(x) = 0$，则称函数 $f(x)$ 是当 $x \to x_0$ 时的**无穷小量**，简称为**无穷小**，简言之，无穷小量就是极限为 0 的变量.

例如，因为 $\lim\limits_{x \to \infty} \dfrac{1}{x} = 0$，所以函数 $y = \dfrac{1}{x}$ 是当 $x \to \infty$ 时的无穷小.

因为 $\lim\limits_{x \to 2} (x - 2) = 0$，所以函数 $y = x - 2$ 是当 $x \to 2$ 时的无穷小.

因为 $\lim\limits_{n \to \infty} \dfrac{1}{2^n} = 0$，所以数列 $x_n = \dfrac{1}{2^n}$ 是当 $n \to \infty$ 时的无穷小.

注意 （1）无穷小量不是数，而是一个变量，它是在自变量的某一变化过程中，以零为极限的函数，不能与很小的数混淆.

（2）在自变量的不同变化过程中，同一个函数的变化趋势可能不一样. 比如对于函数 $f(x)=x-2$，因为 $\lim\limits_{x\to 2}(x-2)=0$，所以当 $x\to 2$ 时，函数 $f(x)=x-2$ 是无穷小量；但是 $\lim\limits_{x\to 3}(x-2)=1$，所以当 $x\to 3$ 时，函数 $f(x)=x-2$ 不是无穷小量. 因此，无穷小量是与自变量的变化趋势有关的概念.

定理 1 $\lim\limits_{x\to x_0}f(x)=A$ 的充分必要条件是 $f(x)=A+\alpha$，其中 $\lim\limits_{x\to x_0}\alpha=0$.

证 先证必要性. 由于 $\lim\limits_{x\to x_0}f(x)=A$，则根据极限的定义有：

对于 $\forall\varepsilon>0$，$\exists\delta>0$，使得当 $0<|x-x_0|<\delta$ 时，有 $|f(x)-A|<\varepsilon$ 成立.

令 $\alpha=f(x)-A$，则有 $|\alpha|=|\alpha-0|<\varepsilon$，所以 $\lim\limits_{x\to x_0}\alpha=0$，即 α 是当 $x\to x_0$ 时的无穷小量，且 $f(x)=A+\alpha$.

再证充分性. 由于 $\lim\limits_{x\to x_0}\alpha=0$，则有对于 $\forall\varepsilon>0$，$\exists\delta>0$，使得当 $0<|x-x_0|<\delta$ 时，有 $|\alpha-0|=|\alpha|<\varepsilon$ 成立.

又因为 $f(x)=A+\alpha$，所以 $\alpha=f(x)-A$，则 $|\alpha|=|f(x)-A|<\varepsilon$，所以 $\lim\limits_{x\to x_0}f(x)=A$.

定理 2（无穷小的性质） 在自变量的同一变化过程中：

（1）有限个无穷小的和仍然是无穷小；

（2）有限个无穷小的乘积仍然是无穷小；

（3）有界函数与无穷小的乘积仍然是无穷小.

注意 此定理结论只能用于有限个无穷小的运算. 即无限个无穷小的和以及乘积不一定是无穷小.

例 1 求极限 $\lim\limits_{x\to 0}x^2\sin\dfrac{1}{x}$.

解 当 $x\to 0$ 时，x^2 是无穷小，而 $\sin\dfrac{1}{x}$ 是一个有界函数，由于有界函数与无穷小的乘积仍然是无穷小，故 $\lim\limits_{x\to x_0}x^2\sin\dfrac{1}{x}=0$.

二、无穷大

定义 2 设函数 $y=f(x)$ 在 x_0 的某去心邻域内有定义，如果对于任意给定的正数 M（无论它多么大），总存在正数 δ，使得当 $0<|x-x_0|<\delta$ 时，有

$$|f(x)|>M$$

恒成立，则称函数 $f(x)$ 是当 $x\to x_0$ 时的**无穷大量**，简称**无穷大**，记为 $\lim\limits_{x\to x_0}f(x)=\infty$.

如果对于任意给定的正数 M（无论它多么大），总存在正数 δ，使得当 $0<|x-x_0|<\delta$ 时，有 $f(x)>M[f(x)<-M]$，则称 $f(x)$ 是当 $x\to x_0$ 时的**正无穷大（负无穷大）**. 记为 $\lim\limits_{x\to x_0}f(x)=+\infty[\lim\limits_{x\to x_0}f(x)=-\infty]$.

例如，$\lim\limits_{x\to 0^+}\ln x=-\infty$，所以函数 $f(x)=\ln x$ 是当 $x\to 0^+$ 时的负无穷大.

$\lim\limits_{x\to+\infty} e^x = +\infty$，所以函数 $f(x)=e^x$ 是当 $x\to+\infty$ 时的正无穷大.

注意 （1）无穷大是一个变量．它是在自变量的某个变化过程中，绝对值无限增大的函数，不能将其与很大的数混淆．无穷大量是与自变量的变化趋势有关的量.

（2）$\lim\limits_{x\to x_0} f(x)=\infty$ 表明函数 $f(x)$ 当 $x\to x_0$ 时的极限不存在.

（3）一个无穷大量一定是一个无界函数；但一个无界函数不一定是无穷大量.

例 2 证明 $\lim\limits_{x\to3}\dfrac{1}{x-3}=\infty$.

证 $\forall M>0$，要使 $\left|\dfrac{1}{x-3}\right|>M$，只需 $|x-3|<\dfrac{1}{M}$ 即可．因此，取 $\delta=\dfrac{1}{M}$，只要 x 满足不等式 $0<|x-3|<\delta=\dfrac{1}{M}$，就有 $\left|\dfrac{1}{x-3}\right|>M$ 成立．故 $\lim\limits_{x\to3}\dfrac{1}{x-3}=\infty$.

根据无穷小与无穷大的定义易得定理 3.

定理 3（无穷小与无穷大的关系） 在自变量的同一变化过程中：

（1）如果 $f(x)$ 为无穷大，则 $\dfrac{1}{f(x)}$ 为无穷小；

（2）如果 $f(x)$ 为无穷小，且 $f(x)\neq0$，则 $\dfrac{1}{f(x)}$ 为无穷大.

例如，因为 $\lim\limits_{x\to\infty}\dfrac{1}{x}=0$，所以 $\lim\limits_{x\to\infty}x=\infty$；因为 $\lim\limits_{x\to2}(x-2)=0$，所以 $\lim\limits_{x\to2}\dfrac{1}{x-2}=\infty$.

三、极限的运算法则

为了叙述方便，这里总假定在自变量的某变化过程中（$x\to x_0$ 或 $x\to\infty$）$f(x)$ 和 $g(x)$ 的极限存在.

定理 4（四则运算法则） 如果 $\lim\limits_{x\to x_0}f(x)=A$，$\lim\limits_{x\to x_0}g(x)=B$，则：

（1）$\lim\limits_{x\to x_0}[f(x)\pm g(x)]$ 存在，且 $\lim\limits_{x\to x_0}[f(x)\pm g(x)]=\lim\limits_{x\to x_0}f(x)\pm\lim\limits_{x\to x_0}g(x)=A\pm B$；

（2）$\lim\limits_{x\to x_0}[f(x)\cdot g(x)]$ 存在，且 $\lim\limits_{x\to x_0}[f(x)\cdot g(x)]=\lim\limits_{x\to x_0}f(x)\cdot\lim\limits_{x\to x_0}g(x)=AB$；

（3）$\lim\limits_{x\to x_0}\dfrac{f(x)}{g(x)}$ 存在，若 $\lim\limits_{x\to x_0}g(x)=B\neq0$，则 $\lim\limits_{x\to x_0}\dfrac{f(x)}{g(x)}=\dfrac{\lim\limits_{x\to x_0}f(x)}{\lim\limits_{x\to x_0}g(x)}=\dfrac{A}{B}$.

证 略.

定理 4 可推广到任意有限个函数的情形，且对于数列极限也同样成立．另外有下述推论.

推论 1 $\lim\limits_{x\to x_0}[c\cdot f(x)]=c\cdot\lim\limits_{x\to x_0}f(x)$（$c$ 是常数）.

推论 2 $\lim\limits_{x\to x_0}[f(x)]^n=[\lim\limits_{x\to x_0}f(x)]^n$（$n$ 是正整数）.

例 3 设 n 次多项式 $P_n(x)=a_0+a_1x+a_2x^2+\cdots+a_nx^n$，其中 $a_0,a_1,a_2,\cdots,a_n$ 为多项式系数，试证：$\lim\limits_{x\to x_0}P_n(x)=P_n(x_0)$.

证 $\lim\limits_{x\to x_0}P_n(x)=\lim\limits_{x\to x_0}(a_0+a_1x+a_2x^2+\cdots+a_nx^n)$

$=\lim\limits_{x\to x_0}a_0+\lim\limits_{x\to x_0}a_1x+\lim\limits_{x\to x_0}a_2x^2+\cdots+\lim\limits_{x\to x_0}a_nx^n$

$$= \lim_{x \to x_0} a_0 + a_1 \lim_{x \to x_0} x + a_2 (\lim_{x \to x_0} x)^2 + \cdots + a_n (\lim_{x \to x_0} x)^n$$
$$= a_0 + a_1 x_0 + a_2 x_0^2 + \cdots + a_n x_0^n = P_n(x_0).$$

可根据例 3 的结论，结合极限商的运算法则，得例 4 的结论.

例 4 设有理分式函数 $R(x) = \dfrac{P(x)}{Q(x)}$，其中 $P(x)$，$Q(x)$ 都是多项式，且 $Q(x_0) \neq 0$，则 $\lim_{x \to x_0} R(x) = R(x_0)$.

从上面两个例子可以得到这样一个结论：在求多项式函数或有理分式函数当 $x \to x_0$ 时的极限时，直接将 x_0 替代函数中的 x 就可以得到极限值. 对于有理分式函数来说，前提是将 x_0 替代分母中的 x 后分母不能为零，如果分母为零，则不能对分子分母分别取极限，这时就需要做一些相应的处理.

例 5 求 $\lim_{x \to 0} \dfrac{x^3 + 6}{2x - 4}$.

解 当 $x \to 0$ 时，分母的极限不为零，于是可直接利用例 4 的结论，用 $x_0 = 0$ 直接替代函数中的 x 便可得到极限值，即

$$\lim_{x \to 0} \frac{x^3 + 6}{2x - 4} = \frac{0^3 + 6}{2 \cdot 0 - 4} = -\frac{3}{2}.$$

例 6 求 $\lim_{x \to 2} \dfrac{x^2 - x - 2}{x^2 - 4}$.

解 当 $x \to 2$ 时，分子及分母的极限都是 0，于是分子、分母不能分别取极限. 又因为分子、分母有公因子 $x - 2$，而当 $x \to 2$ 时，$x \neq 2$，$x - 2 \neq 0$，可约去不为零的公因子. 所以

$$\lim_{x \to 2} \frac{x^2 - x - 2}{x^2 - 4} = \lim_{x \to 2} \frac{x+1}{x+2} = \frac{\lim_{x \to 2}(x+1)}{\lim_{x \to 2}(x+2)} = \frac{3}{4}.$$

例 7 求 $\lim_{x \to 1} \dfrac{5x + 1}{x^2 - 3x + 2}$.

解 因为分母的极限 $\lim_{x \to 1}(x^2 - 3x + 2) = 1^2 - 3 \cdot 1 + 2 = 0$，不能应用商的极限运算法则，但因

$$\lim_{x \to 1} \frac{x^2 - 3x + 2}{5x + 1} = \frac{1^2 - 3 \cdot 1 + 2}{5 \cdot 1 + 1} = 0,$$

故由本节定理 3 可知：$\lim_{x \to 1} \dfrac{5x + 1}{x^2 - 3x + 2} = \infty$.

例 8 求 $\lim_{x \to 1} \left(\dfrac{1}{1-x} - \dfrac{3}{1-x^3} \right)$.

解 当 $x \to 1$ 时，$\dfrac{1}{1-x}$ 和 $\dfrac{3}{1-x^3}$ 的极限都不存在，所以不能直接用和的极限运算法则. 此时，应该先通分化简，再求极限，即

$$\lim_{x \to 1} \left(\frac{1}{1-x} - \frac{3}{1-x^3} \right) = \lim_{x \to 1} \frac{(x-1)(x+2)}{(1-x)(x^2+x+1)} = -\lim_{x \to 1} \frac{x+2}{x^2+x+1} = -1.$$

例 9 求 $\lim_{x \to \infty} \dfrac{5x^2 - 2x + 1}{8x^2 + 3x - 2}$.

解 当 $x \to \infty$ 时，由于无穷大是变量，无法进行计算，但由本节定理 3 可知，如果一个

函数是无穷大，则这个函数的倒数是无穷小，故将分子及分母同时除以 x^2，然后再求极限：

$$\lim_{x\to\infty}\frac{5x^2-2x+1}{8x^2+3x-2}=\lim_{x\to\infty}\frac{5-\dfrac{2}{x}+\dfrac{1}{x^2}}{8+\dfrac{3}{x}-\dfrac{2}{x^2}}=\frac{\lim\limits_{x\to\infty}\left(5-\dfrac{2}{x}+\dfrac{1}{x^2}\right)}{\lim\limits_{x\to\infty}\left(8+\dfrac{3}{x}-\dfrac{2}{x^2}\right)}=\frac{5-2\lim\limits_{x\to\infty}\dfrac{1}{x}+\lim\limits_{x\to\infty}\dfrac{1}{x^2}}{8+3\lim\limits_{x\to\infty}\dfrac{1}{x}-2\lim\limits_{x\to\infty}\dfrac{1}{x^2}}.$$

当 $x\to\infty$ 时，由本节定理 3 可知 $\lim\limits_{x\to\infty}\dfrac{1}{x}=\lim\limits_{x\to\infty}\dfrac{1}{x^2}=0$. 所以

$$原式=\lim_{x\to\infty}\frac{5-2\cdot0+0^2}{8+3\cdot0-2\cdot0^2}=\frac{5}{8}.$$

例 10　求 $\lim\limits_{x\to\infty}\dfrac{5x^2+3x-1}{2x^3-x+4}$.

解　先将分子及分母同时除以 x^3，然后再求极限，得：

$$\lim_{x\to\infty}\frac{5x^2+3x-1}{2x^3-x+4}=\lim_{x\to\infty}\frac{\dfrac{5}{x}+\dfrac{3}{x^2}-\dfrac{1}{x^3}}{2-\dfrac{1}{x^2}+\dfrac{4}{x^3}}=\frac{0}{2}=0.$$

例 11　求 $\lim\limits_{x\to\infty}\dfrac{2x^3-x+4}{5x^2+3x-1}$.

解　应用例 10 的结果，再根据本节定理 3 可得：

$$\lim_{x\to\infty}\frac{2x^3-x+4}{5x^2+3x-1}=\infty.$$

由例 9、例 10、例 11 可得到如下结论，即当 $a_0\neq0$，$b_0\neq0$，m 和 n 为非负整数时，有

$$\lim_{x\to\infty}\frac{a_0x^n+a_1x^{n-1}+\cdots+a_n}{b_0x^m+b_1x^{m-1}+\cdots+b_m}=\begin{cases}0,&n<m\\[2mm]\dfrac{a_0}{b_0},&n=m,\\[2mm]\infty,&n>m\end{cases}$$

对于满足上述这种类型的极限，可以直接利用此结论写出结果.

定理 5（复合函数的极限运算法则）　设函数 $y=f[g(x)]$ 是由函数 $u=g(x)$ 与函数 $y=f(u)$ 复合而成的，若 $\lim\limits_{x\to x_0}g(x)=u_0$，$\lim\limits_{u\to u_0}f(u)=A$，$y=f[g(x)]$ 在点 x_0 的某去心邻域内有定义且 $g(x)\neq u_0$，则

$$\lim_{x\to x_0}f[g(x)]=\lim_{u\to u_0}f(u)=A.$$

定理 5 说明，求极限可作适当的变量代换，以简化计算，如下面例题.

例 12　求 $\lim\limits_{x\to\infty}\dfrac{\sqrt{1+x}-1}{x}$.

解法 1　令 $\sqrt{1+x}-1=u$，则 $x=(u+1)^2-1$，当 $x\to0$ 时，$u\to0$. 因此

$$\lim_{x\to x_0}\frac{\sqrt{1+x}-1}{x}=\lim_{u\to0}\frac{u}{(u+1)^2-1}=\lim_{u\to0}\frac{u}{u^2+2u}=\lim_{u\to0}\frac{1}{u+2}=\frac{1}{2}.$$

解法 2　$\lim\limits_{x\to0}\dfrac{\sqrt{1+x}-1}{x}=\lim\limits_{x\to0}\dfrac{(\sqrt{1+x}-1)(\sqrt{1+x}+1)}{x(\sqrt{1+x}+1)}=\lim\limits_{x\to0}\dfrac{1}{\sqrt{1+x}+1}=\dfrac{1}{2}.$

习题 1-4

1. 用定义证明:

(1) $f(x)=\dfrac{x^2-9}{x+3}$,当 $x\to3$ 时是无穷小;

(2) $f(x)=\dfrac{x^2-9}{x+3}$,当 $x\to-3$ 时是无穷大.

2. 证明:函数 $f(x)=x\sin x$ 在 $[0,+\infty)$ 上是无界的,但当 $x\to+\infty$ 时却不是无穷大量.

3. 求下列极限.

(1) $\lim\limits_{x\to1}(3x^3-2x+1)$;

(2) $\lim\limits_{x\to2}\dfrac{x+5}{x^2+x+2}$;

(3) $\lim\limits_{x\to2}\dfrac{x-2}{x^2+3x-10}$;

(4) $\lim\limits_{x\to1}\dfrac{x^2+x-2}{x^2-4x+5}$;

(5) $\lim\limits_{x\to0}\dfrac{(x+a)^2-a^2}{x}$;

(6) $\lim\limits_{x\to\infty}\dfrac{2x^3+1}{5x^3-x^2-1}$;

(7) $\lim\limits_{x\to\infty}\dfrac{2x^3-x}{x^4-2x^2+3}$;

(8) $\lim\limits_{n\to\infty}\dfrac{(n+1)(n+2)(2n+5)}{3n^3}$;

(9) $\lim\limits_{x\to0}\dfrac{9x+2}{x}$;

(10) $\lim\limits_{x\to-\infty}\left(e^{\frac{1}{x}}-1\right)$;

(11) $\lim\limits_{x\to+\infty}\dfrac{\cos x}{x}$;

(12) $\lim\limits_{x\to0}\dfrac{x}{\sqrt{1+x}-\sqrt{1-x}}$;

(13) $\lim\limits_{x\to+\infty}\dfrac{\sqrt{x^2+2x+3}-1}{x+5}$;

(14) $\lim\limits_{x\to+\infty}(\sqrt{16x^2+1}-2x)$;

(15) $\lim\limits_{x\to1}\left(\dfrac{5}{1-x^3}-\dfrac{2}{1-x^2}\right)$;

(16) $\lim\limits_{x\to\infty}\dfrac{9x^3-1}{x^2+2x+7}$;

(17) $\lim\limits_{x\to\infty}\dfrac{(5x-2)^{12}(3x+1)^{13}}{(7x+1)^{25}}$;

(18) $\lim\limits_{t\to0}\dfrac{(x+t)^3-x^3}{t}$.

第五节 两个重要极限

本节先介绍两个判断极限存在的准则,在此基础上,再介绍两个重要极限.

一、极限存在准则

定理 1(准则Ⅰ,夹逼准则) 如果数列 $\{x_n\}$,$\{y_n\}$ 及 $\{z_n\}$ 满足下列条件:

(1) 存在正整数 N,当 $n>N$ 时,有 $y_n\leqslant x_n\leqslant z_n$;

(2) $\lim\limits_{n\to\infty}y_n=a$,$\lim\limits_{n\to\infty}z_n=a$.

则数列 $\{x_n\}$ 的极限存在,且 $\lim\limits_{n\to\infty}x_n=a$.

证 由 $\lim\limits_{n\to\infty}y_n=a$ 和 $\lim\limits_{n\to\infty}z_n=a$ 有:对于 $\forall\varepsilon>0$,∃正整数 N_1,当 $n>N_1$ 时,有 $|y_n-a|<\varepsilon$,即 $a-\varepsilon<y_n<a+\varepsilon$;∃正整数 N_2,当 $n>N_2$ 时,有 $|z_n-a|<\varepsilon$,即 $a-\varepsilon<z_n<a+$

ε；取 $N=\max\{N_1,N_2\}$，则当 $n>N$ 时，$a-\varepsilon<y_n<a+\varepsilon$ 与 $a-\varepsilon<z_n<a+\varepsilon$ 同时成立．又因为当 $n>N$ 时，有 $y_n\leqslant x_n\leqslant z_n$，所以

$$a-\varepsilon<y_n\leqslant x_n\leqslant z_n<a+\varepsilon,$$

从而 $|x_n-a|<\varepsilon$．这就证明了 $\lim\limits_{n\to\infty}x_n=a$．

上述数列的极限存在法则可以推广到函数的极限存在法则．

定理 2 如果函数 $f(x)$，$g(x)$，$h(x)$ 满足下列条件：

(1) 当 $x\in U^{\circ}(x_0)$ 时，有 $g(x)\leqslant f(x)\leqslant h(x)$；

(2) $\lim\limits_{x\to x_0}g(x)=A$，$\lim\limits_{x\to x_0}h(x)=A$．

则当 $x\to x_0$ 时，$f(x)$ 的极限存在，且 $\lim\limits_{x\to x_0}f(x)=A$．

上述定理对 $x\to\infty$ 时同样成立，只需要将条件做适当的修改即可．

例 1 证明 $\lim\limits_{n\to\infty}\left(\dfrac{n}{n^2+1}+\dfrac{n}{n^2+2}+\cdots+\dfrac{n}{n^2+n}\right)=1$．

证 令 $x_n=\dfrac{n}{n^2+1}+\dfrac{n}{n^2+2}+\cdots+\dfrac{n}{n^2+n}$．因为

$$\dfrac{n^2}{n^2+n}\leqslant x_n\leqslant\dfrac{n^2}{n^2+1},$$

又有 $\lim\limits_{n\to\infty}\dfrac{n^2}{n^2+n}=1$，$\lim\limits_{n\to\infty}\dfrac{n^2}{n^2+1}=1$．由夹逼准则得 $\lim\limits_{n\to\infty}x_n=1$．

定理 3（准则 Ⅱ，单调有界准则） 如果数列 $x_n=f(n)$ 是单调有界的，则 $\lim\limits_{n\to\infty}f(n)$ 一定存在．（证明略．）

例如，数列 $x_n=2-\dfrac{1}{n}:1$，$\dfrac{3}{2}$，$\dfrac{5}{3}$，$\cdots$．显然，x_n 是单调增加的，且 $x_n<2$，由准则 Ⅱ 知，$\lim\limits_{n\to\infty}x_n$ 存在．

二、两个重要极限

1. 第一个重要极限：$\lim\limits_{x\to 0}\dfrac{\sin x}{x}=1$

证 函数 $\dfrac{\sin x}{x}$ 的定义域是 $\{x\,|\,x\neq 0\}$，$x\to 0$ 包含 $x\to 0^+$ 和 $x\to 0^-$ 两个方向．我们先讨论 $x\to 0^+$ 的情形，作单位圆，如图 1-11 所示．

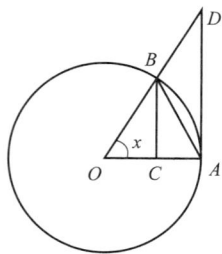

设圆心角 $\angle AOB=x\left(0<x<\dfrac{\pi}{2}\right)$，则

$\triangle AOB$ 的面积 $<$ 扇形 AOB 的面积 $<\triangle AOD$ 的面积，

即

$$\dfrac{1}{2}OA\cdot BC<\dfrac{1}{2}(OA)^2x<\dfrac{1}{2}OA\cdot AD,$$

因为是单位圆，所以 $OA=1$，而 $BC=\sin x$，$AD=\tan x$．故有

$$\dfrac{1}{2}\sin x<\dfrac{1}{2}x<\dfrac{1}{2}\tan x,$$

图 1-11

即 $\sin x < x < \tan x$. 当 $x \in \left(0, \dfrac{\pi}{2}\right)$ 时，$\sin x > 0$，不等式各边都除以 $\sin x$，有

$$1 < \frac{x}{\sin x} < \frac{1}{\cos x} \quad \text{或} \quad \cos x < \frac{\sin x}{x} < 1.$$

上述不等式对 $x \in \left(-\dfrac{\pi}{2}, 0\right)$ 也成立，即对 $0 < |x| < \dfrac{\pi}{2}$，均有 $\cos x < \dfrac{\sin x}{x} < 1$.

下面证明 $\lim\limits_{x \to 0}\cos x = 1$.

当 $0 < |x| < \dfrac{\pi}{2}$ 时，$0 < 1 - \cos x = 2\sin^2 \dfrac{x}{2} < 2 \cdot \left(\dfrac{x}{2}\right)^2 = \dfrac{x^2}{2}$，而 $\lim\limits_{x \to 0} \dfrac{x^2}{2} = 0$，由本节定理 2 知：$\lim\limits_{x \to 0}(1 - \cos x) = 0$，故 $\lim\limits_{x \to 0}\cos x = 1$.

由于 $\lim\limits_{x \to 0}\cos x = 1$ 和 $\lim\limits_{x \to 0}1 = 1$，$\cos x < \dfrac{\sin x}{x} < 1$，由本节定理 2 知：

$$\lim_{x \to 0} \frac{\sin x}{x} = 1.$$

利用第一个重要极限的结论，可以求其他一些函数的极限.

例 2 求 $\lim\limits_{x \to 0} \dfrac{\tan x}{x}$.

解 $\lim\limits_{x \to 0} \dfrac{\tan x}{x} = \lim\limits_{x \to 0}\left(\dfrac{\sin x}{x} \cdot \dfrac{1}{\cos x}\right) = \lim\limits_{x \to 0} \dfrac{\sin x}{x} \cdot \lim\limits_{x \to 0} \dfrac{1}{\cos x} = 1.$

若当 $x \to 0$ 时，$\varphi(x) \to 0$，那么第一个重要极限的结论 $\lim\limits_{x \to 0} \dfrac{\sin x}{x} = 1$ 的 x 替换为 $\varphi(x)$，下列等式成立

$$\lim_{\varphi(x) \to 0} \frac{\sin \varphi(x)}{\varphi(x)} = 1.$$

例 3 求 $\lim\limits_{x \to 0} \dfrac{\sin 5x}{x}$.

解 将 $5x$ 看成一个新变量，当 $x \to 0$ 时，$5x \to 0$，于是有

$$\lim_{x \to 0} \frac{\sin 5x}{x} = 5\lim_{x \to 0} \frac{\sin 5x}{5x} = 5 \cdot 1 = 5.$$

注意 第一个重要极限也可以用下面的结构式表示

$$\lim_{\varphi(x) \to 0} \frac{\sin \varphi(x)}{\varphi(x)} = 1.$$

其中，函数 $\varphi(x)$ 需满足，当 $x \to x_0$（或 $x \to \infty$）时，必有 $\varphi(x) \to 0$. 即当 $\varphi(x) \to 0$ 时，上式的极限值才是 1.

例 4 求 $\lim\limits_{x \to 0} \dfrac{\arcsin x}{x}$.

解 令 $t = \arcsin x$，则 $x = \sin t$，当 $x \to 0$ 时，$t \to 0$，则

$$\lim_{x \to 0} \frac{\arcsin x}{x} = \lim_{t \to 0} \frac{t}{\sin t} = \lim_{t \to 0} \frac{1}{\dfrac{\sin t}{t}} = 1.$$

2. 第二个重要极限：$\lim\limits_{x \to \infty}\left(1 + \dfrac{1}{x}\right)^x = \mathrm{e}$

下面先证明自变量 x 取正整数 n 趋于 $+\infty$ 的情形.

证 设数列 $x_n = \left(1 + \dfrac{1}{n}\right)^n$，下面证明该数列单调有界．先将这个数列进行二项式展开：

$$x_n = \left(1 + \frac{1}{n}\right)^n$$

$$= 1 + \frac{n}{1!} \cdot \frac{1}{n} + \frac{n(n-1)}{2!} \cdot \frac{1}{n^2} + \frac{n(n-1)(n-3)}{3!} \cdot \frac{1}{n^3} + \cdots + \frac{n(n-1)\cdots(n-n+1)}{n!} \cdot \frac{1}{n^n}$$

$$= 1 + 1 + \frac{1}{2!}\left(1 - \frac{1}{n}\right) + \frac{1}{3!}\left(1 - \frac{1}{n}\right)\left(1 - \frac{2}{n}\right) + \cdots + \frac{1}{n!}\left(1 - \frac{1}{n}\right)\left(1 - \frac{2}{n}\right)\cdots\left(1 - \frac{n-1}{n}\right),$$

$$x_{n+1} = 1 + 1 + \frac{1}{2!}\left(1 - \frac{1}{n+1}\right) + \frac{1}{3!}\left(1 - \frac{1}{n+1}\right)\left(1 - \frac{2}{n+1}\right) + \cdots +$$

$$\frac{1}{n!}\left(1 - \frac{1}{n+1}\right)\left(1 - \frac{2}{n+1}\right)\cdots\left(1 - \frac{n-1}{n+1}\right) + \frac{1}{(n+1)!}\left(1 - \frac{1}{n+1}\right)\left(1 - \frac{2}{n+1}\right)\cdots\left(1 - \frac{n}{n+1}\right).$$

逐项比较 x_n 与 x_{n+1} 的每一项，除了前两项相等，从第三项开始，x_{n+1} 的每一项都大于 x_n 的对应项，而且 x_{n+1} 最后还多了一项且大于零，所以 $x_{n+1} > x_n$，故数列 $\{x_n\}$ 单调增加．

再证明数列 $\{x_n\}$ 有界．用 1 代替 x_n 展开式中各项括号内的数，结合 $k! > 2^{k-1}$ ($k > 2$)，得

$$x_n < 1 + 1 + \frac{1}{2!} + \frac{1}{3!} + \cdots + \frac{1}{n!} < 1 + 1 + \frac{1}{2} + \frac{1}{2^2} + \cdots + \frac{1}{2^{n-1}} = 1 + \frac{1 - \dfrac{1}{2^n}}{1 - \dfrac{1}{2}} = 3 - \frac{1}{2^{n-1}} < 3,$$

故数列 $\{x_n\}$ 有上界．

根据极限存在准则 Ⅱ，数列 $\{x_n\}$ 收敛，即极限 $\lim\limits_{n \to \infty}\left(1 + \dfrac{1}{n}\right)^n$ 一定存在．这个极限是一个无理数，用字母 e 表示，即

$$\lim_{n \to \infty}\left(1 + \frac{1}{n}\right)^n = \mathrm{e}.$$

其中，无理数 e＝2.718281828459…前面提到的指数函数 $y = \mathrm{e}^x$ 以及自然对数 $y = \log_{\mathrm{e}} x = \ln x$ 中的底 e 就是这个常数．

可以证明，对于自变量 x，也有类似结论：$\lim\limits_{x \to \infty}\left(1 + \dfrac{1}{x}\right)^x = \mathrm{e}$．

该结论也可以写为 $\lim\limits_{\alpha \to 0}(1 + \alpha)^{\frac{1}{\alpha}} = \mathrm{e}$．

例 5 求 $\lim\limits_{x \to \infty}\left(1 + \dfrac{5}{x}\right)^x$．

解 令 $\alpha = \dfrac{5}{x}$，当 $x \to \infty$ 时，$\alpha \to 0$，所以

$$\lim_{x \to \infty}\left(1 + \frac{5}{x}\right)^x = \lim_{\alpha \to 0}(1 + \alpha)^{\frac{5}{\alpha}} = \lim_{\alpha \to 0}\left[(1 + \alpha)^{\frac{1}{\alpha}}\right]^5 = \left[\lim_{\alpha \to 0}(1 + \alpha)^{\frac{1}{\alpha}}\right]^5 = \mathrm{e}^5.$$

注意 第二个重要极限中的函数 $\left(1+\dfrac{1}{x}\right)^x$ 称为**幂指函数**，所谓幂指函数就是指数和底数中都含有自变量的函数，形如 $u(x)^{v(x)}$ 的函数.

例 6 求 $\lim\limits_{x\to 0}(1+3x)^{\frac{1}{x}}$.

解 $\lim\limits_{x\to 0}(1+3x)^{\frac{1}{x}}=\lim\limits_{x\to 0}\left[(1+3x)^{\frac{1}{3x}}\right]^3=\left[\lim\limits_{x\to 0}(1+3x)^{\frac{1}{3x}}\right]^3=\mathrm{e}^3$.

例 7 求 $\lim\limits_{x\to\infty}\left(\dfrac{x-2}{x-3}\right)^x$.

解 $\lim\limits_{x\to\infty}\left(\dfrac{x-2}{x-3}\right)^x=\lim\limits_{x\to\infty}\left(\dfrac{x-3+1}{x-3}\right)^x=\lim\limits_{x\to\infty}\left(1+\dfrac{1}{x-3}\right)^x$

$\qquad=\lim\limits_{x\to\infty}\left(1+\dfrac{1}{x-3}\right)^{x-3}\cdot\left(1+\dfrac{1}{x-3}\right)^3=\mathrm{e}\cdot 1=\mathrm{e}.$

例 8（连续复利问题） 设银行某种储蓄的年利率为 r，按复利计算利息. 某人将一笔本金 A_0 存入银行，满 t 年时的本利之和为

$$A_1(t)=A_0(1+r)^t.$$

如果在一年中分两次计算利息，每次的利率为 $\dfrac{r}{2}$，满 t 年时共计息 $2t$ 次，本利之和为 $A_2(t)=A_0\left(1+\dfrac{r}{2}\right)^{2t}$. 如果在一年中计息 n 次，每次的利率为 $\dfrac{r}{n}$，满 t 年时共计息 nt 次，本利之和为 $A_n(t)=A_0\left(1+\dfrac{r}{n}\right)^{nt}$.

若令 $n\to\infty$，即无限缩短计息时间，利息也随时计入本金重复计算复利，这样的计息方式称为**连续复利**，满 t 年时的本利之和为

$$A(t)=\lim\limits_{n\to\infty}A_n(t)=\lim\limits_{n\to\infty}A_0\left(1+\dfrac{r}{n}\right)^{nt}=A_0\mathrm{e}^{rt}.$$

习题 1-5

1. 求下列极限.

(1) $\lim\limits_{n\to\infty}\left(\dfrac{1}{\sqrt{n^2+1}}+\dfrac{1}{\sqrt{n^2+2}}+\cdots+\dfrac{1}{\sqrt{n^2+n}}\right)$;

(2) $\lim\limits_{n\to\infty}(2^n+3^n+4^n)^{\frac{1}{n}}$.

2. 求下列极限.

(1) $\lim\limits_{x\to 0}\dfrac{\sin 5x}{2x}$;　　(2) $\lim\limits_{x\to 0}\dfrac{\sin nx}{\sin mx}(m\neq 0)$;　　(3) $\lim\limits_{x\to 0}\dfrac{\sin 9x}{\tan 4x}$;

(4) $\lim\limits_{x\to\infty}x\sin\dfrac{a}{x}$;　　(5) $\lim\limits_{x\to 0^+}\dfrac{\sin 2x}{\sqrt{x}}$;　　(6) $\lim\limits_{x\to 1}\dfrac{x-1}{\sin 2(x-1)}$;

(7) $\lim\limits_{x\to 0}\dfrac{\tan x-\sin x}{x^3}$;　　(8) $\lim\limits_{x\to\pi}\dfrac{\tan x}{x-\pi}$.

3. 求下列极限.

(1) $\lim\limits_{x\to\infty}\left(1+\dfrac{1}{x}\right)^{-x}$;　　(2) $\lim\limits_{x\to 0}(1-3x)^{\frac{1}{x}}$;　　(3) $\lim\limits_{n\to\infty}\left(1+\dfrac{1}{n}\right)^{3n}$;

$(4)\ \lim\limits_{x\to 0}(1+\tan x)^{\cot x};$ $(5)\ \lim\limits_{x\to\infty}\left(1-\dfrac{3}{x}\right)^{2x};$ $(6)\ \lim\limits_{n\to\infty}\left(1+\dfrac{2}{3^n}\right)^{3^n};$

$(7)\ \lim\limits_{x\to\infty}\left(\dfrac{x+3}{x+1}\right)^{2x+1};$ $(8)\ \lim\limits_{x\to\infty}\left(\dfrac{x-1}{x+3}\right)^{x+2}.$

第六节　无穷小的比较

一、无穷小的阶

考虑变量 x，x^2，x^3，当 $x\to 0$ 时，它们都是无穷小，即当 $x\to 0$ 时，它们都趋于 0. 但很明显，三者趋于 0 的快慢程度不同，x^3 最快，x 最慢. 为比较这种快慢程度，我们引进无穷小的"阶"的概念.

定义　设 $\alpha=\alpha(x)\neq 0$ 与 $\beta=\beta(x)$ 都是自变量 x 的同一变化过程中的无穷小，则

（1）若 $\lim\limits_{\substack{x\to x_0\\(x\to\infty)}}\dfrac{\alpha}{\beta}=0$，则称 α 是比 β 高阶的无穷小，记作 $\alpha=o(\beta)$；

（2）若 $\lim\limits_{\substack{x\to x_0\\(x\to\infty)}}\dfrac{\alpha}{\beta}=l\neq 0$，则称 α 和 β 是同阶无穷小；

特别地，若 $l=1$，则称 α 与 β 是**等价无穷小**，记作 $\alpha\sim\beta$；

（3）若 $\lim\limits_{\substack{x\to x_0\\(x\to\infty)}}\dfrac{\alpha}{\beta}=\infty$，则称 α 是比 β 低阶的无穷小.

因为 $\lim\limits_{x\to 0}\dfrac{x^3}{x^2}=\lim\limits_{x\to 0}x=0$，所以当 $x\to 0$ 时，x^3 是比 x^2 高阶的无穷小，可记作 $x^3=o(x^2)$. 反之，当 $x\to 0$ 时，x^2 是比 x^3 低阶的无穷小.

由 $\lim\limits_{x\to 0}\dfrac{\sin x}{x}=1$ 可知，当 $x\to 0$ 时，$\sin x$ 与 x 是等价无穷小，即 $\sin x\sim x$.

关于定义中的等价无穷小，有下面重要的定理.

定理 1　设 $\alpha=\alpha(x)\neq 0$ 与 $\beta=\beta(x)$ 都是自变量 x 的同一变化过程中的无穷小，则 β 与 α 是等价无穷小的充分必要条件为 $\beta=\alpha+o(\alpha)$.

证　必要性：设 $\alpha\sim\beta$，则有 $\lim\dfrac{\beta-\alpha}{\alpha}=\lim\left(\dfrac{\beta}{\alpha}-1\right)=\lim\dfrac{\beta}{\alpha}-1=1-1=0$，因此 $\beta-\alpha=o(\alpha)$，即 $\beta=\alpha+o(\alpha)$.

充分性：设 $\beta=\alpha+o(\alpha)$，则有 $\lim\dfrac{\beta}{\alpha}=\lim\dfrac{\alpha+o(\alpha)}{\alpha}=\lim\left(1+\dfrac{o(\alpha)}{\alpha}\right)=1+0=1$，因此 $\alpha\sim\beta$.

例如，因为 $\lim\limits_{x\to 0}\dfrac{\sin x}{x}=1$，所以当 $x\to 0$ 时，$\sin x\sim x$，等价形式可写为当 $x\to 0$ 时，$\sin x=x+o(x)$.

二、无穷小的等价代换

定理 2（无穷小的等价代换）　设 $\alpha,\beta,\alpha',\beta'$ 都是自变量 x 的同一变化过程中的无穷

小，且 $\alpha\sim\alpha'$，$\beta\sim\beta'$. 若 $\lim\dfrac{\beta'}{\alpha'}$ 存在，则 $\lim\dfrac{\beta}{\alpha}$ 存在，且 $\lim\dfrac{\beta}{\alpha}=\lim\dfrac{\beta'}{\alpha'}$.

证 因为 $\alpha\sim\alpha'$，$\beta\sim\beta'$，所以 $\lim\dfrac{\alpha'}{\alpha}=1$，$\lim\dfrac{\beta}{\beta'}=1$，故

$$\lim\frac{\beta}{\alpha}=\lim\left(\frac{\beta}{\beta'}\cdot\frac{\beta'}{\alpha'}\cdot\frac{\alpha'}{\alpha}\right)=\lim\frac{\beta}{\beta'}\cdot\lim\frac{\beta'}{\alpha'}\cdot\lim\frac{\alpha'}{\alpha}=\lim\frac{\beta'}{\alpha'}.$$

注意 无穷小的等价代换定理说明，在求某些无穷小乘除运算的极限时，可使用其等价无穷小进行代换，这不影响极限的结果，但可使求极限的步骤简化.

可以证明，当 $x\to0$ 时，有下列常用的等价无穷小.

$\sin x\sim x$，$\tan x\sim x$，$\arcsin x\sim x$，$\arctan x\sim x$，$\ln(1+x)\sim x$，$e^x-1\sim x$，$1-\cos x\sim\dfrac{1}{2}x^2$，$\sqrt[n]{1+x}-1\sim\dfrac{1}{n}x(n\in\mathbf{N}^+)$，一般地，$(1+x)^\alpha-1\sim\alpha x(\alpha\neq0)$.

例1 求 $\lim\limits_{x\to0}\dfrac{\sin 7x}{\tan 3x}$.

解 当 $x\to0$ 时，$7x\to0$，$3x\to0$，故有 $\sin 7x\sim 7x$，$\tan 3x\sim 3x$. 所以

$$\lim_{x\to0}\frac{\sin 7x}{\tan 3x}=\lim_{x\to0}\frac{7x}{3x}=\frac{7}{3}.$$

例2 求 $\lim\limits_{x\to0}\dfrac{3\tan^2 x}{1-\cos x}$.

解 当 $x\to0$ 时，$1-\cos x\sim\dfrac{1}{2}x^2$，$\tan x\sim x$，所以

$$\lim_{x\to0}\frac{3\tan^2 x}{1-\cos x}=\lim_{x\to0}\frac{3\cdot x\cdot x}{\frac{1}{2}x^2}=6.$$

例3 求 $\lim\limits_{x\to0}\dfrac{x^2-9x}{\ln(1+3x)}$.

解 当 $x\to0$ 时，$3x\to0$，所以 $\ln(1+3x)\sim 3x$，因此

$$\lim_{x\to0}\frac{x^2-9x}{\ln(1+3x)}=\lim_{x\to0}\frac{x(x-9)}{3x}=\lim_{x\to0}\frac{x-9}{3}=-3.$$

例4 求 $\lim\limits_{x\to0}\dfrac{\tan x-\sin x}{3x^3}$.

解 当 $x\to0$ 时，$\tan x\sim x$，$1-\cos x\sim\dfrac{1}{2}x^2$，所以

$$\lim_{x\to0}\frac{\tan x-\sin x}{3x^3}=\lim_{x\to0}\frac{\tan x(1-\cos x)}{3x^3}=\lim_{x\to0}\frac{x\cdot\frac{1}{2}x^2}{3x^3}=\frac{1}{6}.$$

注意 等价无穷小的代换只能用于乘除法运算，对加、减项的无穷小不能随意代换. 如例4用下面的解法是错误的.

$$\lim_{x\to0}\frac{\tan x-\sin x}{3x^3}=\lim_{x\to0}\frac{x-x}{3x^3}=0.$$

例5 求 $\lim\limits_{x\to0}\dfrac{(1-\cos x)\arcsin 5x}{(e^{4x}-1)\tan 3x^2}$.

解　当 $x \to 0$ 时，有 $1-\cos x \sim \dfrac{1}{2}x^2$，$\arcsin 5x \sim 5x$，$e^{4x}-1 \sim 4x$，$\tan 3x^2 \sim 3x^2$．所以

$$\lim_{x \to 0} \frac{(1-\cos x)\arcsin 5x}{(e^{4x}-1)\tan 3x^2} = \lim_{x \to 0} \frac{\dfrac{x^2}{2} \cdot 5x}{4x \cdot 3x^2} = \frac{5}{24}.$$

例 6　求 $\displaystyle\lim_{x \to 0} \frac{\sqrt[3]{1+x\sin x}-1}{\arctan x^2}$．

解　当 $x \to 0$ 时，有 $\sqrt[3]{1+x\sin x}-1 \sim \dfrac{1}{3}x\sin x \sim \dfrac{1}{3}x^2$，$\arctan x^2 \sim x^2$．

故有

$$\lim_{x \to 0} \frac{\sqrt[3]{1+x\sin x}-1}{\arctan x^2} = \lim_{x \to 0} \frac{\dfrac{1}{3}x^2}{x^2} = \frac{1}{3}.$$

习题 1-6

1. 试证明当 $x \to 0$ 时，下式均成立．

(1) $\sqrt{1+x}-1 \sim \dfrac{x}{2}$；

(2) $1-\cos x \sim \dfrac{1}{2}x^2$．

2. 已知当 $x \to 0$ 时，$(1+ax^2)^{\frac{1}{3}}-1$ 与 $\cos x - 1$ 是等价无穷小，求常数 a．

3. 求下列函数的极限．

(1) $\displaystyle\lim_{x \to 0} \frac{\ln(1+x)}{e^x-1}$；

(2) $\displaystyle\lim_{x \to 0} \frac{e^{2x}-1}{\sin x}$；

(3) $\displaystyle\lim_{x \to 0} \frac{\sin(x^m)}{(\sin x)^n}$（$n, m$ 为正整数）；

(4) $\displaystyle\lim_{x \to 0} \frac{1-\cos x}{\sin^2 x}$；

(5) $\displaystyle\lim_{x \to 0} \frac{(e^{\sin x}-1)\cos x}{\tan^2 x}$；

(6) $\displaystyle\lim_{x \to 0} \frac{\ln(1+xe^x)}{\sqrt{1+x}-1}$；

(7) $\displaystyle\lim_{x \to 0} \frac{\tan 4x - \sin x}{\arcsin(\sin 4x)}$；

(8) $\displaystyle\lim_{x \to 0} \frac{1-\sqrt{1-\sin^2 x}}{x\tan x}$；

(9) $\displaystyle\lim_{x \to 0} \frac{\sqrt{1+x\tan x}-\cos x}{x\sin(\sin 2x)}$；

(10) $\displaystyle\lim_{x \to 0} \frac{1-\sqrt[3]{1+x\tan x}+x\sin x}{x\arctan x}$．

第七节　函数的连续性

现实世界中很多变量的变化是连续不断的，如气温的变化、河水的流动等，如图 1-12 所示．这种现象反映在数学上就是函数的连续性，它是微积分的又一重要概念．

图 1-12

一、连续函数的概念

先来看一个概念——增量.

定义 1　设变量 x 从它的一个初值 x_1 变到终值 x_2，终值与初值之差为 $x_2 - x_1$，称为变量 x 的**增量**（也叫**改变量**），记作 Δx，即 $\Delta x = x_2 - x_1$.

注意　增量 Δx 可以是正的，也可以是负的.

设函数 $y = f(x)$ 在 x_0 的某个邻域内有定义，且 x_0 和 $x_0 + \Delta x$ 都在邻域范围内，当变量 x 从 x_0 变到 $x_0 + \Delta x$ 时，函数值 $f(x)$ 相应地从 $f(x_0)$ 变化到 $f(x_0 + \Delta x)$，记函数的增量（即改变量）为 Δy，则

$$\Delta y = f(x_0 + \Delta x) - f(x_0).$$

有了增量的概念，现在来看函数连续性的概念. 下面我们给出函数 $y = f(x)$ 在 $x = x_0$ 处连续的定义.

定义 2　设 $y = f(x)$ 在点 x_0 的某邻域 $U(x_0)$ 内有定义，给自变量 x 一个改变量 Δx，有 $x_0 + \Delta x \in U(x_0)$，对于函数的改变量 $\Delta y = f(x_0 + \Delta x) - f(x_0)$，如果

$$\lim_{\Delta x \to 0} \Delta y = \lim_{\Delta x \to 0} [f(x_0 + \Delta x) - f(x_0)] = 0,$$

则称函数 $y = f(x)$ 在点 x_0 处**连续**.

对于上述定义，如果记 $x = x_0 + \Delta x$，则当 $\Delta x \to 0$ 时，$x \to x_0$. 因此

$$\Delta y = f(x_0 + \Delta x) - f(x_0) = f(x) - f(x_0),$$

所以

$$\lim_{\Delta x \to 0} \Delta y = \lim_{x \to x_0} [f(x) - f(x_0)] = \lim_{x \to x_0} f(x) - \lim_{x \to x_0} f(x_0) = \lim_{x \to x_0} f(x) - f(x_0) = 0,$$

即

$$\lim_{x \to x_0} f(x) = f(x_0).$$

所以，函数 $y = f(x)$ 在点 x_0 处连续的定义又可以改写为：

设 $y = f(x)$ 在点 x_0 的某邻域 $U(x_0)$ 内有定义，如果 $\lim\limits_{x \to x_0} f(x) = f(x_0)$，则称函数 $y = f(x)$ 在点 x_0 处**连续**.

类似于函数的左极限和右极限，可以给出函数左连续和右连续的概念.

定义 3　设 $y = f(x)$ 在点 x_0 的左邻域内有定义，若 $\lim\limits_{x \to x_0^-} f(x) = f(x_0)$，则称函数 $y = f(x)$ 在点 x_0 **左连续**.

设 $y = f(x)$ 在点 x_0 的右邻域内有定义，若 $\lim\limits_{x \to x_0^+} f(x) = f(x_0)$，则称函数 $y = f(x)$ 在点 x_0 **右连续**.

由函数极限与其左极限和右极限的关系，容易推出：

定理 1　函数 $y = f(x)$ 在点 x_0 处连续的充分必要条件是 $f(x)$ 在点 x_0 处既左连续又右连续，即 $\lim\limits_{x \to x_0^-} f(x) = \lim\limits_{x \to x_0^+} f(x) = f(x_0)$.

定理 1 通常用于判断分段函数在分段点处的连续性.

例 1　证明函数 $f(x) = \begin{cases} x \sin \dfrac{1}{x}, & x \neq 0 \\ 0, & x = 0 \end{cases}$ 在点 $x = 0$ 处连续.

证 因为 $\lim\limits_{x \to 0} f(x) = \lim\limits_{x \to 0} x \sin \dfrac{1}{x} = 0$，$f(0) = 0$，所以

$$\lim\limits_{x \to 0} f(x) = f(0),$$

因此，函数在点 $x = 0$ 处连续.

由函数在一点上连续的定义，很自然地推广到一个区间上.

定义 4 若函数 $y = f(x)$ 在区间 I 上的每一点都连续，则称函数 $y = f(x)$ 在区间 I 上连续，并称区间 I 是函数 $f(x)$ 的连续区间.

注意 函数 $y = f(x)$ 在端点处连续，是指在左端点 $x = a$ 处右连续，在右端点 $x = b$ 处左连续，即满足 $\lim\limits_{x \to a^+} f(x) = f(a)$，$\lim\limits_{x \to b^-} f(x) = f(b)$.

例如，函数 $y = f(x) = x^2$ 在其定义域 $(-\infty, +\infty)$ 上连续；$f(x) = \dfrac{1}{x}$ 在 $(1,2)$ 上连续，在 $[1,2]$ 上也连续，但在 $[0,1]$ 上就不连续了，因为它在 $x = 0$ 处没有意义.

二、函数的间断点

函数的连续性是函数的重要特征之一，从几何图形上看就是函数的图像没有断开. 实际生活中，连续与间断正是客观事物变化中渐变与突变的一种反映. 例如火箭在发射过程中，随着燃料的燃烧，质量逐渐减小，而当每一级火箭的外壳自行脱落时，质量则突然减小，如图 1-13(a) 所示.

(a)

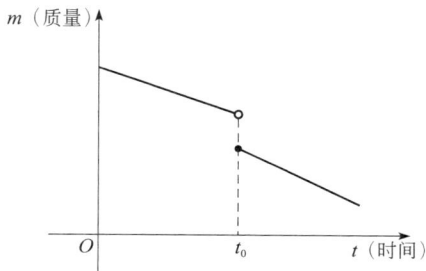

(b)

图 1-13

图 1-13(b) 就是反映质量这一变化过程的示意图. 该图形象地描绘了火箭发射过程中，质量从渐变到突变的情况，t_0 时刻对应的是一个间断点.

定义 5 如果函数 $y = f(x)$ 在点 x_0 处的某去心邻域内有定义，且在点 x_0 处不连续，则称函数 $y = f(x)$ 在点 x_0 处间断，并称 x_0 是函数 $y = f(x)$ 的**间断点**. 由函数 $f(x)$ 在点 x_0 处的连续性定义可知，若出现下列三种情形之一：

(1) $f(x)$ 在点 x_0 处无定义，即 $f(x_0)$ 不存在；

(2) $f(x)$ 在点 x_0 处有定义，但极限 $\lim\limits_{x \to x_0} f(x)$ 不存在；

(3) $f(x)$ 在点 x_0 处有定义，且极限 $\lim\limits_{x \to x_0} f(x)$ 也存在，但 $\lim\limits_{x \to x_0} f(x) \neq f(x_0)$.

则称点 x_0 为函数 $f(x)$ 的**间断点**.

根据 $x \to x_0$ 时 $f(x)$ 的极限情况，间断点可分成两大类：**第一类间断点**和**第二类间断点**.

1. 第一类间断点

假设 x_0 为函数 $f(x)$ 的间断点，若当 $x \to x_0$ 时，左极限 $\lim\limits_{x \to x_0^-} f(x)$ 和右极限 $\lim\limits_{x \to x_0^+} f(x)$ 均存在，则称 x_0 为函数 $f(x)$ 的**第一类间断点**；又根据左右极限是否相等可将第一类间断点分为**可去间断点**和**跳跃间断点**.

(1) **可去间断点**：如果左右极限都存在并且相等，即 $\lim\limits_{x \to x_0^-} f(x) = \lim\limits_{x \to x_0^+} f(x)$，则 $\lim\limits_{x \to x_0} f(x)$ 存在，称 x_0 为 $f(x)$ 的可去间断点.

例2 试求函数 $f(x) = \dfrac{x^2 - 16}{x - 4}$ 的间断点，并指出其类型.

解 函数 $f(x) = \dfrac{x^2 - 16}{x - 4}$ 在点 $x = 4$ 处无定义，故 $x = 4$ 是函数 $f(x)$ 的间断点.

又因为极限 $\lim\limits_{x \to 4} \dfrac{x^2 - 16}{x - 4} = \lim\limits_{x \to 4}(x + 4) = 8$ 存在，故 $x = 4$ 是函数 $f(x)$ 的可去间断点，并且是第一类间断点.

如果补充定义：令 $x = 4$ 时，$f(4) = 8$，那么所给函数在点 $x = 4$ 处连续.

例3 试求函数 $f(x) = \begin{cases} x - 1, & x \neq 1 \\ 5, & x = 1 \end{cases}$ 的间断点，并指出其类型.

解 这里 $\lim\limits_{x \to 1} f(x) = \lim\limits_{x \to 1}(x - 1) = 0$，但 $f(1) = 5$，所以 $\lim\limits_{x \to 1} f(x) \neq f(1)$. 因此，点 $x = 1$ 是函数 $f(x)$ 的可去间断点，且是第一类间断点.

但如果改变函数 $f(x)$ 在点 $x = 1$ 处的定义：令 $f(1) = 5$，那么函数 $f(x)$ 在点 $x = 1$ 处连续.

注意 例2和例3说明可去间断点可以通过补充或改变间断点处的定义而使得函数在该点连续.

(2) **跳跃间断点**：如果左右极限存在但不相等，即 $\lim\limits_{x \to x_0^-} f(x) \neq \lim\limits_{x \to x_0^+} f(x)$，则称 x_0 为 $f(x)$ 的跳跃间断点.

例4 讨论函数 $f(x) = \begin{cases} \dfrac{2\sin x}{x}, & x < 0 \\ 1 + x, & x \geqslant 0 \end{cases}$ 在点 $x = 0$ 处的连续性.

解 因为

$$\lim\limits_{x \to 0^-} f(x) = \lim\limits_{x \to 0^-} \frac{2\sin x}{x} = 2, \quad \lim\limits_{x \to 0^+} f(x) = \lim\limits_{x \to 0^+}(1 + x) = 1$$

左极限与右极限虽都存在，但不相等，故极限 $\lim\limits_{x \to 0} f(x)$ 不存在，所以点 $x = 0$ 是函数 $f(x)$ 的跳跃间断点，且是第一类间断点.

2. 第二类间断点

若当 $x \to x_0$ 时，左极限 $\lim\limits_{x \to x_0^-} f(x)$ 和右极限 $\lim\limits_{x \to x_0^+} f(x)$ 至少有一个不存在，则称 x_0 为函数 $f(x)$ 的**第二类间断点**. 根据极限不存在的方式可将第二类间断点分为**无穷间断点**和**振荡间断点**.

（1）无穷间断点：如果 $\lim\limits_{x \to x_0} f(x) = \infty$，则称 x_0 为 $f(x)$ 的无穷间断点.

例 5 讨论函数 $f(x) = \dfrac{1}{x^3}$ 在点 $x = 0$ 处的连续性，若为间断点，指出其类型.

解 由于函数 $f(x) = \dfrac{1}{x^3}$ 在点 $x = 0$ 处无定义，故点 $x = 0$ 是函数 $f(x)$ 的间断点.

又因为 $\lim\limits_{x \to 0} \dfrac{1}{x^3} = \infty$，故极限不存在，因此点 $x = 0$ 是函数的无穷间断点，并且是第二类间断点.

（2）振荡间断点.

例如，函数 $f(x) = \sin \dfrac{1}{x}$ 在 $x = 0$ 处无定义，故 $x = 0$ 是函数 $\sin \dfrac{1}{x}$ 的间断点；又因为 $\lim\limits_{x \to 0} \sin \dfrac{1}{x}$ 不存在，而且是以振荡的形式不存在，所以 $x = 0$ 是第二类间断点中的振荡间断点.

三、连续函数的运算法则

定理 2（连续函数的四则运算法则） 若函数 $f(x)$ 和 $g(x)$ 均在点 x_0 处连续，则它们的和与差 $f(x) \pm g(x)$，积 $f(x) \cdot g(x)$ 及商 $\dfrac{f(x)}{g(x)}$ ［要求 $g(x_0) \neq 0$］ 都在点 x_0 处连续.

例如，因为 $f(x) = \sin x$ 和 $g(x) = \cos x$ 在全体实数上都是连续的，因此由定理 2 知，$\tan x = \dfrac{\sin x}{\cos x}$，$\cot x = \dfrac{\cos x}{\sin x}$ 在它们的定义域内连续.

定理 3（反函数的连续性） 若函数 $y = f(x)$ 在区间 I_x 上严格单调连续，则它的反函数 $x = f^{-1}(y)$ 也在对应的区间 $I_y = \{y \mid y = f(x), x \in I_x\}$ 上严格单调连续.

简述为：**单调连续函数存在单调连续的反函数.**

例如，因为 $y = \sin x$ 在 $\left[-\dfrac{\pi}{2}, \dfrac{\pi}{2}\right]$ 上单调增加且连续，故其反函数 $y = \arcsin x$ 在 $[-1, 1]$ 上也是单调增加且连续；$y = \tan x$ 在 $\left(-\dfrac{\pi}{2}, \dfrac{\pi}{2}\right)$ 上单调增加且连续，故其反函数 $y = \arctan x$ 在 $(-\infty, +\infty)$ 上也是单调增加且连续.

注意 反三角函数在其定义域内是连续的.

在本章第四节定理 5 中，我们给出了复合函数的极限运算法则，如果补充条件，让该定理中的函数 $y = f(u)$ 在点 u_0 处连续，即 $\lim\limits_{u \to u_0} f(u) = A = f(u_0)$，并取消"在 x_0 的某去心邻域内有 $g(x) \neq u_0$"，就可以得到下面的定理.

定理 4（复合函数的连续性） 设 $y = f[g(x)]$ 由函数 $u = g(x)$ 与函数 $y = f(u)$ 复合而成，若 $\lim\limits_{x \to x_0} g(x) = u_0$，$\lim\limits_{u \to u_0} f(u) = f(u_0)$，则

$$\lim\limits_{x \to x_0} f[g(x)] = \lim\limits_{u \to u_0} f(u) = f(u_0).$$

在上述定理 4 中，若函数 $u = g(x)$ 在 x_0 处连续，即 $\lim\limits_{x \to x_0} g(x) = g(x_0)$，则有 $u_0 = g(x_0)$，那么可以得到以下定理.

定理 5 设 $y = f[g(x)]$ 由函数 $u = g(x)$ 与函数 $y = f(u)$ 复合而成，若 $\lim\limits_{x \to x_0} g(x) =$

$g(x_0)=u_0$，$\lim\limits_{u\to u_0}f(u)=f(u_0)$，则

$$\lim_{x\to x_0}f[g(x)]=f(u_0)=f[g(x_0)].$$

注意　由 $\lim\limits_{x\to x_0}f[g(x)]=f(u_0)=f[\lim\limits_{x\to x_0}g(x)]=f[g(x_0)]=f[g(\lim\limits_{x\to x_0}x)]$ 知，连续函数的符号和极限函数的符号可以交换次序.

对于基本初等函数来说，在前面，我们已经说明了三角函数 $\sin x$，$\cos x$，$\tan x$，$\cot x$ 以及反三角函数在它们的定义域内是连续的. 现在我们继续指出其他几类基本初等函数的连续性.

指数函数 $y=a^x(a>0,a\neq1)$ 在其定义域 $(-\infty,+\infty)$ 内是单调且连续的；而对数函数 $y=\log_a x(a>0,a\neq1)$ 与指数函数 $y=a^x(a>0,a\neq1)$ 互为反函数，所以对数函数 $y=\log_a x(a>0,a\neq1)$ 在其定义域 $(0,+\infty)$ 内是单调且连续的. 因为幂函数 $y=x^\mu$（μ 为常数）可以改写成 $y=x^\mu=a^{\log_a x^\mu}$，所以可以看成是由 $y=a^u$，$u=\log_a x^\mu$ 复合而成的，由于 $y=a^u$ 和 $u=\log_a x^\mu$ 在其定义域内是连续的，所以幂函数 $y=x^\mu$ 在其定义域内也是连续的，而根据 μ 的取值不同，定义域也会不同.

综合以上结果，可得：**基本初等函数在其定义域内都是连续的.**

由初等函数的定义，结合上述基本初等函数的连续性可得以下定理.

定理 6（初等函数的连续性）　一切初等函数在其定义区间上都是连续的.

根据这个结论，在求函数 $y=f(x)$ 在点 x_0 处的极限时，如果函数 $y=f(x)$ 在点 x_0 处连续，即 $\lim\limits_{x\to x_0}f(x)=f(x_0)$，要求极限 $\lim\limits_{x\to x_0}f(x)$，只需计算函数值 $f(x_0)$ 即可.

例如，$\lim\limits_{x\to2}\ln(x^2+1)=\ln[\lim\limits_{x\to2}(x^2+1)]=\ln(2^2+1)=\ln 5.$

例 6　求 $\lim\limits_{x\to0}\dfrac{\ln(1+x)}{x}$.

解　$\lim\limits_{x\to0}\dfrac{\ln(1+x)}{x}=\lim\limits_{x\to0}[\ln(1+x)^{\frac1x}]=\ln[\lim\limits_{x\to0}(1+x)^{\frac1x}]=\ln e=1.$

例 7　求 $\lim\limits_{x\to0}\dfrac{e^x-1}{x}$.

解　令 $e^x-1=t$，则 $x=\ln(1+t)$，则当 $x\to0$ 时，$t\to0$，因此

$$\lim_{x\to0}\frac{e^x-1}{x}=\lim_{t\to0}\frac{t}{\ln(1+t)}=\lim_{t\to0}\frac{1}{\dfrac{\ln(1+t)}{t}}=1.$$

例 8　求 $\lim\limits_{x\to0}(1+3x)^{\frac{2}{\sin x}}$.

解　$\lim\limits_{x\to0}(1+3x)^{\frac{2}{\sin x}}=\lim\limits_{x\to0}\left[(1+3x)^{\frac{1}{3x}}\right]^{3x\cdot\frac{2}{\sin x}}=e^{\lim\limits_{x\to0}\frac{6x}{\sin x}}=e^{6\cdot\lim\limits_{x\to0}\frac{1}{\frac{\sin x}{x}}}=e^6.$

例 9　求 $\lim\limits_{x\to\infty}\left(\dfrac{x-1}{x-2}\right)^x$.

解　$\lim\limits_{x\to\infty}\left(\dfrac{x-1}{x-2}\right)^x=\lim\limits_{x\to\infty}\left(\dfrac{x-2+1}{x-2}\right)^x=\lim\limits_{x\to\infty}\left(1+\dfrac{1}{x-2}\right)^x=\lim\limits_{x\to\infty}\left[\left(1+\dfrac{1}{x-2}\right)^{x-2}\right]^{\frac{1}{x-2}\cdot x}$

$$=e^{\lim\limits_{x\to\infty}\frac{x}{x-2}}=e^{\lim\limits_{x\to\infty}\frac{1}{1-\frac2x}}=e$$

一般地，对于形如 $u(x)^{v(x)}$ 的幂指函数，其中 $u(x)>0$ 且不恒等于 1，如果

$$\lim u(x)=a>0,\ \lim v(x)=b,$$

那么

$$\lim u(x)^{v(x)}=a^b.$$

注意 这里三个 lim 都表示在同一自变量变化过程中的极限.

四、闭区间上连续函数的性质

本小节将讨论闭区间上连续函数的几个基本性质, 这几个性质会以定理的形式叙述, 部分定理的证明所需知识可能会超出本书的范围, 所以不做证明.

定理 7 (最大最小值定理) 若函数 $y=f(x)$ 在闭区间 $[a,b]$ 上连续, 则 $y=f(x)$ 在 $[a,b]$ 上必取得最大值和最小值.

由定理 7 即可推出下面的推论.

推论 若函数 $y=f(x)$ 在 $[a,b]$ 上连续, 则 $y=f(x)$ 在 $[a,b]$ 上有界.

这个推论也叫作闭区间上连续函数的**有界性定理**.

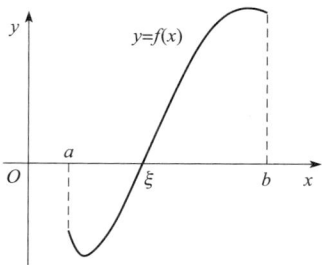

图 1-14

定理 8 (零点定理) 若函数 $y=f(x)$ 在闭区间 $[a,b]$ 上连续, 且 $f(a)\cdot f(b)<0$, 则在开区间 (a,b) 内至少存在一点 ξ, 使得 $f(\xi)=0$.

对于函数 $y=f(x)$, 如果存在 x_0 使 $f(x_0)=0$, 则 x_0 称为函数 $f(x)$ 的**零点**.

从几何上看, 这个定理表示的是如果连续曲线的两个端点位于 x 轴的两侧, 则曲线与 x 轴至少有一个交点 (图 1-14).

零点定理说明, 若 $y=f(x)$ 在 $[a,b]$ 上连续, 且 $f(a)$, $f(b)$ 异号, 则方程 $f(x)=0$ 在 (a,b) 内至少有一个根.

定理 9 (介值定理) 若函数 $y=f(x)$ 在闭区间 $[a,b]$ 上连续, $f(a)=A$, $f(b)=B$, 且 $A\neq B$, 则对介于 A 和 B 之间的任意一个数 C, 在开区间 (a,b) 内至少存在一点 ξ, 使得 $f(\xi)=C$.

例 10 证明方程 $x^5-3x=1$ 至少有一个根介于 1 和 2 之间.

证明 设 $f(x)=x^5-3x-1$, 则 $f(x)$ 在 $[1,2]$ 上连续, 且 $f(1)=-3<0$, $f(2)=25>0$, 即 $f(1)\cdot f(2)<0$. 由零点定理可知, 在 $(1,2)$ 上至少有一个根 ξ, 使得 $f(\xi)=0$, 即方程 $x^5-3x=1$ 至少有一个根介于 1 和 2 之间.

习题 1-7

1. 讨论下列函数在 $x=0$ 处的连续性.

(1) $f(x)=\dfrac{|x|}{x}$;

(2) $f(x)=\begin{cases} x^2, & x\leqslant 0 \\ 2-x, & 0<x \end{cases}$.

2. 求下列函数的不连续点, 并说明是哪类间断点.

(1) $y=\dfrac{x^2-1}{x^2-3x+2}$;

(2) $y=\cos^2\dfrac{1}{x}$;

(3) $f(x)=\dfrac{x}{\sin x}$;

(4) $f(x)=\begin{cases} 3+x^2, & x\leqslant 0 \\ \dfrac{\sin 3x}{x}, & x>0 \end{cases}$.

3. 求下列极限.

(1) $\lim\limits_{x\to 0}\sqrt{x^2-3x+4}$;

(2) $\lim\limits_{x\to 0}\dfrac{(e^{2x}-1)(1-\cos x)}{x^2\ln(1+x)}$;

(3) $\lim\limits_{x\to 0}\ln\dfrac{\sin x}{x}$;

(4) $\lim\limits_{x\to +\infty}(\sqrt{x^2+x}-\sqrt{x^2-x})$;

(5) $\lim\limits_{x\to\infty}\left(\dfrac{n+3}{n+6}\right)^{\frac{n-1}{2}}$;

(6) $\lim\limits_{x\to x_0}\dfrac{\sin x-\sin x_0}{x-x_0}$.

4. 设函数 $f(x)=\begin{cases}e^x, & x<0\\ a+x, & x\geqslant 0\end{cases}$，应当怎样选择数 a，使 $f(x)$ 在 $(-\infty,+\infty)$ 内连续.

5. 证明方程 $\sin x+x+1=0$ 在开区间 $\left(-\dfrac{\pi}{2},\dfrac{\pi}{2}\right)$ 内至少有一个根.

本章思维导图

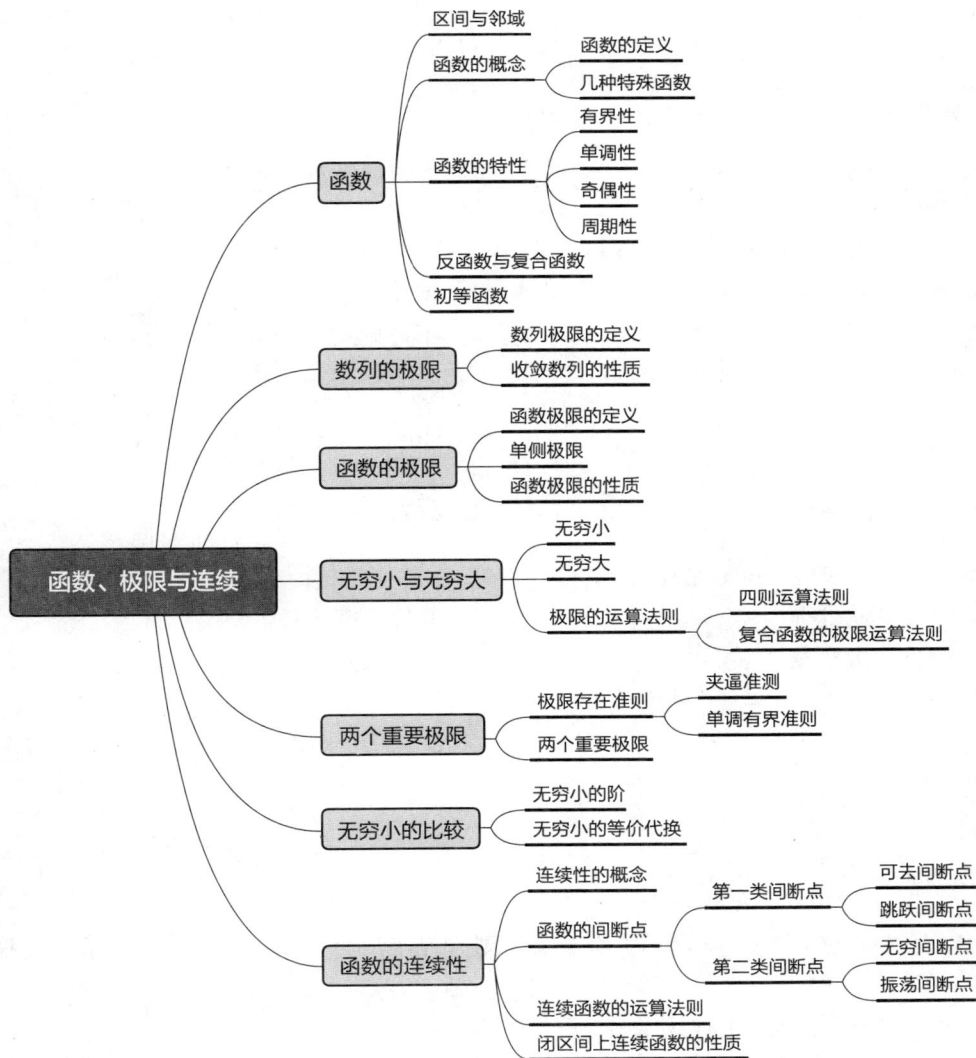

总复习题一

1. 单项选择题.

(1) 下列函数在指定的变化过程中为无穷小量的是（　　）.

A. e^x $(x \to \infty)$　　　　　　B. e^x $(x \to -\infty)$

C. $\dfrac{\cos 2x - 1}{x^2}$ $(x \to 0)$　　　　D. $\dfrac{\sqrt[3]{1-2x} - 1}{x}$ $(x \to 0)$

(2) 下列式子正确的是（　　）.

A. $\lim\limits_{x \to \infty} \dfrac{\sin x}{x} = 1$　　　　B. $\lim\limits_{x \to \infty} x \sin \dfrac{1}{x} = 1$

C. $\lim\limits_{x \to 0} (1+x)^{\frac{1}{x}} = 1$　　　　D. $\lim\limits_{x \to \infty} \left(1 - \dfrac{1}{x}\right)^x = e$

(3) 设函数 $y = f(x)$ 在 $(-\infty, +\infty)$ 内有定义，则下列函数中为偶函数的是（　　）.

A. $y = |f(x)|$　　　　　　B. $y = \cos x \cdot f(x^2)$

C. $y = [f(x)]^2$　　　　　　D. $y = -f(-x)$

(4) 设 $f(x) = \dfrac{x-1}{(x-1)(x-4)}$，则 $x = 4$ 是（　　）.

A. 可去间断点　　　　　　B. 无穷间断点

C. 跳跃间断点　　　　　　D. 振荡间断点

(5) 变量 $y = x \sin x$ 是（　　）.

A. 无穷大量 $(x \to \infty)$　　　B. 无界变量

C. 有界变量　　　　　　　　D. 不可确定

(6) 下列变量中是无穷小量的是（　　）.

A. $\ln x$ $(x \to 1)$　　　　　　B. $\sin \dfrac{1}{x}$ $(x \to 0)$

C. $\dfrac{x-3}{x^2-9}$ $(x \to 3)$　　　　D. $e^{\frac{1}{x}}$ $(x \to 0)$

(7) 当 $x \to 0$ 时，$\tan x$ 是比 x 的（　　）.

A. 高价无穷小量　　　　　　B. 低价无穷小量

C. 等价无穷小量　　　　　　D. 不能确定

(8) 函数 $f(x)$ 在 $x = 0$ 处连续的有（　　）.

A. $f(x) = \begin{cases} \dfrac{x}{|x|}, & x \neq 0 \\ 0, & x = 0 \end{cases}$　　　B. $f(x) = \begin{cases} \dfrac{\sin x}{x}, & x \neq 0 \\ 1, & x = 0 \end{cases}$

C. $f(x) = \begin{cases} |x|, & x \neq 0 \\ -1, & x = 0 \end{cases}$　　　D. $f(x) = \begin{cases} e^x, & x \neq 0 \\ 0, & x = 0 \end{cases}$

(9) 设函数 $f(x)$ 在 $[a,b]$ 上有定义，则方程 $f(x) = 0$ 在 (a,b) 内有唯一实根的条件是（　　）.

A. $f(x)$ 在 $[a,b]$ 上连续

B. $f(x)$ 在 $[a,b]$ 上连续，且 $f(a) \cdot f(b) < 0$

C. $f(x)$ 在 $[a,b]$ 上单调，且 $f(a) \cdot f(b) < 0$

D. $f(x)$ 在 $[a,b]$ 上连续单调，且 $f(a) \cdot f(b) < 0$

2. 填空题.

(1) 函数 $y = 3^x + 1$ 的反函数是_____.

(2) 函数 $f(x) = x \sin \dfrac{1}{x}$ 的间断点是_____.

(3) 函数 $f(x) = \dfrac{1}{\sqrt{x^2-4}}$ 的定义域是_____，连续区间是_____.

(4) 函数 $f(x) = \dfrac{1}{\sqrt{1-x^2}} + \arctan \dfrac{1}{x}$ 定义域是_____.

(5) 若函数 $f(x) = \begin{cases} \dfrac{e^{2x}-1}{x}, & x<0 \\ k, & x=0 \\ \dfrac{\sin 3x}{x}, & x>0 \end{cases}$ 在点 $x=0$ 处右连续，则 $k=$ _____.

(6) 若 $\lim\limits_{x \to \infty} \left(\dfrac{x+2a}{x-2a} \right)^{\frac{x}{3}} = e^2$，则 $a=$ _____.

3. 有一边长为 a 的正方形厚纸，在各角处剪去边长为 x 的小正方形，然后把四边折起来成为一个无盖的盒子. 试写出这个盒子的容积 V 与 x 之间的函数关系式，并指出这个函数的定义域.

4. 证明方程 $x = a\sin x + b$（其中 $a > 0$，$b > 0$）至少有一个正根 x_0，且 $x_0 \leqslant a+b$.

5. 求下列极限.

(1) $\lim\limits_{x \to 0} x \cot x$；

(2) $\lim\limits_{x \to 0} \dfrac{\sin 5x - \sin 4x}{2x}$；

(3) $\lim\limits_{x \to 0} \dfrac{\tan x - \sin x}{7 \sin^3 x}$；

(4) $\lim\limits_{x \to 1} (1-x) \tan \dfrac{\pi x}{2}$；

(5) $\lim\limits_{n \to \infty} 3^n \sin \dfrac{\pi}{3^n}$；

(6) $\lim\limits_{x \to \infty} \left(1 - \dfrac{5}{x} \right)^{4x}$；

(7) $\lim\limits_{n \to \infty} \left(1 + \dfrac{2}{5^n} \right)^{5^n}$；

(8) $\lim\limits_{x \to \infty} \left(\dfrac{x+4}{x+1} \right)^{x+1}$；

(9) $\lim\limits_{x \to 0} (1-7x)^{\frac{1}{x}}$；

(10) $\lim\limits_{x \to 0} \left(\dfrac{2^x + 3^x - 2}{x} \right)$；

(11) $\lim\limits_{n \to \infty} (\sqrt{n - \sqrt{n}} - \sqrt{n})$；

(12) $\lim\limits_{x \to 0} \dfrac{\tan x - \sin x}{(1-e^{3x}) \ln(1+5x^2)}$；

(13) $\lim\limits_{x \to \frac{\pi}{2}} (\sin x)^{\tan x}$；

(14) $\lim\limits_{n \to \infty} \dfrac{7^n \sin \dfrac{x}{7^n}}{\sin x} (0 < x < \pi)$.

第二章

导数与微分

第一节 导数的概念

1. 变速直线运动的瞬时速度

如图 2-1，和谐号列车运行过程中，在屏幕上显示的"列车当前速度 351 km/h"表示的是当前时刻列车的瞬时速度，那么如何求出列车在某一时刻 t_0 的瞬时速度呢？下面我们给出分析、解决这类问题的方法.

图 2-1

做变速直线运动的物体，一般情况下，路程 s 与时间 t 的函数关系容易求得. 设物体在时刻 t 所做的位移函数为 $s(t)$，现在描述物体在任一时刻 t_0 时的瞬时速度 $v(t_0)$（图 2-2）. 给 t_0 时刻以时间增量 Δt，则物体在时间间隔 $[t_0, t_0 + \Delta t]$ 内所经过的路程为：

$$\Delta s = s(t_0 + \Delta t) - s(t_0),$$

则此段时间内的平均速度为 $\overline{v}(t) = \dfrac{\Delta s}{\Delta t} = \dfrac{s(t_0 + \Delta t) - s(t_0)}{\Delta t}$.

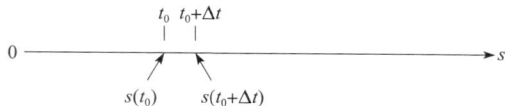

图 2-2

现在我们来研究此段时间的平均速度 $\overline{v}(t)$ 与 t_0 时刻的瞬时速度 $v(t_0)$ 之间的关系. 显然 Δt 越小，$\overline{v}(t)$ 与 $v(t_0)$ 之间的误差越小，$\overline{v}(t)$ 也越接近 $v(t_0)$，如果 Δt 很小，物体在这段时间

内运动可以近似看作是匀速的，若 Δt 趋于 0 时 $\bar{v}(t)$ 的极限存在，利用极限思想，我们认为该极限值就是物体在 t_0 时刻的瞬时速度 $v(t_0)$，即

$$v(t_0)=\lim_{\Delta t\to 0}\frac{\Delta s}{\Delta t}=\lim_{\Delta t\to 0}\frac{s(t_0+\Delta t)-s(t_0)}{\Delta t}.$$

2. 平面曲线的切线的斜率

曲线切线的定义：设曲线 L 上有一点 M（图 2-3），在点 M 外另取 L 上一点 N，作割线 MN，当点 N 沿曲线 L 趋于点 M 时，割线 MN 绕点 M 旋转的极限位置为 MT，直线 MT 就称为曲线 L 在点 M 处的切线．这里极限位置的含义是弦长 $|MN|\to 0$，$\angle NMT\to 0$．

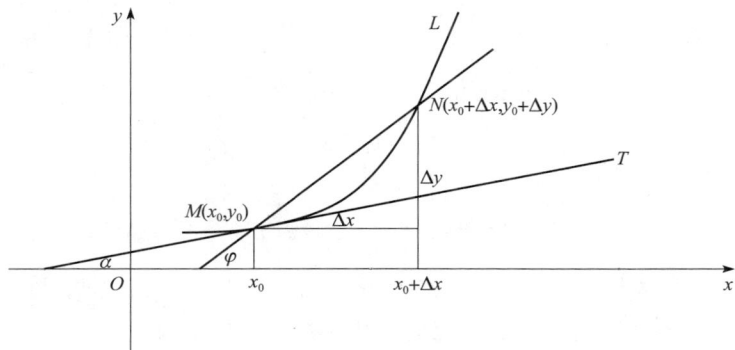

图 2-3

设曲线 $y=f(x)$（图 2-3）在点 $M(x_0,y_0)$ 附近取一点 $N(x_0+\Delta x,y_0+\Delta y)$，其中，$\Delta y=f(x_0+\Delta x)-f(x_0)$，则割线斜率 k_{MN} 为

$$k_{MN}=\tan\varphi=\frac{\Delta y}{\Delta x}=\frac{f(x_0+\Delta x)-f(x_0)}{\Delta x}.$$

如果当 N 点沿曲线 $y=f(x)$ 趋向于 M 点时，割线 MN 的极限位置为 MT，那么点 M 处的切线存在．而 $N\to M$ 也即 $\Delta x\to 0$，所以**切线的斜率** k_{MT} 为

$$k_{MT}=\tan\alpha=\lim_{\Delta x\to 0}\tan\varphi=\lim_{\Delta x\to 0}\frac{\Delta y}{\Delta x}=\lim_{\Delta x\to 0}\frac{f(x_0+\Delta x)-f(x_0)}{\Delta x}.$$

从上面的实例可以看出，虽然它们所描述的问题不同，但从数量关系的角度来研讨，它们的共同之处都是研究函数的增量与自变量增量之比的极限问题．在自然科学和工程技术中，类似问题还有很多，例如电流强度、角速度、线密度等都可以归结为这种数学形式．我们撇开这些量的具体意义，抓住它们在数量关系上的共性，抽象得出导数的概念．

二、导数的定义与基本初等函数的导数公式

1. 函数在一点处的导数与导函数

定义 1 设函数 $f(x)$ 在点 x_0 的某个邻域内有定义，当自变量 x 在点 x_0 处取得增量 Δx（点 $x_0+\Delta x$ 也在该邻域内）时，相应的函数取得增量 $\Delta y=f(x_0+\Delta x)-f(x_0)$．若 $\lim_{\Delta x\to 0}\frac{\Delta y}{\Delta x}$ 存在，即

$$\lim_{\Delta x\to 0}\frac{\Delta y}{\Delta x}=\lim_{\Delta x\to 0}\frac{f(x_0+\Delta x)-f(x_0)}{\Delta x}$$

存在，则称此极限值为函数 $y=f(x)$ 在点 x_0 处的导数，记作 $f'(x_0)$，即

$$f'(x_0)=\lim_{\Delta x\to 0}\frac{\Delta y}{\Delta x}=\lim_{\Delta x\to 0}\frac{f(x_0+\Delta x)-f(x_0)}{\Delta x}. \tag{2-1}$$

也可记作 $y'|_{x=x_0}$ 或 $\dfrac{\mathrm{d}y}{\mathrm{d}x}\Big|_{x=x_0}$.

同时称函数 $y=f(x)$ 在点 x_0 处可导.

若上述极限不存在，则称函数 $y=f(x)$ 在点 x_0 处不可导.

导数的定义式（2-1）也可以取不同的形式，常见的有

$$f'(x_0)=\lim_{h\to 0}\frac{f(x_0+h)-f(x_0)}{h}. \tag{2-2}$$

和

$$f'(x_0)=\lim_{x\to x_0}\frac{f(x)-f(x_0)}{x-x_0}. \tag{2-3}$$

式（2-2）中 h 即自变量增量 Δx.

导数是对函数变化率这一概念的精确描述，函数增量与自变量增量的比值 $\dfrac{\Delta y}{\Delta x}$ 是函数 y 在以 x_0 和 $x_0+\Delta x$ 为端点的区间上的平均变化率，而导数 $y'|_{x=x_0}$ 则是函数 y 在点 x_0 处的变化率，它反映了函数随自变量的变化而变化的快慢程度，反映了因变量随自变量的变化而变化的快慢程度.

定义 2　如果函数 $y=f(x)$ 在开区间 (a,b) 内的每一点都可导，则称它为 (a,b) 内的可导函数. 对于任一 $x\in(a,b)$，都对应着 $f(x)$ 的一个确定的导数值，这样就构成了一个新的函数 $f'(x)$，称为函数 $y=f(x)$ 的**导函数**，一般也简称**导数**，记为 $f'(x)$ 或 y' 或 $\dfrac{\mathrm{d}y}{\mathrm{d}x}$，即

$$f'(x)=\lim_{\Delta x\to 0}\frac{\Delta y}{\Delta x}=\lim_{\Delta x\to 0}\frac{f(x+\Delta x)-f(x)}{\Delta x},$$

且

$$f'(x_0)=f'(x)|_{x=x_0}=y'|_{x=x_0}=\frac{\mathrm{d}y}{\mathrm{d}x}\Big|_{x=x_0}.$$

2. 求导数举例

下面根据导数定义求一些简单函数的导数.

例 1　用定义求函数 $y=x^2$ 在 $x=1$ 处的导数.

解　根据导数的定义求导，一般可以分为以下三步.

（1）求函数的增量：$\Delta y=f(1+\Delta x)-f(1)=(1+\Delta x)^2-1^2=2\Delta x+(\Delta x)^2$.

（2）求两增量的比值：$\dfrac{\Delta y}{\Delta x}=\dfrac{2\Delta x+(\Delta x)^2}{\Delta x}=2+\Delta x$.

（3）求极限：$y'=\lim\limits_{\Delta x\to 0}\dfrac{\Delta y}{\Delta x}=\lim\limits_{\Delta x\to 0}(2+\Delta x)=2$.

所以

$$f'(1)=2.$$

例 2　求函数 $f(x)=C$（C 为常数）的导数.

解　$f'(x)=\lim\limits_{\Delta x\to 0}\dfrac{f(x+\Delta x)-f(x)}{\Delta x}=\lim\limits_{\Delta x\to 0}\dfrac{C-C}{\Delta x}=0$，即 $(C)'=0$.

例 3　设函数 $f(x)=\sin x$，求 $(\sin x)'$ 及 $(\sin x)'\big|_{x=\frac{\pi}{6}}$.

解　$f'(x)=(\sin x)'=\lim\limits_{h\to 0}\dfrac{\sin(x+h)-\sin x}{h}$

$$=\lim\limits_{h\to 0}\cos\left(x+\dfrac{h}{2}\right)\cdot\dfrac{\sin\dfrac{h}{2}}{\dfrac{h}{2}}=\cos x，即$$

$$(\sin x)'=\cos x，\ (\sin x)'\big|_{x=\frac{\pi}{6}}=\cos x\big|_{x=\frac{\pi}{6}}=\dfrac{\sqrt{3}}{2}.$$

用类似的方法可求得 $(\cos x)'=-\sin x$.

例 4　求函数 $y=x^n$（n 为正整数）的导数.

解　$(x^n)'=\lim\limits_{h\to 0}\dfrac{(x+h)^n-x^n}{h}=\lim\limits_{h\to 0}\left[nx^{n-1}+\dfrac{n(n-1)}{2!}x^{n-2}h+\cdots+h^{n-1}\right]=nx^{n-1}$，即

$$(x^n)'=nx^{n-1}.$$

更一般地

$$(x^\mu)'=\mu x^{\mu-1}\ (\mu\in\mathbf{R}).$$

例如，$(\sqrt{x})'=\dfrac{1}{2}x^{\frac{1}{2}-1}=\dfrac{1}{2\sqrt{x}}$；$\left(\dfrac{1}{x}\right)'=(x^{-1})'=(-1)x^{-1-1}=-\dfrac{1}{x^2}$.

例 5　求函数 $f(x)=a^x$（$a>0$，$a\neq 1$）的导数.

解　$(a^x)'=\lim\limits_{h\to 0}\dfrac{a^{x+h}-a^x}{h}=a^x\lim\limits_{h\to 0}\dfrac{a^h-1}{h}=a^x\ln a$，即

$$(a^x)'=a^x\ln a,$$

特殊地，$(e^x)'=e^x$.

上式表明 e 为底的指数函数的导数就是它自己，这是以 e 为底的指数函数的一个重要特性.

例 6　求对数函数 $y=\log_a x$（$a>0$，$a\neq 1$）的导数.

解　因为 $\Delta y=\log_a(x+\Delta x)-\log_a x=\log_a\left(1+\dfrac{\Delta x}{x}\right)$，则 $\dfrac{\Delta y}{\Delta x}=\dfrac{1}{\Delta x}\log_a\left(1+\dfrac{\Delta x}{x}\right)$，从而有

$$f'(x)=\lim\limits_{\Delta x\to 0}\dfrac{\Delta y}{\Delta x}=\lim\limits_{\Delta x\to 0}\dfrac{1}{x}\cdot\dfrac{x}{\Delta x}\log_a\left(1+\dfrac{\Delta x}{x}\right)$$

即

$$=\lim\limits_{\Delta x\to 0}\dfrac{1}{x}\log_a\left(1+\dfrac{\Delta x}{x}\right)^{\frac{x}{\Delta x}}=\dfrac{1}{x}\log_a e=\dfrac{1}{x\ln a},$$

故 $(\log_a x)'=\dfrac{1}{x\ln a}$，特殊地，有 $(\ln x)'=\dfrac{1}{x}$.

这里已经求得几个基本初等函数的导数，基本初等函数的导数公式列表见本章第二节.

3. 单侧导数

定义 3（单侧导数）　若极限 $\lim\limits_{\Delta x\to 0^-}\dfrac{\Delta y}{\Delta x}$ 与 $\lim\limits_{\Delta x\to 0^+}\dfrac{\Delta y}{\Delta x}$ 存在，则它们分别称为函数 $y=f(x)$

在点 x_0 处的左导数、右导数，记作

$$f'_-(x_0) = \lim_{\Delta x \to 0^-} \frac{f(x_0 + \Delta x) - f(x_0)}{\Delta x} = \lim_{x \to x_0^-} \frac{f(x) - f(x_0)}{x - x_0},$$

$$f'_+(x_0) = \lim_{\Delta x \to 0^+} \frac{f(x_0 + \Delta x) - f(x_0)}{\Delta x} = \lim_{x \to x_0^+} \frac{f(x) - f(x_0)}{x - x_0}.$$

左导数和右导数统称**单侧导数**.

定理 1 函数 $y = f(x)$ 在点 x_0 处可导的充要条件是左导数 $f'_-(x_0)$ 和右导数 $f'_+(x_0)$ 都存在且相等.

该定理常被用于判定分段函数在分段点处是否可导.

例 7 设函数 $f(x) = \begin{cases} \sin x, & x \leqslant 0 \\ x, & x > 0 \end{cases}$，求 $f'(0)$ 及 $f'(x)$.

解 对于分段点 $x = 0$，右导数 $f'_+(0) = \lim_{x \to 0^+} \frac{f(x) - f(0)}{x - 0} = \lim_{x \to 0^+} \frac{x - 0}{x - 0} = 1$，

左导数 $f'_-(0) = \lim_{x \to 0^-} \frac{f(x) - f(0)}{x - 0} = \lim_{x \to 0^-} \frac{\sin x - 0}{x} = 1$，$f'_+(0) = f'_-(0) = 1$，故 $f'(0) = 1$.

当 $x < 0$ 时，$f'(x) = (\sin x)' = \cos x$；当 $x > 0$ 时，$f'(x) = (x)' = 1$.

综上讨论，有 $f'(x) = \begin{cases} \cos x, & x < 0 \\ 1, & x \geqslant 0 \end{cases}$.

三、导数的几何意义

由前面实例中曲线切线斜率的求法和导数定义可以得到，导数的几何意义就是：$f'(x_0)$ 表示曲线 $y = f(x)$ 上的点 (x_0, y_0) 处的切线的斜率值. 故曲线 $y = f(x)$ 在点 (x_0, y_0) 处的切线方程可以表示为：

$$y - y_0 = f'(x_0)(x - x_0).$$

法线方程为：

$$y - y_0 = -\frac{1}{f'(x_0)}(x - x_0) \quad [f'(x_0) \neq 0].$$

例 8 求等边双曲线 $y = \frac{1}{x}$ 在点 $\left(\frac{1}{2}, 2\right)$ 处的切线方程和法线方程.

解 由导数的几何意义，得切线斜率为

$$k = y' \Big|_{x = \frac{1}{2}} = \left(\frac{1}{x}\right)' \Big|_{x = \frac{1}{2}} = -\frac{1}{x^2} \Big|_{x = \frac{1}{2}} = -4.$$

所求切线方程为 $y - 2 = -4\left(x - \frac{1}{2}\right)$，即 $4x + y - 4 = 0$.

法线方程为 $y - 2 = \frac{1}{4}\left(x - \frac{1}{2}\right)$，即 $2x - 8y + 15 = 0$.

四、函数的连续性与可导性

前面，我们学习了连续的概念，函数 $y = f(x)$ 在点 x_0 处连续，则有 $\lim_{\Delta x \to 0} \Delta y = 0$；函数

$y=f(x)$ 在点 x_0 处可导，则有 $\lim\limits_{\Delta x \to 0}\dfrac{\Delta y}{\Delta x}=f'(x_0)$ 存在，两者之间有什么关系？

这里我们可以有

$$\lim_{\Delta x \to 0}\Delta y = \lim_{\Delta x \to 0}\frac{\Delta y}{\Delta x}\cdot \Delta x = \lim_{\Delta x \to 0}\frac{\Delta y}{\Delta x}\cdot \lim_{\Delta x \to 0}\Delta x = f'(x_0)\cdot 0 = 0,$$

即若有函数在点 x_0 可导的条件成立，则能由上式得到函数在点 x_0 连续的条件成立；反之，不一定成立.

定理 2　若函数 $y=f(x)$ 在点 x_0 处可导，则 $f(x)$ 在点 x_0 处一定连续.

例 9　判断函数 $f(x)=|x|$ 在 $x=0$ 处的连续性与可导性.

解　由连续的定义，显然函数 $f(x)=|x|$ 在点 $x=0$ 处是连续的.

下面主要来讨论 $f(x)=|x|$ 在点 $x=0$ 处的可导性.

因为

$$\frac{f(0+\Delta x)-f(0)}{\Delta x}=\frac{|\Delta x|}{\Delta x},$$

故有

$$f'_+(0)=\lim_{\Delta x \to 0^+}\frac{f(0+\Delta x)-f(0)}{\Delta x}=\lim_{\Delta x \to 0^+}\frac{\Delta x}{\Delta x}=1,$$

$$f'_-(0)=\lim_{\Delta x \to 0^-}\frac{f(0+\Delta x)-f(0)}{\Delta x}=\lim_{\Delta x \to 0^-}\frac{-\Delta x}{\Delta x}=-1,$$

即

$$f'_+(0)\neq f'_-(0).$$

所以函数 $f(x)$ 在 $x=0$ 处不可导.

由以上讨论可知，函数在某点连续是函数在该点可导的必要条件，但不是充分条件.

例 10　讨论函数 $f(x)=\begin{cases} x\sin\dfrac{1}{x}, & x\neq 0 \\ 0, & x=0 \end{cases}$ 在 $x=0$ 处的连续性与可导性.

解　因为 $\lim\limits_{x \to 0}f(x)=\lim\limits_{x \to 0}x\sin\dfrac{1}{x}=0$，$f(0)=0$，故函数 $f(x)$ 在 $x=0$ 处连续.

而 $\lim\limits_{\Delta x \to 0}\dfrac{f(0+\Delta x)-f(0)}{\Delta x}=\lim\limits_{\Delta x \to 0}\dfrac{\Delta x\sin\dfrac{1}{\Delta x}}{\Delta x}=\lim\limits_{\Delta x \to 0}\sin\dfrac{1}{\Delta x}$，该极限不存在，故函数 $f(x)$

在 $x=0$ 处不可导.

习题 2-1

1. 函数 $y=f(x)$ 在点 x_0 的导数 $f'(x_0)$ 与导函数 $f'(x)$ 有什么区别与联系？

2. 假定 $f'(x_0)$ 存在，则下列各极限等于什么？

(1) $\lim\limits_{\Delta x \to 0}\dfrac{f(x_0+2\Delta x)-f(x_0)}{\Delta x}$;　　(2) $\lim\limits_{\Delta x \to 0}\dfrac{f(x_0-\Delta x)-f(x_0)}{\Delta x}$;

(3) $\lim\limits_{h \to 0}\dfrac{f(x_0-h)-f(x_0)}{2h}$;　　(4) $\lim\limits_{h \to 0}\dfrac{f(x_0+h)-f(x_0-h)}{h}$.

3. 求下列函数的导数.

(1) $y=x^{99}$;　　(2) $y=\sqrt[3]{x\sqrt{x}}$;　　(3) $y=\dfrac{1}{\sqrt{x}}$.

4. 设 $f'(0)$ 存在，且 $f'(0)=\dfrac{4}{3}$，求 $\lim\limits_{x \to 0}\dfrac{\left[f(x)-f(0)\right]\sin 3x}{x^2}$.

5. 求 $y = \cos x$ 在 $x = \dfrac{\pi}{4}$ 处的切线方程和法线方程.

6. 曲线 $y = x^4$ 在哪个点处的切线平行于直线 $y = 4x - 1$?

7. 抛物线 $y = ax^2$ 与曲线 $y = \ln x$ 相切,求 a 值.

8. 讨论下列函数在 $x = 0$ 处的连续性与可导性.

(1) $y = |\sin x|$;

(2) $f(x) = \begin{cases} x^2 \sin \dfrac{1}{x}, & x \neq 0 \\ 0, & x = 0 \end{cases}$.

9. 讨论函数 $f(x) = \begin{cases} x, & x \leqslant 0 \\ x^3 e^{-x}, & x > 0 \end{cases}$ 在 $x = 0$ 处的连续性与可导性.

10. 设函数 $f(x) = \begin{cases} e^x, & x \leqslant 0 \\ x^2 + ax + b, & x > 0 \end{cases}$ 在 $x = 0$ 处可导,问 a, b 为何值?

11. 设 $\varphi(x)$ 在 $x = a$ 点处连续,$f(x) = \varphi(x)\ln(1 + x - a)$,试求 $f'(a)$.

第二节　函数的求导法则

在上一节中,我们根据定义求出了几个基本初等函数的导数,但对于比较复杂的函数,如果直接根据定义来求导数,往往会比较困难. 在本节中,将介绍导数的基本求导法则和导数公式,这样就能方便地求出常见的初等函数的导数.

一、函数的和、差、积、商的求导法则

定理 1　如果函数 $u = u(x)$,$v = v(x)$ 都在点 x 处可导,那么它们的和、差、积、商(除分母为零的点外)都在 x 具有导数,且

(1) $[u(x) \pm v(x)]' = u'(x) \pm v'(x)$;

(2) $[u(x)v(x)]' = u'(x)v(x) + u(x)v'(x)$;

(3) $\left[\dfrac{u(x)}{v(x)}\right]' = \dfrac{u'(x)v(x) - u(x)v'(x)}{v^2(x)} [v(x) \neq 0]$.

该定理可以通过导数的定义证明,读者自行验证.

推论 1　$[Cu(x)]' = Cu'(x)$　(C 为常数).

推论 2　$[u(x)v(x)w(x)]' = u'(x)v(x)w(x) + u(x)v'(x)w(x) + u(x)v(x)w'(x)$.

例 1　求 $y = x^3 - 3x^2 + \cos x + 2e^x$ 的导数.

解　$y' = (x^3)' - (3x^2)' + (\cos x)' + (2e^x)' = 3x^2 - 6x - \sin x + 2e^x$.

例 2　求 $y = \sqrt{x}\sin x$ 的导数.

解　$y' = (\sqrt{x}\sin x)' = (\sqrt{x})'\sin x + \sqrt{x}(\sin x)'$

$\qquad = \dfrac{1}{2\sqrt{x}}\sin x + \sqrt{x}\cos x$.

例 3　设 $y = \dfrac{4e^x}{1+x}$,求 y',$y'|_{x=1}$.

解　$y' = \left(\dfrac{4e^x}{1+x}\right)' = \dfrac{(4e^x)'(1+x) - (4e^x)(1+x)'}{(1+x)^2} = \dfrac{4xe^x}{(1+x)^2}$,$y'|_{x=1} = \dfrac{4 \times 1 \times e}{(1+1)^2} = e$.

例 4 求 $y = \tan x$ 的导数.

解 $(\tan x)' = \left(\dfrac{\sin x}{\cos x}\right)' = \dfrac{(\sin x)'\cos x - \sin x(\cos x)'}{\cos^2 x}$

$\qquad = \dfrac{\cos^2 x + \sin^2 x}{\cos^2 x} = \dfrac{1}{\cos^2 x} = \sec^2 x ,$

即 $(\tan x)' = \sec^2 x$. 同理可得 $(\cot x)' = -\csc^2 x$.

例 5 求 $y = \sec x$ 的导数.

解 $y' = (\sec x)' = \left(\dfrac{1}{\cos x}\right)' = \dfrac{-(\cos x)'}{\cos^2 x} = \dfrac{\sin x}{\cos^2 x} = \sec x \tan x$.

同理可得 $(\csc x)' = -\csc x \cot x$.

二、反函数的求导法则

定理 2 若单调函数 $x = \varphi(y)$ 在 (a,b) 内可导，且 $\varphi'(y) \neq 0$，则它的反函数 $y = f(x)$ 在对应的区间内也可导，并且

$$f'(x) = \dfrac{1}{\varphi'(y)} \quad \text{或} \quad y'_x = \dfrac{1}{x'_y}. \tag{2-4}$$

即反函数的导数等于原函数导数的倒数.

由该公式，我们直接由函数的导数求出其反函数的导数.

例 6 设函数 $x = \sin y \left(-\dfrac{\pi}{2} < y < \dfrac{\pi}{2}\right)$，则 $y = \arcsin x \ (-1 < x < 1)$ 是它的反函数，且在该区间上有 $x'_y = \cos y > 0$，由定理 2 知

$$y'_x = \dfrac{1}{x'_y} = \dfrac{1}{\cos y} = \dfrac{1}{\sqrt{1 - \sin^2 y}} = \dfrac{1}{\sqrt{1 - x^2}},$$

所以 $\qquad (\arcsin x)' = \dfrac{1}{\sqrt{1 - x^2}} \quad (-1 < x < 1).$

类似可以得到：

$$(\arccos x)' = \dfrac{-1}{\sqrt{1 - x^2}} \quad (-1 < x < 1),$$

$$(\arctan x)' = \dfrac{1}{1 + x^2} \quad (-\infty < x < +\infty),$$

$$(\text{arccot}\, x)' = \dfrac{-1}{1 + x^2} \quad (-\infty < x < +\infty).$$

三、复合函数的求导法则

定理 3 若 $y = f(u)$ 且 $u = \phi(x)$ 在点 x 处可导，$f(u)$ 在对应点 u 处可导，则 $y = f[\phi(x)]$ 在点 x 处可导，且其导数为

$$\dfrac{dy}{dx} = f'(u)\phi'(x). \tag{2-5}$$

也可记为 $\dfrac{dy}{dx} = \dfrac{dy}{du} \cdot \dfrac{du}{dx}$ 或 $y'_x = y'_u \cdot u'_x$.

证 当自变量 x 的增量为 Δx 时，变量 u 对应的增量为 Δu，变量 y 对应的增量为 Δy，则 $\dfrac{\Delta y}{\Delta x} = \dfrac{\Delta y}{\Delta u} \cdot \dfrac{\Delta u}{\Delta x}$ $(\Delta u \neq 0)$，且

$$\frac{\mathrm{d}y}{\mathrm{d}x} = \lim_{\Delta x \to 0} \frac{\Delta y}{\Delta x} = \lim_{\Delta x \to 0} \left(\frac{\Delta y}{\Delta u} \cdot \frac{\Delta u}{\Delta x} \right).$$

因为 $u = \phi(x)$ 在点 x 处可导，所以 $u = \phi(x)$ 在点 x 处连续，即当 $\Delta x \to 0$ 时，$\Delta u \to 0$，又

$$\lim_{\Delta u \to 0} \frac{\Delta y}{\Delta u} = f'(u), \qquad \lim_{\Delta x \to 0} \frac{\Delta u}{\Delta x} = \phi'(x),$$

故得

$$\frac{\mathrm{d}y}{\mathrm{d}x} = \lim_{\Delta x \to 0} \frac{\Delta y}{\Delta x} = \lim_{\Delta x \to 0} \left(\frac{\Delta y}{\Delta u} \cdot \frac{\Delta u}{\Delta x} \right) = \lim_{\Delta u \to 0} \frac{\Delta y}{\Delta u} \lim_{\Delta x \to 0} \frac{\Delta u}{\Delta x} = f'(u)\phi'(x).$$

当 $\Delta u = 0$ 时，可以证明上述结论仍成立.

对于多层复合函数，也有类似的求导法则.

推论 3 若 $y = f(u)$，$u = \varphi(v)$，$v = \psi(x)$ 均可导，则复合函数 $y = f\{\varphi[\psi(x)]\}$ 也可导，且

$$\frac{\mathrm{d}y}{\mathrm{d}x} = \frac{\mathrm{d}y}{\mathrm{d}u} \cdot \frac{\mathrm{d}u}{\mathrm{d}v} \cdot \frac{\mathrm{d}v}{\mathrm{d}x}. \tag{2-6}$$

即**复合函数的导数等于函数对中间变量的导数乘以中间变量对自变量的导数**. 这一法则又称为**链式法则**.

复合函数求导法极为重要，在求复合函数的导数时，要分清函数的复合层次，从外向里，逐层推进求导，不能遗漏，也不能重复. 在求导的过程中，始终要明确所求的导数是哪个函数对哪个变量（不管是自变量还是中间变量）的导数，目标明确才能得到正确的结果.

例 7 求函数 $y = \ln \cos x$ 的导数.

解 设 $y = \ln u$，$u = \cos x$，则

$$\frac{\mathrm{d}y}{\mathrm{d}x} = \frac{\mathrm{d}y}{\mathrm{d}u} \cdot \frac{\mathrm{d}u}{\mathrm{d}x} = \frac{1}{u} \cdot (-\sin x)$$

$$= -\frac{\sin x}{\cos x} = -\tan x.$$

例 8 求函数 $y = (x^2 + 2)^5$ 的导数.

解 设 $y = u^5$，$u = x^2 + 2$，则

$$\frac{\mathrm{d}y}{\mathrm{d}x} = \frac{\mathrm{d}y}{\mathrm{d}u} \cdot \frac{\mathrm{d}u}{\mathrm{d}x} = 5u^4 \cdot 2x$$

$$= 5(x^2 + 2)^4 \cdot 2x = 10x(x^2 + 2)^4.$$

在熟练掌握复合函数求导法则后，中间变量可以省略不写，只把中间变量看在眼里，记在心上，直接把表示中间变量的部分写出来，整个过程一气呵成.

如例 8 的计算过程可以直接写为：

$$y' = \left[(x^2 + 2)^5 \right]' = 5(x^2 + 2)^4 \cdot (x^2 + 2)'$$

$$= 5(x^2 + 2)^4 \cdot 2x = 10x(x^2 + 2)^4.$$

例 9 求函数 $y = \sin 2x \sin^2 x$ 的导数.

解 先利用乘积求导法则，再利用复合函数求导法则，得

$$y' = (\sin 2x)' \sin^2 x + \sin 2x (\sin^2 x)'$$
$$= 2\cos 2x \sin^2 x + \sin 2x \cdot 2\sin x \cdot \cos x$$
$$= 2\cos 2x \sin^2 x + \sin^2 2x.$$

例 10　某公司残值资产 S（单位：元）是时间 t（单位：年）的函数，且满足 $S(t) = 300000\mathrm{e}^{-0.1t}$，求该公司每年的贬值率（单位：元/年）和第 10 年的贬值率.

解　贬值率为 $S'(t) = (300000\mathrm{e}^{-0.1t})' = 300000\mathrm{e}^{-0.1t} \cdot (-0.1)$
$$= -30000\mathrm{e}^{-0.1t} \text{（元/年）}$$

$$S'(10) = -30000\mathrm{e}^{-0.1 \times 10} = -\frac{30000}{\mathrm{e}} \approx -11036.38.$$

即第 10 年的贬值率约为 11036.38 元/年.

四、导数公式

为了便于记忆和使用，我们将本节讲述过的所有导数公式列在下面.

1. 基本初等函数的导数公式

(1) $c' = 0$,

(2) $(x^a)' = ax^{a-1}$,

(3) $(a^x)' = a^x \ln a (a>0, a \neq 1)$,

(4) $(\mathrm{e}^x)' = \mathrm{e}^x$,

(5) $(\log_a x)' = \dfrac{1}{x \ln a} (a>0, a \neq 0)$,

(6) $(\ln x)' = \dfrac{1}{x}$,

(7) $(\sin x)' = \cos x$,

(8) $(\cos x)' = -\sin x$,

(9) $(\tan x)' = \sec^2 x$,

(10) $(\cot x)' = -\csc^2 x$,

(11) $(\sec x)' = \sec x \tan x$,

(12) $(\csc x)' = -\csc x \cot x$,

(13) $(\arcsin x)' = \dfrac{1}{\sqrt{1-x^2}}$,

(14) $(\arccos x)' = -\dfrac{1}{\sqrt{1-x^2}}$,

(15) $(\arctan x)' = \dfrac{1}{1+x^2}$,

(16) $(\operatorname{arccot} x)' = -\dfrac{1}{1+x^2}$.

2. 四则运算的求导公式

(1) $[u \pm v]' = u' \pm v'$,

(2) $[Cu]' = Cu'$,

(3) $[uv]' = u'v + uv'$,

(4) $\left[\dfrac{u}{v}\right]' = \dfrac{u'v - uv'}{v^2} (v \neq 0)$.

3. 反函数的求导公式

$$f'(x) = \frac{1}{\varphi'(y)}, \text{其中 } x = \varphi(y) \text{ 是 } y = f(x) \text{ 的反函数且 } \varphi'(y) \neq 0.$$

4. 复合函数的求导公式

$$\{f[\varphi(x)]\}' = f'[\varphi(x)] \cdot \varphi'(x).$$

习题 2-2

1. 求下列函数的导数.

(1) $y = 2x^3 - \dfrac{1}{x} + \cos x$；

(2) $y = x\sin x + \sqrt{x^3} - 6$；

(3) $y = 3\cos x + \dfrac{1}{5}\sin x$；

(4) $y = (x + 2x^2)(1 + \sqrt[3]{x})$；

(5) $y = x^3 \log_a x \quad (a > 0, a \neq 1)$；

(6) $y = x^3 \tan x + 20$；

(7) $y = \sqrt{x\sqrt{x\sqrt{x}}}$；

(8) $y = x\ln x \sin x$；

(9) $y = (e^x - 2^x)\arctan x$；

(10) $y = x^3 \arccos x$；

(11) $y = \arcsin x + \arccos x$；

(12) $y = x(\ln x)\sin x$；

(13) $y = \dfrac{3x}{1 - x^3}$；

(14) $y = \dfrac{\tan x}{x}$；

(15) $y = \dfrac{1 - \cos x}{1 + \cos x}$；

(16) $y = \dfrac{1}{x + \sin x}$.

2. 求下列函数的导数.

(1) $y = (2x + 1)^{102}$；

(2) $y = \sin 2x + \tan 5x$；

(3) $y = 2\cos\dfrac{x}{5} + e^{3x}$；

(4) $y = \sqrt[3]{1 + \cos x}$；

(5) $y = x\sqrt{1 + x^3}$；

(6) $y = \dfrac{1}{\sqrt{4x + 1}}$；

(7) $y = \sqrt{x} + \arccos\dfrac{3}{x}$；

(8) $y = 2^{\sin x} + \cos\sqrt{x}$；

(9) $y = e^{-2x} + e^{2\ln x}$；

(10) $y = \sin[\tan(1 + x^2)]$；

(11) $y = \sin^2(x^2 + 1)$；

(12) $y = \dfrac{1}{\sqrt{10 - 3x^2}}$；

(13) $y = \sqrt{1 - \sin^2 2x}$；

(14) $y = \ln(x + \sqrt{x^2 + 1})$；

(15) $y = \cos^2(e^x + x)$；

(16) $y = (x + \sin^2 x)^3$；

(17) $y = \ln\left(\dfrac{x}{1 + x}\right)^2$；

(18) $y = \sqrt{\cos x} \cdot a^{\sqrt{\cos x}} \ (a > 0)$.

3. 求下列函数的导数，其中 $f(x)$ 可导.

(1) $y = \ln f(\sin^2 x)$；

(2) $y = x^2 \ln f\left(\arctan\dfrac{1}{x}\right)$；

(3) $y = x\ln f(\sqrt{x^2 - 1})$.

第三节　高阶导数

根据本章第一节的实例 1 知道，做变速直线运动的物体的瞬时速度 $v(t)$ 为路程函数 $s = s(t)$ 对时间 t 的导数，即 $v(t) = s'(t)$，由物理学知识可知，速度函数 $v(t)$ 对时间 t 的变化率就是加速度 $a(t)$，即 $a(t) = v'(t) = [s'(t)]'$，从而称做变速直线运动的物体的加速度就

是路程函数 $s(t)$ 对时间 t 的二阶导数.

定义　若 $y'=f'(x)$ 在区间 I 内可导,则称函数 $y'=f'(x)$ 的导数为函数 $y=f(x)$ 的**二阶导数**,记为

$$y'', f''(x), \frac{\mathrm{d}^2 y}{\mathrm{d}x^2} 或 \frac{\mathrm{d}^2 f(x)}{\mathrm{d}x^2},$$

$$y''=[f'(x)]'=\lim_{\Delta x \to 0} \frac{f'(x+\Delta x)-f'(x)}{\Delta x}.$$

类似地,函数 $y=f(x)$ 的二阶导数的导数叫作函数 $y=f(x)$ 的**三阶导数**,记为 y''', $f'''(x)$, $\frac{\mathrm{d}^3 y}{\mathrm{d}x^3}$ 或 $\frac{\mathrm{d}^3 f(x)}{\mathrm{d}x^3}$. 以此类推,一般地,我们将函数 $y=f(x)$ 的 $n-1$ 阶导数的导数叫作 $y=f(x)$ 的 **n 阶导数**,记作 $y^{(n)}$, $f^{(n)}(x)$, $\frac{\mathrm{d}^n y}{\mathrm{d}x^n}$ 或 $\frac{\mathrm{d}^n f(x)}{\mathrm{d}x^n}$.

函数的二阶及二阶以上的导数统称为**高阶导数**.

由以上定义不难看出,求高阶导数是一个逐次求导的过程,按照一阶导数计算方法即可.

注意　n 阶导数 $f^{(n)}(x)$ 的表达式中,$n(n \geqslant 4, n \in \mathbf{N})$ 必须用小括号括起来.

例 1　求下列函数的高阶导数.

(1) 设 $y=ax+b$,求 y''.

解　$y'=a$,$y''=(a)'=0$.

(2) 求函数 $y=x^n$ 的 n 阶导数.

解　$y'=(x^n)'=nx^{n-1}$,

$y''=n(x^{n-1})'=n(n-1)x^{n-2}$,

$y'''=n(n-1)(x^{n-2})'=n(n-1)(n-2)x^{n-3}$,

$\cdots$

由归纳法可以得到,n 阶导数 $y^{(n)}=n!$.

(3) 设 $y=\ln(1+x)$,求 $y^{(n)}$.

解　$y'=\dfrac{1}{1+x}$,$y''=-\dfrac{1}{(1+x)^2}$,

$y'''=\dfrac{2!}{(1+x)^3}$,

$y^{(4)}=-\dfrac{3!}{(1+x)^4}$,

$\cdots$,

$y^{(n)}=(-1)^{n-1}\dfrac{(n-1)!}{(1+x)^n} \quad (n \geqslant 1, 0!=1)$.

例 2　设 $y=\sin x$,求 $y^{(n)}$.

解　$y'=\cos x=\sin\left(x+\dfrac{\pi}{2}\right)$,

$y''=\left[\sin\left(x+\dfrac{\pi}{2}\right)\right]'=\cos\left(x+\dfrac{\pi}{2}\right)=\sin\left(x+\dfrac{\pi}{2}+\dfrac{\pi}{2}\right)=\sin\left(x+\dfrac{2\pi}{2}\right)$,

$y'''=\left[\sin\left(x+\dfrac{2\pi}{2}\right)\right]'=\cos\left(x+2\cdot\dfrac{\pi}{2}\right)=\sin\left(x+\dfrac{2\pi}{2}+\dfrac{\pi}{2}\right)=\sin\left(x+\dfrac{3\pi}{2}\right)$,

设 $n=k$ 时，$y^{(k)}=\sin\left(x+\dfrac{k\pi}{2}\right)$ 成立，

则当 $n=k+1$ 时，有

$$y^{(k+1)}=\left[\sin\left(x+\dfrac{k\pi}{2}\right)\right]'=\cos\left(x+\dfrac{k\pi}{2}\right)$$
$$=\sin\left(x+\dfrac{k\pi}{2}+\dfrac{\pi}{2}\right)=\sin\left[x+\dfrac{(k+1)\pi}{2}\right].$$

用数学归纳法可得

$$y^{(n)}=\sin\left(x+\dfrac{n\pi}{2}\right).$$

同理可得

$$\cos^{(n)}x=\cos\left(x+\dfrac{n\pi}{2}\right).$$

习题 2-3

1. 求下列函数的二阶导数.

(1) $y=x^3+\ln x$；　　　　(2) $y=3x-\ln x$；　　　　(3) $y=\ln\sin 4x$；

(4) $y=\mathrm{e}^{2x^2-1}$；　　　　(5) $y=\ln(1-x^2)$；　　　　(6) $y=\dfrac{\mathrm{e}^{-x}}{x}$.

2. 设 $g'(x)$ 连续，且 $f(x)=(x-a)^2g(x)$，求 $f''(a)$.

3. 设质点的运动方程为 $S=6\cos\dfrac{\pi t}{3}$，求 $t=1$ 时的速度与加速度.

4. 求下列函数的高阶导数.

(1) $y=\ln x$，求 $y^{(n)}$；　　　　　　(2) $y=\mathrm{e}^{2x}$，求 $y^{(n)}$；

(3) $y=(a-x)^{n+1}$，求 $y^{(n)}$；　　　　(4) $y=\cos x$，求 $y^{(n)}$.

5. 验证函数 $y=\mathrm{e}^x+2\mathrm{e}^{-x}$ 满足关系式：$y''-y=0$.

6. 设函数 $f(x)=\begin{cases}\cos x, & x\leqslant 0 \\ ax^2+bx+c, & x>0\end{cases}$，求 a,b,c 的值，使 $f(x)$ 在 $x=0$ 处二阶可导.

第四节　隐函数及由参数方程所确定的函数的导数

一、隐函数的求导法

前面我们所讨论的函数关系，都是将因变量明显地用自变量的形式表示出来，如 $y=x^2\cos x$. 用这种方式表示的函数称为显函数. 然而，表示函数的变量间相对应关系的方法有多种. 如果对于方程 $F(x,y)=0$，当 x 取区间 I 内的任一值时，相应地总有满足方程的唯一 y 值存在，那么就说方程 $F(x,y)=0$ 确定了一个**隐函数** $y=f(x)$，即自变量 x 和因变量 y 之间的函数关系由方程 $F(x,y)=0$ 所确定，如 $x+y^3-1=0$，$x^3+y^3=6xy$ 等. 隐函数也是表达函数关系的一种方式.

前面我们讨论了显函数的导数计算问题，如 $y=\sin 3x$，$y=x^2+2x-3$ 等，这些显函数的导数我们已经会计算. 实际问题中，有时需要计算隐函数的导数，对于方程确定的隐函

数，有的能通过方程把 y 化成 x 的显函数，有的显化（即把隐函数化成显函数）就很困难，甚至是不可能的．因此希望有一种方法可以直接由方程计算出所确定的隐函数的导数，而不管隐函数能否化成显函数．

隐函数求导的方法就是将方程 $F(x,y)=0$ 中的 y 看作关于 x 的函数 $y(x)$，方程两端同时对 x 求导，通过复合函数的求导法则等方法，计算出 $\dfrac{\mathrm{d}y}{\mathrm{d}x}$ 即可．

例 1　求由方程 $y^2=x\ln y$ 确定的隐函数 y 对 x 的导数．

解　将方程两边同时对 x 求导，得 $2yy'=\ln y+\dfrac{x}{y}\cdot y'$，所以

$$y'=\frac{y\ln y}{2y^2-x}.$$

例 2　求椭圆 $\dfrac{x^2}{16}+\dfrac{y^2}{9}=1$ 在点 $\left(2,\dfrac{3}{2}\sqrt{3}\right)$ 处的切线方程．

解　由导数的几何意义可知，所求切线的斜率为 $y'|_{x=2}$．

把椭圆方程两边同时对 x 求导，得 $\dfrac{x}{8}+\dfrac{2}{9}y\cdot y'=0$，

从而 $y'=-\dfrac{9x}{16y}$，代入点 $(2,1)$ 得切线斜率：$k=y'|_{x=2}=-\dfrac{\sqrt{3}}{4}$，

因此所求切线方程为：$y-\dfrac{3\sqrt{3}}{2}=-\dfrac{\sqrt{3}}{4}(x-2)$，即 $\sqrt{3}\,x+4y-8\sqrt{3}=0$．

例 3　求由方程 $x-y+2\sin y=0$ 所确定的隐函数 y 的二阶导数．

解　方程两边对 x 求导，得 $1-y'+2\cos y\cdot y'=0$，

于是
$$y'=\frac{1}{1-2\cos y}.$$

上式两边再对 x 求导，得 $y''=\dfrac{-2\sin y\cdot y'}{(1-2\cos y)^2}=\dfrac{-2\sin y}{(1-2\cos y)^3}$．

二、对数求导法

利用隐函数求导法，有时还可以比较方便地求出某些显函数的导数．例如多个含有 x 的因式乘除形式的函数和幂指函数 $f(x)^{g(x)}$ 等，这时可以先在函数的两边取自然对数，变成隐函数的形式，然后利用隐函数的求导方法求出它的导数，这种方法叫作**对数求导法**．

例 4　设 $y=\dfrac{(x-1)^4\sqrt[3]{2x+1}}{(x+3)^2\mathrm{e}^x}$，求 y'．

解　等式两边取对数得

$$\ln y=4\ln(x-1)+\frac{1}{3}\ln(2x+1)-2\ln(x+3)-x,$$

上式两边对 x 求导得

$$\frac{y'}{y}=\frac{4}{x-1}+\frac{2}{3(2x+1)}-\frac{2}{x+3}-1,$$

所以
$$y' = \frac{(x-1)^4 \sqrt[3]{2x+1}}{(x+3)^2 e^x} \left[\frac{4}{x-1} + \frac{2}{3(2x+1)} - \frac{2}{x+3} - 1 \right].$$

对于 x 其他取值区间上用同样方法得到相同结果.

例 5 求函数 $y = x^{\sin x} (x > 0)$ 的导数.

解 1 对方程两边取自然对数, 得 $\ln y = \sin x \cdot \ln x$,

上式两边对 x 求导, 得 $\frac{1}{y} y' = \cos x \cdot \ln x + \sin x \cdot \frac{1}{x}$,

于是 $y' = y \left(\cos x \cdot \ln x + \sin x \cdot \frac{1}{x} \right) = x^{\sin x} \left(\cos x \cdot \ln x + \frac{\sin x}{x} \right)$.

解 2 这种幂指函数的导数也可先变形, 再根据复合函数求导法则计算.

函数变形为 $y = e^{\sin x \cdot \ln x}$, 则

$$y' = e^{\sin x \cdot \ln x} (\sin x \cdot \ln x)' = x^{\sin x} \left(\cos x \cdot \ln x + \frac{\sin x}{x} \right).$$

三、由参数方程所确定的函数的导数

两个变量 y 和 x 之间的函数关系, 除了用显函数 $y = f(x)$ 和隐函数 $F(x, y) = 0$ 表示外, 还可以用参数方程 $\begin{cases} x = \varphi(t) \\ y = \psi(t) \end{cases}$ (其中 t 为参数) 来表示.

将参数方程中参数消掉即可得到变量 y 和 x 之间的函数关系, 但从参数方程中消去参数有时是非常困难的. 现在我们来讨论如何直接由参数方程求所确定的函数的导数.

在参数方程 $\begin{cases} x = \varphi(t) \\ y = \psi(t) \end{cases}$ 中, 如果 $x = \varphi(t)$ 具有单调连续的反函数 $t = \varphi^{-1}(x)$, 那么由参数方程所确定的函数可以看成是由函数 $y = \psi(t)$ 和 $t = \varphi^{-1}(x)$ 复合而成的函数. 假设 $x = \varphi(t)$, $y = \psi(t)$ 都可导, 而且 $\varphi'(t) \neq 0$, 则根据复合函数的求导法则与反函数的求导法则,

有 $\frac{dy}{dx} = \frac{dy}{dt} \cdot \frac{dt}{dx}$, 即参数方程确定的函数的导数 $\frac{dy}{dx} = \frac{\frac{dy}{dt}}{\frac{dx}{dt}} = \frac{\psi'(t)}{\varphi'(t)}$.

例 6 已知椭圆的参数方程为 $\begin{cases} x = a \cos t \\ y = b \sin t \end{cases}$, 求 $\frac{dy}{dx}$.

解 $\frac{dy}{dx} = \frac{(b \sin t)'}{(a \cos t)'} = \frac{b \cos t}{-a \sin t} = -\frac{b}{a} \cot t$.

例 7 求曲线 L: $\begin{cases} x = \cos t \\ y = \sin t \end{cases}$ 在 $t = \frac{\pi}{4}$ 对应点处的切线方程.

解 根据导数的几何意义, 得

$$k = \frac{(\sin t)'}{(\cos t)'} \bigg|_{t = \frac{\pi}{4}} = \frac{\cos t}{-\sin t} \bigg|_{t = \frac{\pi}{4}} = -1,$$

当 $t = \frac{\pi}{4}$ 时, $x = \frac{\sqrt{2}}{2}$, $y = \frac{\sqrt{2}}{2}$, 于是所求的切线方程为: $y - \frac{\sqrt{2}}{2} = -\left(x - \frac{\sqrt{2}}{2} \right)$,

整理得
$$y + x - \sqrt{2} = 0.$$

习题 2-4

1. 求由下列方程所确定的函数 $y = y(x)$ 的导数.

(1) $x^3 + y^3 - 3xy = 0$;　　　　　　　　　(2) $y = \sin(x - y)$;

(3) $e^{xy} - \ln y + x = 3$;　　　　　　　　(4) $\arctan \dfrac{y}{x} = \ln \sqrt{x^2 + y^2}$.

2. 求下列函数的导数.

(1) $y = (1 + x)(2 + x^2)^{\frac{1}{2}}(3 + x^3)^{\frac{1}{3}}$;　　　(2) $y = x^{2x}$;

(3) $y = \sqrt[5]{\dfrac{(x-5)^2(x+3)}{(x^2-1)^3}}$;　　　　(4) $y = (\cos x)^{\tan x}$;

(5) $y = \dfrac{\sqrt{x+1}\sqrt[3]{x^2-2}}{(x+3)(x-1)}$;　　　　(6) $y = \left(\dfrac{x}{1+x}\right)^x$.

3. 设 $y = y(x)$ 是由方程 $e^{x^2+2y} - \cos(xy) = 1$ 所确定的函数，试求 $y'(0)$.

4. 设 $y = y(x)$ 是由方程 $f(x^2 + y^2) = x + y$ 所确定的可导函数，试求 y'.

5. 设参数方程为 $\begin{cases} x = \ln(1 + t^2) \\ y = t - \arctan t \end{cases}$，求 $\dfrac{\mathrm{d}y}{\mathrm{d}x}$.

6. 求曲线 $\begin{cases} x = a\ (t - \sin t) \\ y = a\ (1 - \cos t) \end{cases}$ 在 $t = \dfrac{\pi}{2}$ 处切线的斜率.

第五节　函数的微分

一、微分的概念

在研究实际问题时，常常会遇到这样的问题：当自变量 x 有微小变化时，求函数 $y = f(x)$ 的微小改变量 $\Delta y = f(x + \Delta x) - f(x)$ 的近似值，这个问题初看起来似乎只要做减法运算就可以了. 然而，对于较复杂的函数 $f(x)$，差值表达式 $f(x + \Delta x) - f(x)$ 的计算变得更复杂，不易求出其值. 一个设想是：我们设法将 Δy 表示成 Δx 的线性函数，即线性化，从而把复杂问题化为简单问题. 微分就是实现这种线性化的一种数学模型.

先看一个例子：正方形边长为 x，当边长增加 Δx 时，面积增加 Δs，且 $\Delta s = (x + \Delta x)^2 - x^2 = 2x\Delta x + \Delta x^2$.

当 $\Delta x \to 0$ 时，第二项 Δx^2 是比 Δx 的高阶无穷小，较之微小的变化 Δx，图 2-4 中右上角的一小块面积，常可以忽略. 第一项 $2x\Delta x$ 是 Δs 的主要部分，且为 Δx 的线性函数，其系数 $2x$ 只与 x 有关，与 Δx 无关，称其为 Δs 的线性主部. 这里 $\Delta s \approx 2x\Delta x$，我们将 Δs 表示成 Δx 的线性函数，即线性化，从而把复杂问题简单化. 我们称 Δs 的线性主部为函数 $s = x^2$ 在 x 处的微分.

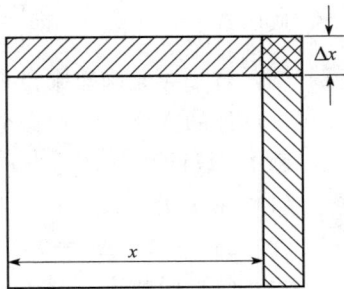

图 2-4

定义　设函数 $y = f(x)$ 在某区间内有定义，x 及 $x + \Delta x$ 在这个区间内，如果函数的增量 $\Delta y = f(x + \Delta x) - f(x)$ 可表示为

$$\Delta y = A \cdot \Delta x + o(\Delta x),$$

其中 A 是与 Δx 无关的常数，则称函数 $y = f(x)$ 在点 x 处**可微**，并且称 $A \cdot \Delta x$ 为函数 $y = f(x)$ 在点 x 处相应于 Δx 的**微分**，记作 $\mathrm{d}y$，即

$$\mathrm{d}y = A \cdot \Delta x.$$

这里微分 $\mathrm{d}y$ 叫作函数增量 Δy 的线性主部，$\Delta y - \mathrm{d}y = o(\Delta x)$ 是比 Δx 的高阶无穷小，当 $|\Delta x|$ 很小时，$\Delta y \approx \mathrm{d}y$.

下面利用导数与微分的关系给出计算微分的方法.

定理　设函数 $y = f(x)$ 在点 x 处可微，则 $y = f(x)$ 在点 x 处可导，且 $A = f'(x)$；反之，如果函数 $y = f(x)$ 在点 x 处可导，则 $y = f(x)$ 在点 x 处可微.

证明　若函数 $y = f(x)$ 在点 x 处可微，则有

$$\Delta y = A \cdot \Delta x + o(\Delta x)，其中 \lim_{\Delta x \to 0} \frac{o(\Delta x)}{\Delta x} = 0,$$

因此

$$\lim_{\Delta x \to 0} \frac{\Delta y}{\Delta x} = \lim_{\Delta x \to 0} \left(A + \frac{o(\Delta x)}{\Delta x} \right) = A,$$

故 $y = f(x)$ 在点 x 处可导，且 $A = f'(x)$.

若函数 $y = f(x)$ 在点 x 处可导，则有

$$\lim_{\Delta x \to 0} \frac{\Delta y}{\Delta x} = f'(x_0) 存在.$$

根据极限与无穷小的关系，上式可以写为

$$\frac{\Delta y}{\Delta x} = f'(x_0) + \alpha，其中 \alpha \to 0（当 \Delta x \to 0）,$$

即

$$\Delta y = f'(x_0) \cdot \Delta x + \alpha \cdot \Delta x,$$

由于

$$\alpha \cdot \Delta x = o(\Delta x)，则 \Delta y = f'(x_0) \cdot \Delta x + o(\Delta x),$$

故 $y = f(x)$ 在点 x 处可微.

注意　（1）上述定理表明，要求函数的微分，只需求出函数的导数再乘以自变量的增量即可.

（2）通常把自变量 x 的增量 Δx 称为**自变量的微分**，记作 $\mathrm{d}x$，有 $\mathrm{d}x = \Delta x$. 于是函数的微分又可写成

$$\mathrm{d}y = f'(x)\mathrm{d}x. \tag{2-7}$$

从而有 $\dfrac{\mathrm{d}y}{\mathrm{d}x} = f'(x)$，即 $\dfrac{\mathrm{d}y}{\mathrm{d}x}$ 为函数的微分与自变量的微分之商. 因此，导数也叫作"**微商**".

（3）对于一元函数来说，可微和可导等价，但导数和微分是两个不同的概念，导数是函数在一点处的变化率，而微分是函数在一点处由自变量增量所引起的函数增量的线性主部.

例 1　设函数 $y = x^3 + x$，求：

（1）在 x 处的微分；

（2）当 $x = 2$，$\Delta x = 0.1$ 时的改变量与微分.

解　（1）函数 $y = x^3 + x$ 在 x 处的微分为

$$\mathrm{d}y = (x^3 + x)'\mathrm{d}x = (3x^2 + 1)\mathrm{d}x.$$

（2）$\Delta y = f(2 + \Delta x) - f(2) = (2 + 0.1)^3 + 2 + 0.1 - (2^3 + 2) = 1.361,$

由于 $\mathrm{d}y = (3x^2 + 1)\Delta x$，又 $x = 2$，$\Delta x = 0.1$，所以 $\mathrm{d}y|_{x=2} = (3 \times 2^2 + 1) \times 0.1 = 1.3.$

二、微分的几何意义

为了对微分有比较直观的了解，我们来说明微分的几何意义．设函数 $y=f(x)$ 在点 x_0 处可微，在直角坐标系中，函数 $y=f(x)$ 的图形是一条曲线．如图 2-5 所示，设 $M(x_0,y_0)$ 为该曲线上的一个定点，在曲线上取动点 $N(x_0+\Delta x,$ $f(x_0+\Delta x))$，$MQ=\Delta x$，$NQ=\Delta y$．过点 M 作切线 MT，其倾斜角为 α，则

$$QP=MQ \cdot \tan \alpha = \Delta x \cdot f'(x_0),$$

即 $QP=\mathrm{d}y$．因此，当 $|\Delta x|$ 很小时，有 $NQ=\Delta y \approx \mathrm{d}y=QP$．

由此可见，函数 $f(x)$ 在点 x_0 处的微分 $\mathrm{d}y$ 就是曲线 $y=f(x)$ 在点 $M(x_0,y_0)$ 处的切线的纵坐标增量．这意味着，当 $|\Delta x|$ 很小时，在点 M 附近的切线可以近似代替曲线，这就是微积分学中"以直代曲"或"线性逼近"的理论依据．

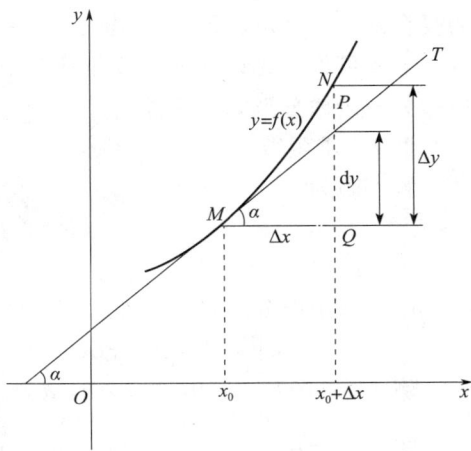

图 2-5

三、微分基本公式与运算法则

由于 $\mathrm{d}y=f'(x)\mathrm{d}x$，计算函数的微分，只需要求出函数的导数，再乘以自变量的微分，因此，可以得到如下微分公式和微分运算法则．

1. 基本初等函数的微分公式.

(1) $\mathrm{d}(C)=0$；

(2) $\mathrm{d}(x^\mu)=\mu x^{\mu-1}\mathrm{d}x$；

(3) $\mathrm{d}(\sin x)=\cos x\,\mathrm{d}x$；

(4) $\mathrm{d}(\cos x)=-\sin x\,\mathrm{d}x$；

(5) $\mathrm{d}(\tan x)=\sec^2 x\,\mathrm{d}x$；

(6) $\mathrm{d}(\cot x)=-\csc^2 x\,\mathrm{d}x$；

(7) $\mathrm{d}(\sec x)=\sec x\tan x\,\mathrm{d}x$；

(8) $\mathrm{d}(\csc x)=-\csc x\cot x\,\mathrm{d}x$；

(9) $\mathrm{d}(a^x)=a^x\ln a\,\mathrm{d}x$；

(10) $\mathrm{d}(\mathrm{e}^x)=\mathrm{e}^x\mathrm{d}x$；

(11) $\mathrm{d}(\log_a x)=\dfrac{1}{x\ln a}\mathrm{d}x$；

(12) $\mathrm{d}(\ln x)=\dfrac{1}{x}\mathrm{d}x$；

(13) $\mathrm{d}(\arcsin x)=\dfrac{1}{\sqrt{1-x^2}}\mathrm{d}x$；

(14) $\mathrm{d}(\arccos x)=-\dfrac{1}{\sqrt{1-x^2}}\mathrm{d}x$；

(15) $\mathrm{d}(\arctan x)=\dfrac{1}{1+x^2}\mathrm{d}x$；

(16) $\mathrm{d}(\operatorname{arccot} x)=-\dfrac{1}{1+x^2}\mathrm{d}x$．

2. 函数微分的四则运算法则.

(1) $\mathrm{d}(Cu)=C\mathrm{d}u$；

(2) $\mathrm{d}(u\pm v)=\mathrm{d}u\pm\mathrm{d}v$；

(3) $\mathrm{d}(uv)=v\mathrm{d}u+u\mathrm{d}v$；

(4) $\mathrm{d}\left(\dfrac{u}{v}\right)=\dfrac{v\mathrm{d}u-u\mathrm{d}v}{v^2}$．

3. 复合函数的微分法则.

根据微分的定义，当 u 是自变量时，函数 $y=f(u)$ 的微分是 $\mathrm{d}y=f'(u)\mathrm{d}u$. 如果 u 不是自变量而是中间变量，且为 x 的可微函数 $u=\varphi(x)$，那么由 $y=f(u)$ 和 $u=\varphi(x)$ 得到的复合函数 $y=f[\varphi(x)]$ 的微分 $\mathrm{d}y=f'(u)\varphi'(x)\mathrm{d}x=f'(u)\mathrm{d}u$.

由此可见，无论 u 是自变量还是中间变量，微分形式 $\mathrm{d}y=f'(u)\mathrm{d}u$ 并不改变，这一性质称为**一阶微分形式不变性**.

例 2　求函数 $y=x\mathrm{e}^{2x}$ 的微分.

解　因为
$$y'=(x\mathrm{e}^{2x})'=\mathrm{e}^{2x}+2x\mathrm{e}^{2x}=\mathrm{e}^{2x}(1+2x),$$
所以
$$\mathrm{d}y=y'\mathrm{d}x=\mathrm{e}^{2x}(1+2x)\mathrm{d}x.$$
或　利用微分形式不变性
$$\mathrm{d}y=\mathrm{e}^{2x}\mathrm{d}x+x\mathrm{d}(\mathrm{e}^{2x})=\mathrm{e}^{2x}\mathrm{d}x+x\cdot 2\mathrm{e}^{2x}\mathrm{d}x=\mathrm{e}^{2x}(1+2x)\mathrm{d}x.$$

例 3　求函数 $y=\ln\sin 3x$ 的微分.

解　$\mathrm{d}y=\mathrm{d}(\ln\sin 3x)=(\ln\sin 3x)'\mathrm{d}x=\dfrac{3}{\sin 3x}\cos 3x\mathrm{d}x=3\cot 3x\mathrm{d}x.$

例 4　在下列等式左端的括号中填入适当的函数，使等式成立.

（1）$\mathrm{d}($　　　$)=x\mathrm{d}x$；（2）$\mathrm{d}($　　　$)=\cos wt\,\mathrm{d}t$，w 为非零常数.

解　（1）我们知道 $\mathrm{d}(x^2)=2x\mathrm{d}x$，

故
$$x\mathrm{d}x=\frac{1}{2}\mathrm{d}(x^2)=\mathrm{d}\left(\frac{x^2}{2}\right),$$
即
$$\mathrm{d}\left(\frac{x^2}{2}\right)=x\mathrm{d}x.$$

一般地，有 $\mathrm{d}\left(\dfrac{x^2}{2}+C\right)=x\mathrm{d}x$（$C$ 为任意常数）.

（2）因为 $\mathrm{d}(\sin wt)=w\cos wt\,\mathrm{d}t$，

所以
$$\cos wt\,\mathrm{d}t=\frac{1}{w}\mathrm{d}(\sin wt)=\mathrm{d}\left(\frac{1}{w}\sin wt\right),$$
即
$$\mathrm{d}\left(\frac{1}{w}\sin wt\right)=\cos wt\,\mathrm{d}t.$$

一般地，有
$$\mathrm{d}\left(\frac{1}{w}\sin wt+C\right)=\cos wt\,\mathrm{d}t（C 为任意常数）.$$

*四、微分在近似计算中的应用

当 $|\Delta x|$ 很小时，有 $\Delta y\approx\mathrm{d}y=f'(x_0)\Delta x$，

也可以写为
$$\Delta y=f(x_0+\Delta x)-f(x_0)\approx f'(x_0)\cdot\Delta x,$$
或
$$f(x_0+\Delta x)\approx f(x_0)+f(x_0)'\cdot\Delta x. \tag{2-8}$$
在上式中令 $x=x_0+\Delta x$，即 $\Delta x=x-x_0$，则有
$$f(x)\approx f(x_0)+f'(x_0)(x-x_0).$$

例 5　求 $\sin 31°$ 的近似值.

解　所要求的是正弦函数在 $31°$ 处的近似值，取 $f(x) = \sin x$，$f'(x) = \cos x$，

而 $31° = \dfrac{31\pi}{180} = \dfrac{\pi}{6} + \dfrac{\pi}{180}$，取 $x_0 = \dfrac{\pi}{6}$，$\Delta x = \dfrac{\pi}{180}$，$x = \dfrac{\pi}{6} + \dfrac{\pi}{180}$，

由式（2-8）得

$$\sin 31° = f\left(\frac{\pi}{6} + \frac{\pi}{180}\right) = \sin\left(\frac{\pi}{6} + \frac{\pi}{180}\right)$$

$$\approx \sin\frac{\pi}{6} + \left(\cos\frac{\pi}{6}\right)\left(\frac{\pi}{180}\right)$$

$$= \frac{1}{2} + \frac{\sqrt{3}}{2} \cdot \frac{\pi}{180} \approx 0.5151.$$

例 6　计算 $\sqrt{1.02}$ 的近似值.

解 1　设 $f(x) = \sqrt{x}$，取 $x_0 = 1$，$\Delta x = 0.02$，$f'(x) = \dfrac{1}{2\sqrt{x}}$，则由式（2-8）得：

$$f(1.02) = \sqrt{1.02} \approx f(1) + f'(1)\Delta x = \sqrt{1} + \frac{1}{2\sqrt{1}} \times 0.02 = 1.01.$$

解 2　设 $f(x) = \sqrt{1+x}$，取 $x_0 = 0$，$x = 0.02$，$f'(x) = \dfrac{1}{2\sqrt{1+x}}$，则由式（2-8）得：

$$f(0.02) = \sqrt{1.02} \approx f(0) + f'(0)x = \sqrt{1+0} + \frac{1}{2\sqrt{1+0}} \times 0.02 = 1.01.$$

这类近似计算中，$f(x)$ 可按题意设置，而 x_0 的选取是关键. 应用式（2-8）可以推出一些在实际运算中常用的近似公式，当 $|x|$ 很小时，有

(1) $\sqrt[n]{1+x} \approx 1 + \dfrac{1}{n}x$；(2) $\mathrm{e}^x \approx 1 + x$；(3) $\ln(1+x) \approx x$；(4) $\sin x \approx x$（x 为弧度）；

(5) $\tan x \approx x$（x 为弧度）；(6) $\arcsin x \approx x$（x 为弧度）.

习题 2-5

1. 已知 $y = x^3 - 2x + 3$，在点 $x = 2$ 处分别计算当 $\Delta x = 1$，0.1，0.001 时的 Δy 和 $\mathrm{d}y$.

2. 求下列函数的微分.

(1) $y = \ln 5x$；

(2) $y = x^2\ln(2x-1)$；

(3) $y = \dfrac{2x}{x^2-1}$；

(4) $y = 5^{\ln x}$；

(5) $y = \mathrm{e}^{ax}\cos bx$；

(6) $y = \sqrt[3]{\dfrac{1-x}{1+x}}$；

(7) $y = x\arctan(1-x)$；

(8) $y = \ln(3\sin^2 x - 4)$.

3. 将适当的函数填入括号内，使等式成立.

(1) $\mathrm{d}(\quad) = -2\mathrm{d}x$；

(2) $\mathrm{d}(\quad) = x\,\mathrm{d}x$；

(3) $\mathrm{d}(\quad) = \dfrac{x}{1+x^2}\mathrm{d}x$；

(4) $\mathrm{d}(\quad) = 2(x+1)\mathrm{d}x$；

(5) $\mathrm{d}(\quad) = \cos 2x\,\mathrm{d}x$；

(6) $\mathrm{d}(\quad) = 5\mathrm{e}^{3x}\,\mathrm{d}x$.

4. 利用微分求下列数的近似值.

(1) $e^{1.01}$;　　　　　　　　(2) $\tan 46°$;　　　　　　　　(3) $\sqrt[3]{1010}$.

本章思维导图

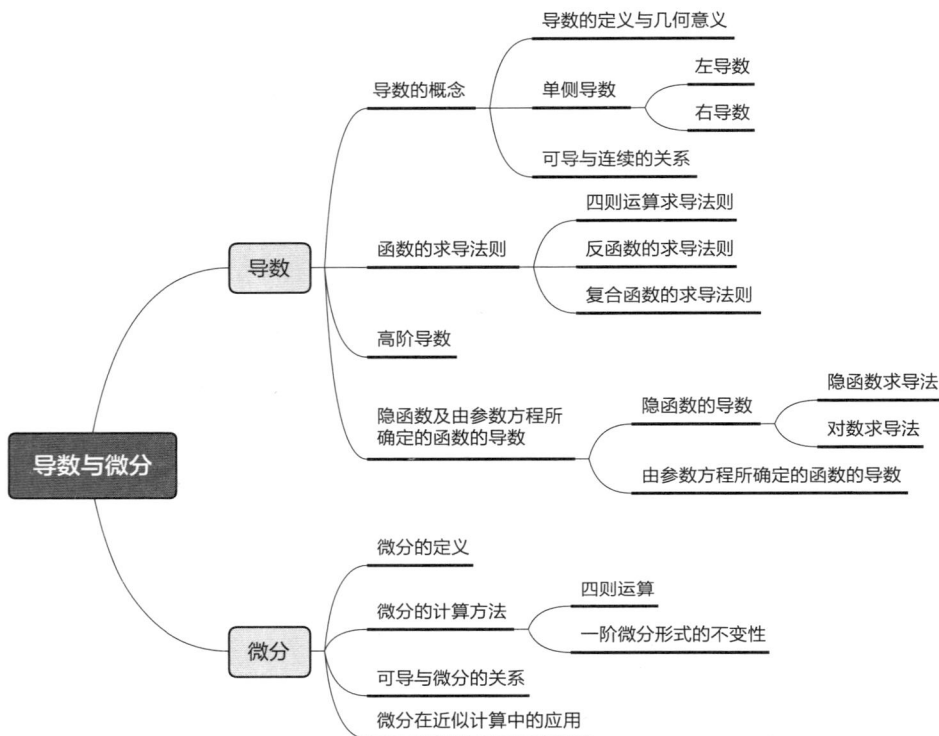

总复习题二

1. 单项选择题.

(1) 曲线 $y = 3x^2 + 2x + 1$ 在 $x = 0$ 处的切线方程是 (　　).

A. $y = 2x + 1$　　　　B. $y = 2x + 2$　　　　C. $y = x + 1$　　　　D. $y = x + 2$

(2) 已知函数 $f(x) = \begin{cases} 1-x, & x \leqslant 0 \\ e^{-x}, & x > 0 \end{cases}$, 则 $f(x)$ 在点 $x = 0$ 处 (　　).

A. 不连续　　　　B. 连续但不可导　　　　C. $f'(0) = -1$　　　　D. $f'(0) = 1$

(3) 设 $f(0) = 0$, $f'(0)$ 存在, 则 $\lim\limits_{x \to 0} \dfrac{f(x)}{x} = $ (　　).

A. $f'(x)$　　　　B. $f'(0)$　　　　C. $f(0)$　　　　D. $\dfrac{1}{2} f(0)$

(4) $f(x)$ 在点 x_0 处可导是 $f(x)$ 在点 x_0 处可微的 (　　).

A. 必要条件　　　　B. 充分条件　　　　C. 充要条件　　　　D. 以上均不对

(5) 若 $f(x)=\begin{cases}e^x, & x>0 \\ a-bx, & x\leq 0\end{cases}$ 在 $x=0$ 处可导，则 a,b 的值为 （　　）.

A. $a=-1,b=-1$ B. $a=-1,b=1$

C. $a=1,b=-1$ D. $a=1,b=1$

2. 填空题.

(1) $y=\sin x$ 上点 $\left(\dfrac{\pi}{3},\dfrac{1}{2}\right)$ 处的切线方程和法线方程分别为＿＿＿＿＿＿＿＿.

(2) 若 $f(x)=x(x+1)(x+2)\cdots(x+99)$，则 $f'(0)=$＿＿＿＿＿＿＿＿.

(3) 由方程 $2y-x=\cos y$ 确定 $y=f(x)$，则 $\mathrm{d}y=$＿＿＿＿＿＿＿＿.

(4) 设 $y=x^n$，则 $y^{(n)}=$＿＿＿＿＿＿＿＿.

(5) 已知 $f(x)$ 可微，则 $\mathrm{d}f(e^{-2x})=$＿＿＿＿＿＿＿＿.

3. 求曲线 $y=x^2+x-2$ 的切线方程，使该切线平行于直线 $x+y-3=0$.

4. 求曲线 $ye^x+\ln y=1$ 上点 $(1,2)$ 处的切线方程.

5. 求下列函数的导数.

(1) $y=x\cos^2 x-\sin^2 x$；   (2) $y=\sqrt{a^3-x^3}$；

(3) $y=\dfrac{x}{5}\sqrt{x^2-a^2}$；   (4) $y=\mathrm{arccot}(e^{-x})$；

(5) $y=\cos^2\dfrac{x}{2}\tan\dfrac{x}{3}$；   (6) $y=\ln\sin x$；

(7) $y=\ln x^2+(\ln x)^2$；   (8) $y=\ln(x-\sqrt{x^2+a^2})$；

(9) $y=\arctan\dfrac{1-x}{1+x}$；   (10) $y=\cos^2 x\cdot\cos x^2$；

(11) $y=x^2\arccos\dfrac{x}{5}+\sqrt{2-x^5}$；   (12) $y=\sqrt[5]{x-\sqrt{x}}$.

6. 证明下列公式.

(1) $(\arccos x)'=-\dfrac{1}{\sqrt{1-x^2}}$；   (2) $(\mathrm{arccot}\, x)'=-\dfrac{1}{1+x^2}$.

7. 求下列函数的微分.

(1) $y=x^2\sin 3x$；   (2) $y=x^2\ln x-x^2$；

(2) $y=\dfrac{1}{x}-2\sqrt{x}$；   (4) $y=\ln\tan\dfrac{x}{4}$.

8. 求下列方程所确定隐函数 y 的导数 $\dfrac{\mathrm{d}y}{\mathrm{d}x}$.

(1) $\sin xy=y-x$；   (2) $ye^x+\ln y^2=2$；

(3) $x^2+2y^2=16$，求 y''；   (4) $x^y=y^x$.

9. 用对数求导法求下列函数的导数.

(1) $y=\dfrac{\sqrt{x-2}\,(4-x)^4}{(2x-1)^5}$；   (2) $y=x^{\cos 2x}$；   (3) $y=\sin x+x^{\sqrt{x}}$.

10. 由方程 $y-xe^y=1$ 确定 y 是 x 的函数，求 $y''|_{x=0}$.

第三章

微分中值定理与导数的应用

在第二章中，我们从分析实际问题中因变量相对于自变量的变化的快慢出发，引入了导数和微分的概念，并讨论了它们的计算方法. 本章将先介绍微分中值定理——联系函数与其导数的桥梁. 在此基础上，介绍利用导数求解极限的洛必达法则以及利用导数来研究函数的某些性态的方法（单调性、极值、凹凸性等），并用此来解决一些实际问题.

第一节　微分中值定理

一、罗尔定理

定理 1　如果函数 $y = f(x)$ 满足：

(1) 在闭区间 $[a,b]$ 上连续；

(2) 在开区间 (a,b) 内可导；

(3) $f(a) = f(b)$.

则在区间 (a,b) 内至少存在一点 ξ，使得 $f'(\xi) = 0$.

证明　因为函数 $y = f(x)$ 在区间 $[a,b]$ 上连续，所以它在 $[a,b]$ 上必能取得最小值 m 和最大值 M. 于是有两种情况：

(1) 若 $M = m$，则 $f(x) = m$，于是 $f'(x) = 0$，定理的结论显然成立；

(2) 若 $M > m$，由于 $f(a) = f(b)$，则数 M 与 m 中至少有一个不等于端点的函数值 $f(a)$，不妨设 $M \neq f(a)$，则存在点 $\xi \in (a,b)$，使得 $f(\xi) = M$.

由于 $f(\xi) = M$，所以 $f(x) - f(\xi) \leqslant 0$，$\forall x \in (a,b)$.

当 $x > \xi$ 时，有 $\dfrac{f(x) - f(\xi)}{x - \xi} \leqslant 0$，由 $f'(\xi)$ 存在及极限的保号性可知

$$f'(\xi) = \lim_{x \to \xi^+} \frac{f(x) - f(\xi)}{x - \xi} \leqslant 0.$$

当 $x < \xi$ 时，有 $\dfrac{f(x) - f(\xi)}{x - \xi} \geqslant 0$，

于是

$$f'(\xi) = \lim_{x \to \xi^-} \frac{f(x) - f(\xi)}{x - \xi} \geqslant 0,$$

所以 $f'(\xi)=0$.

注意 （1）罗尔定理的**几何意义**：如果连续曲线 $y=f(x)$ $(a\leqslant x\leqslant b)$ 在两个端点 A,B 处的纵坐标相等，曲线弧 $\overset{\frown}{AB}$ 除端点外处处有切线，那么曲线弧 $\overset{\frown}{AB}$ 上至少有一点 C，使曲线在点 C 处的切线是水平的. 如图 3-1 所示.

（2）罗尔定理研究的是方程 $f'(x)=0$ 的根的存在性问题，但并未指出根的确切值，也并不能得出根一定唯一存在.

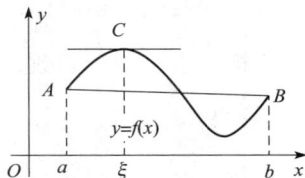

图 3-1

例 1 验证 $f(x)=x^2-2x-3$ 在区间 $[-1,3]$ 上满足罗尔定理的条件，并求 ξ.

解 因为 $f(x)=x^2-2x-3$ 在 $[-1,3]$ 上连续，$f'(x)=2x-2$，故 $f(x)$ 在 $(-1,3)$ 内可导，且 $f(-1)=f(3)=0$，所以 $f(x)$ 满足罗尔定理的三个条件.

令 $f'(x)=2x-2=0$，可得 $x=1$，即 $\xi=1\in(-1,3)$，使得 $f'(\xi)=0$.

例 2 设 $f(x)=(x-1)(x-2)(x-4)$，不求导数，说明 $f'(x)=0$ 只有两个实根.

证 函数 $f(x)$ 在区间 $[1,2]$，$[2,4]$ 上连续，在开区间 $(1,2)$，$(2,4)$ 内可导，且 $f(1)=f(2)=f(4)=0$，由罗尔定理，$\exists\xi_1\in(1,2)$，$\exists\xi_2\in(2,3)$，使得 $f'(\xi_1)=0$，$f'(\xi_2)=0$，其中 $1<\xi_1<2,2<\xi_2<4$. 说明 $f'(x)=0$ 至少有两个实根. 另一方面，$f'(x)=0$ 是一个一元二次方程，所以至多有两个实根，因此 $f'(x)=0$ 只有两个实根.

二、拉格朗日中值定理

罗尔定理中 $f(a)=f(b)$ 这个条件较特殊，因此，罗尔定理的应用受到限制. 如果去掉这个条件，我们又能得到什么结论呢？我们先借助图形来分析，如图 3-2 所示，可得如下定理——**拉格朗日中值定理**，我们将给出定理及其证明.

定理 2 如果函数 $y=f(x)$ 满足：

（1）在闭区间 $[a,b]$ 上连续；

（2）在开区间 (a,b) 内可导.

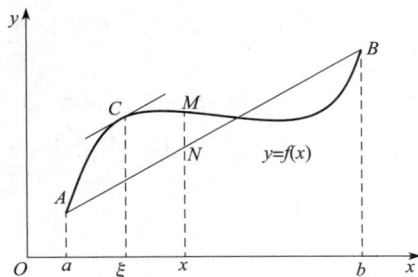

图 3-2

则在区间 (a,b) 内至少存在一点 ξ，使得

$$f'(\xi)=\frac{f(b)-f(a)}{b-a}. \tag{3-1}$$

我们先来观察拉格朗日中值定理和罗尔定理的关系：在拉格朗日中值定理中加上 $f(a)=f(b)$ 就可得到罗尔定理的结论. 因此自然会想到利用罗尔定理来证明拉格朗日中值定理. 为此我们需构造一个与函数 $y=f(x)$ 相关的函数 $\varphi(x)$，且满足 $\varphi(a)=\varphi(b)$. 然后对函数 $\varphi(x)$ 利用罗尔定理证得所要的结论. 我们从图 3-2 中看出，有向线段 $\overrightarrow{NM}$ [点 N 在直线 AB 上，点 M 在函数 $y=f(x)$ 的对应曲线上] 的值（定义为点 M 的纵坐标减去点 N 的纵坐标），是一个关于 x 的函数，记为 $\varphi(x)$，它与函数 $y=f(x)$ 相关，且满足 $\varphi(a)=\varphi(b)=0$. 下面我们求 $\varphi(x)$. 先求直线 AB 的方程为：

$$L(x)=f(a)+\frac{f(b)-f(a)}{b-a}(x-a)，则$$

$$\varphi(x)=f(x)-L(x)=f(x)-f(a)-\frac{f(b)-f(a)}{b-a}(x-a).$$

下面我们给出具体的证明过程.

证 引进辅助函数 $\varphi(x)=f(x)-L(x)=f(x)-f(a)-\dfrac{f(b)-f(a)}{b-a}(x-a).$

容易验证函数 $\varphi(x)$ 满足罗尔定理的条件：$\varphi(a)=\varphi(b)=0$，$\varphi(x)$ 在闭区间 $[a,b]$ 上连续，在开区间 (a,b) 内可导，且 $\varphi'(x)=f'(x)-\dfrac{f(b)-f(a)}{b-a}.$

根据罗尔定理，可知在开区间 (a,b) 内至少有一点 ξ，使 $\varphi'(\xi)=0$，即

$$f'(\xi)-\frac{f(b)-f(a)}{b-a}=0.$$

由此得

$$f'(\xi)=\frac{f(b)-f(a)}{b-a}.$$

注意 （1）由图 3-2 可看出，$\dfrac{f(b)-f(a)}{b-a}$ 为弦 AB 的斜率，而 $f'(\xi)$ 为曲线在点 C 处的切线的斜率. 因此拉格朗日中值定理的**几何意义**是：如果连续曲线 $y=f(x)(a\leqslant x\leqslant b)$ 对应的曲线弧 $\overset{\frown}{AB}$ 除端点外处处具有不垂直于 x 轴的切线，那么曲线弧 $\overset{\frown}{AB}$ 上至少有一点 C，使曲线在点 C 处的切线平行于弦 $\overline{AB}$.

（2）由于 $\xi\in(a,b)$，可以令 $\xi=a+\theta(b-a)$，$\theta\in(0,1)$，则拉格朗日公式（3-1）也可改写为：

$$f(b)-f(a)=f'[a+\theta(b-a)](b-a),\quad \theta\in(0,1),$$

这是拉格朗日中值定理另一种常见形式.

设 x 为区间 $[a,b]$ 内一点，$x+\Delta x$ 为区间内的另一点（$\Delta x>0$ 或 $\Delta x<0$），在以 x 和 $x+\Delta x$ 作为端点的区间上讨论拉格朗日中值定理，则有下列结论：

$$f(x+\Delta x)-f(x)=f'(x+\theta\Delta x)\cdot\Delta x,\quad \theta\in(0,1).$$

如果记 $f(x)$ 为 y，那么上式又可写成

$$\Delta y=f'(x+\theta\Delta x)\cdot\Delta x,\quad \theta\in(0,1). \tag{3-2}$$

式（3-2）给出了当自变量 x 取得有限增量 Δx 时，函数增量 Δy 的准确表达式. 因此拉格朗日中值定理也称**有限增量定理**.

作为拉格朗日中值定理的一个应用，我们来导出一个以后学习积分学时很有用的定理. 我们知道，如果函数 $f(x)$ 在某一区间上是一个常数，那么 $f(x)$ 在该区间上的导数恒为零. 它的逆命题也是成立的. 由拉格朗日中值定理可以得出下面两个重要推论.

推论 1 若函数 $f(x)$ 在区间 (a,b) 内导数恒为零，则 $f(x)$ 在区间 (a,b) 内是一个常数.

证 在 (a,b) 内任取两点 x_1,x_2，不妨设 $x_1<x_2$，由拉格朗日中值定理可得

$$f(x_2)-f(x_1)=f'(\xi)(x_2-x_1),\ x_1<\xi<x_2.$$

又因为 $f'(\xi)=0$，所以 $f(x_2)-f(x_1)=0$，即 $f(x_2)=f(x_1)$，故 $f(x)$ 在区间 (a,b) 内是一个常数.

推论 2 如果函数 $f(x)$ 与 $g(x)$ 在区间 (a,b) 内每一点的导数恒有 $f'(x)=g'(x)$，则这两个函数在区间 (a,b) 内至多相差一个常数.

证 令 $F(x)=f(x)-g(x)$，因为

$$F'(x)=f'(x)-g'(x)=0, \quad x\in(a,b),$$

由推论 1，可得出 $F(x)=C$（C 为常数），即 $f(x)=g(x)+C$，$x\in(a,b)$.

例 3 证明：$\arcsin x+\arccos x=\dfrac{\pi}{2}$.

证 设 $f(x)=\arcsin x+\arccos x$，则 $f'(x)=\dfrac{1}{\sqrt{1+x^2}}-\dfrac{1}{\sqrt{1+x^2}}=0$，由推论 1 得，在

$(-\infty,+\infty)$ 内 $f(x)=C$. 当 $x=1$ 时，可推出 $C=\dfrac{\pi}{2}$. 故 $\arcsin x+\arccos x=\dfrac{\pi}{2}$.

例 4 若 $0<a<b$，证明不等式：$\dfrac{b-a}{b}<\ln\dfrac{b}{a}<\dfrac{b-a}{a}$.

证 设 $f(x)=\ln x$，因为 $f(x)=\ln x$ 在区间 $[a,b]$ 上连续，在 (a,b) 内可导，所以 $f(x)=\ln x$ 满足拉格朗日中值定理的条件，于是有

$$f(b)-f(a)=f'(\xi)(b-a)$$

而 $f(a)=\ln a$，$f(b)=\ln b$，$f'(x)=\dfrac{1}{x}$，代入上式得

$$\ln b-\ln a=\ln\dfrac{b}{a}=\dfrac{1}{\xi}(b-a), \quad a<\xi<b,$$

又因 $\dfrac{1}{b}<\dfrac{1}{\xi}<\dfrac{1}{a}$，所以 $\dfrac{b-a}{b}<\ln\dfrac{b}{a}<\dfrac{b-a}{a}$.

*三、柯西中值定理

拉格朗日中值定理的几何意义前文已经提到，若曲线弧 $\overset{\frown}{AB}$ 由参数方程 $\begin{cases}X=F(x)\\Y=f(x)\end{cases}$，

$(a\leqslant x\leqslant b)$ 表示，参数为 x 对应点 (X,Y) 处切线的斜率为

$\dfrac{\mathrm{d}Y}{\mathrm{d}x}=\dfrac{f'(x)}{F'(x)}$. 如图 3-3 所示，直线 AB 的斜率为 $\dfrac{f(b)-f(a)}{F(b)-F(a)}$，

若点 C 对应于参数 $x=\xi$，则点 C 处切线平行于直线 AB

可表示为 $\dfrac{f(b)-f(a)}{F(b)-F(a)}=\dfrac{f'(\xi)}{F'(\xi)}$. 于是我们得到以下定

理——柯西中值定理.（证明从略.）

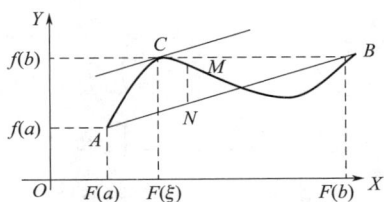

图 3-3

定理 3 如果函数 $f(x)$，$F(x)$ 满足：

（1）在闭区间 $[a,b]$ 上连续；

（2）在开区间 (a,b) 内可导；

（3）$F'(x)$ 在 (a,b) 内不为零.

则在区间 (a,b) 内至少存在一点 ξ，使得 $\dfrac{f(b)-f(a)}{F(b)-F(a)}=\dfrac{f'(\xi)}{F'(\xi)}$.

注意 如果取 $F(x)=x$，那么 $F(b)-F(a)=b-a$，$F'(x)=1$，因而柯西中值定理的

结论就可以写成：$f'(\xi)=\dfrac{f(b)-f(a)}{b-a}$. 这样就变成拉格朗日中值定理的结论了，所以拉

格朗日中值定理是柯西中值定理的特例.

习题 3-1

1. 验证函数 $f(x)=x^2-7x+12$ 在区间 $[3,4]$ 上满足罗尔定理的条件，并求定理结论中的数值 ξ.

2. 若函数 $f(x)$ 在区间 (a,b) 内有二阶导数，且 $f(x_1)=f(x_2)=f(x_3)$，其中 $a<x_1<x_2<x_3<b$，证明在区间 (a,b) 内至少存在一点 ξ，使得 $f''(\xi)=0$.

3. 验证函数 $f(x)=x^2+2x$ 在区间 $[0,2]$ 上满足拉格朗日中值定理的条件，并求 ξ.

4. 证明恒等式 $\arctan x+\operatorname{arccot} x=\dfrac{\pi}{2}$.

5. 证明下列不等式.

(1) $|\arctan x-\arctan y|\leqslant|x-y|$；

(2) 当 $x>0$ 时，$\dfrac{x}{1+x}<\ln(1+x)<x$；

(3) 当 $x>1$ 时，$\mathrm{e}^x>\mathrm{e}x$；

(4) 当 $a>b>0$ 时，$nb^{n-1}(a-b)<a^n-b^n<na^{n-1}(a-b)(n>1)$.

6. 证明方程 $x^5+x-1=0$ 只有一个正根.

7. 设 $0<a<b$，$f(x)$ 在区间 $[a,b]$ 上可导，试证明存在 $\xi\in(a,b)$，使 $f(b)-f(a)=\xi f'(\xi)\ln\dfrac{b}{a}$.

第二节　洛必达法则

在极限部分，我们已经说明了两个无穷小之商的极限有可能存在，也有可能不存在，故称其为"$\dfrac{0}{0}$"型或"$\dfrac{\infty}{\infty}$"型**未定式**（或称**不定式**）. 对于比较简单的"$\dfrac{0}{0}$"型的极限，我们可用第一章的相关方法去求. 对于用第一章的方法不易求出的未定式极限，本节将以导数为工具来进行研究，给出求"$\dfrac{0}{0}$"型和"$\dfrac{\infty}{\infty}$"型未定式，以及能化为这两种类型的其他未定式极限的一种非常简便有效的方法——洛必达法则.

一、"$\dfrac{0}{0}$"型未定式

定理 1　如果函数 $f(x)$ 和 $g(x)$ 满足如下三个条件：

(1) $\lim\limits_{x\to x_0}f(x)=0$，$\lim\limits_{x\to x_0}g(x)=0$；

(2) 在 x_0 的某个去心邻域内，$f'(x)$，$g'(x)$ 都存在，且 $g'(x)\neq0$；

(3) $\lim\limits_{x\to x_0}\dfrac{f'(x)}{g'(x)}=A$（或 ∞）.

则　$\lim\limits_{x\to x_0}\dfrac{f(x)}{g(x)}=\lim\limits_{x\to x_0}\dfrac{f'(x)}{g'(x)}=A$（或 ∞）.

证　由于求极限 $\lim\limits_{x\to x_0}\dfrac{f(x)}{g(x)}$ 与值 $f(x_0)$，$g(x_0)$ 无关，故不妨设 $f(x_0)=g(x_0)=0$，

由条件（1）与（2）知：$f(x)$ 与 $g(x)$ 在点 x_0 的某邻域内是连续的，设 x 是这邻域内的一点，那么在 $[x, x_0]$（或 $[x_0, x]$）上，应用柯西中值定理，则有

$$\frac{f(x)}{g(x)} = \frac{f(x) - f(x_0)}{g(x) - g(x_0)} = \frac{f'(\xi)}{g'(\xi)}, \quad 其中 \xi \in [x, x_0]（或 \xi \in [x_0, x]）.$$

显然当 $x \to x_0$ 时，有 $\xi \to x_0$，所以有 $\lim\limits_{x \to x_0} \dfrac{f(x)}{g(x)} = \lim\limits_{\xi \to x_0} \dfrac{f'(\xi)}{g'(\xi)} = \lim\limits_{x \to x_0} \dfrac{f'(x)}{g'(x)}$，定理得证.

这种求极限的法则就称为**洛必达法则**，其具体思想是：当极限 $\lim\limits_{x \to x_0} \dfrac{f(x)}{g(x)}$ 为 "$\dfrac{0}{0}$" 型时，可以对分子分母分别求导数后再求极限 $\lim\limits_{x \to x_0} \dfrac{f'(x)}{g'(x)}$，若这种形式的极限存在，则此极限值就是所要求的. 这种在一定条件下通过分子分母分别求导再求极限来确定未定式的值的方法称为洛必达（L Hospital）法则.

说明 （1）法则中 $x \to x_0$ 换成自变量其他变化过程（例如 $x \to \infty$），只要定理中的条件做相应的修改，亦有相同的结论.

（2）如果 $\dfrac{f'(x)}{g'(x)}$ 当 $x \to x_0$ 时仍是 "$\dfrac{0}{0}$" 型，且这时 $f'(x)$，$g'(x)$ 能满足定理中的条件，那么可以继续使用洛必达法则，即

$$\lim_{x \to x_0} \frac{f(x)}{g(x)} = \lim_{x \to x_0} \frac{f'(x)}{g'(x)} = \lim_{x \to x_0} \frac{f''(x)}{g''(x)},$$

以此类推，直到求出所要求的极限. 这表明只要符合洛必达法则使用条件，可以多次使用洛必达法则.

例 1 求 $\lim\limits_{x \to 0} \dfrac{\sin ax}{x}$ $(a \neq 0)$.

解 该极限是 "$\dfrac{0}{0}$" 型未定式，由洛必达法则，可得

$$原式 = \lim_{x \to 0} \frac{(\sin ax)'}{x'} = \lim_{x \to 0} \frac{a \cos ax}{1} = a.$$

例 2 求 $\lim\limits_{x \to 0} \dfrac{\ln(1 + 2x)}{x}$.

解 当 $x \to 0$ 时，分子 $\ln(1 + 2x) \to 0$，分母 $x \to 0$，此极限为 "$\dfrac{0}{0}$" 型.

由洛必达法则可知 $\lim\limits_{x \to 0} \dfrac{\ln(1 + 2x)}{x} = \lim\limits_{x \to 0} \dfrac{\dfrac{2}{1 + 2x}}{1} = \lim\limits_{x \to 0} \dfrac{2}{1 + 2x} = 2.$

例 3 求 $\lim\limits_{x \to 1} \dfrac{x^3 - 3x + 2}{x^3 - 2x^2 + x}$.

解 该极限是 "$\dfrac{0}{0}$" 型未定式，由洛必达法则可得

$$\lim_{x \to 1} \frac{x^3 - 3x + 2}{x^3 - 2x^2 + x} = \lim_{x \to 1} \frac{3x^2 - 3}{3x^2 - 4x + 1},$$

上述极限仍为 "$\dfrac{0}{0}$" 型未定式，继续使用洛必达法则，有

$$\lim_{x \to 1} \frac{3x^2 - 3}{3x^2 - 4x + 1} = \lim_{x \to 1} \frac{6x}{6x - 4} = 3.$$

注意 极限 $\lim\limits_{x \to 1} \dfrac{6x}{6x - 4}$ 已经不再是未定式，不能继续使用洛必达法则进行求解.

例 4 求 $\lim\limits_{x \to 0} \dfrac{x - \sin x}{x^3}$.

解 该极限是 "$\dfrac{0}{0}$" 型未定式，由洛必达法则，可得

$$\lim_{x \to 0} \frac{x - \sin x}{x^3} = \lim_{x \to 0} \frac{1 - \cos x}{3x^2} = \lim_{x \to 0} \frac{\sin x}{6x} = \frac{1}{6}.$$

二、"$\dfrac{\infty}{\infty}$"型未定式

对于 $\lim\limits_{x \to x_0} \dfrac{f(x)}{g(x)}$ 为 "$\dfrac{\infty}{\infty}$" 型未定式，同样有类似定理 1 的一个结果.

定理 2 如果函数 $f(x)$ 和 $g(x)$ 满足如下三个条件：

(1) $\lim\limits_{x \to x_0} f(x) = \infty$，$\lim\limits_{x \to x_0} g(x) = \infty$；

(2) 在 x_0 的某个去心邻域内，$f'(x)$，$g'(x)$ 都存在，且 $g'(x) \neq 0$；

(3) $\lim\limits_{x \to x_0} \dfrac{f'(x)}{g'(x)} = A$（或 ∞）.

则
$$\lim_{x \to x_0} \frac{f(x)}{g(x)} = \lim_{x \to x_0} \frac{f'(x)}{g'(x)} = A \text{（或} \infty\text{）}.$$

说明 法则中 $x \to x_0$ 换成自变量的其他变化过程（例如 $x \to \infty$ 时），只要定理中的条件做相应的修改，亦有相同的结论.

例 5 求 $\lim\limits_{x \to +\infty} \dfrac{\ln x}{x^n}$ $(n > 0)$.

解 该极限是 "$\dfrac{\infty}{\infty}$" 型未定式，由洛必达法则，可得

$$\lim_{x \to +\infty} \frac{\ln x}{x^n} = \lim_{x \to +\infty} \frac{\dfrac{1}{x}}{n x^{n-1}} = \lim_{x \to +\infty} \frac{1}{n x^n} = 0.$$

例 6 求 $\lim\limits_{x \to +\infty} \dfrac{x^n}{\mathrm{e}^{\lambda x}}$ $(n \in \mathbf{Z}_+，\lambda > 0)$.

解 该极限是 "$\dfrac{\infty}{\infty}$" 型未定式，由洛必达法则，可得

$$\lim_{x \to +\infty} \frac{x^n}{\mathrm{e}^{\lambda x}} = \lim_{x \to +\infty} \frac{n x^{n-1}}{\lambda \mathrm{e}^{\lambda x}} = \lim_{x \to +\infty} \frac{n(n-1) x^{n-2}}{\lambda^2 \mathrm{e}^{\lambda x}} = \cdots = \lim_{x \to +\infty} \frac{n!}{\lambda^n \mathrm{e}^{\lambda x}} = 0.$$

说明

(1) 例 6 中 n 是任意正数时，极限仍为 0.

(2) 对数函数 $\ln x$、幂函数 x^n $(n > 0)$、指数函数 e^x 均是当 $x \to +\infty$ 时的无穷大，但从例 5 和例 6 可以看出，幂函数 x^n $(n > 0)$ 增大的速度比对数函数 $\ln x$ 快得多，而指数函数

e^x 增大的速度又比幂函数 $x^n(n>0)$ 快得多.

例 7　求 $\lim\limits_{x\to 0}\dfrac{\tan x-x}{x^2\sin x}$.

解　$\lim\limits_{x\to 0}\dfrac{\tan x-x}{x^2\sin x}=\lim\limits_{x\to 0}\dfrac{\tan x-x}{x^3}=\lim\limits_{x\to 0}\dfrac{\sec^2 x-1}{3x^2}=\lim\limits_{x\to 0}\dfrac{\tan^2 x}{3x^2}=\dfrac{1}{3}$.

例 8　求 $\lim\limits_{x\to\infty}\dfrac{x-\sin x}{x}$.

解　该极限是 "$\dfrac{\infty}{\infty}$" 型未定式，使用洛必达法则，将分子分母求导后得：

$$\lim\limits_{x\to\infty}\dfrac{(x-\sin x)'}{x'}=\lim\limits_{x\to\infty}\dfrac{1-\cos x}{1}=\lim\limits_{x\to\infty}(1-\cos x),$$

此式极限不存在，故不适合用洛必达法则，但是原极限是存在的，因为：

$$原式=\lim\limits_{x\to\infty}\left(1-\dfrac{\sin x}{x}\right)=0.$$

注意　若 $\lim\limits_{x\to x_0}\dfrac{f'(x)}{g'(x)}$ 不存在，不能判断 $\lim\limits_{x\to x_0}\dfrac{f(x)}{g(x)}$ 也不存在，只能说明该极限不适合用洛必达法则.

三、其他类型的未定式

除 "$\dfrac{0}{0}$" 型和 "$\dfrac{\infty}{\infty}$" 型的未定式之外，还有 "$0\cdot\infty$" "$\infty-\infty$" "0^0" "1^∞" "∞^0" 等类型的未定式，可以将它们转化为 "$\dfrac{0}{0}$" 型或 "$\dfrac{\infty}{\infty}$" 型的未定式来计算.

1. "$0\cdot\infty$" 型

例 9　求 $\lim\limits_{x\to 0^+}x^2\ln x$.

解　该极限是 "$0\cdot\infty$" 型未定式.

$$\lim\limits_{x\to 0^+}x^2\ln x=\lim\limits_{x\to 0^+}\dfrac{\ln x}{\dfrac{1}{x^2}}=\lim\limits_{x\to 0^+}\dfrac{\dfrac{1}{x}}{-\dfrac{2}{x^3}}=\lim\limits_{x\to 0^+}\left(-\dfrac{x^2}{2}\right)=0.$$

2. "$\infty-\infty$" 型

例 10　求 $\lim\limits_{x\to 0}\left(\dfrac{1}{\sin x}-\dfrac{1}{x}\right)$.

解　该极限是 "$\infty-\infty$" 型未定式，所以有

$$\lim\limits_{x\to 0}\left(\dfrac{1}{\sin x}-\dfrac{1}{x}\right)=\lim\limits_{x\to 0}\dfrac{x-\sin x}{x\sin x}=\lim\limits_{x\to 0}\dfrac{x-\sin x}{x^2}=\lim\limits_{x\to 0}\dfrac{1-\cos x}{2x}=\lim\limits_{x\to 0}\dfrac{\sin x}{2}=0.$$

3. "0^0" "1^∞" "∞^0" 型

"0^0" "1^∞" "∞^0" 型中函数是幂指函数形式，即 $f(x)^{g(x)}$，通常利用 $[f(x)]^{g(x)}=$

$e^{\ln[f(x)]^{g(x)}} = e^{g(x)\ln f(x)}$ 进行转化，下面举例说明.

例 11 求 $\lim\limits_{x \to 0^+} x^x$.

解 该极限是"0^0"型的未定式，先将函数变形：$x^x = e^{x\ln x}$，相应极限可转化成一个

"$\dfrac{\infty}{\infty}$"型未定式，再应用洛必达法则求解.

$$\lim_{x \to 0^+} x^x = \lim_{x \to 0^+} e^{x\ln x} = e^{\lim\limits_{x \to 0^+} x\ln x} = e^{\lim\limits_{x \to 0^+} \frac{\ln x}{\frac{1}{x}}} = e^{\lim\limits_{x \to 0^+} \frac{\frac{1}{x}}{-\frac{1}{x^2}}} = e^0 = 1.$$

例 12 求 $\lim\limits_{x \to 1} x^{\frac{x}{1-x}}$.

解 该极限是"1^∞"型的未定式.

$$\lim_{x \to 1} x^{\frac{x}{1-x}} = \lim_{x \to 1} e^{\frac{x}{1-x}\ln x} = e^{\lim\limits_{x \to 1} \frac{x\ln x}{1-x}} = e^{\lim\limits_{x \to 1} \frac{\ln x+1}{-1}} = e^{-1}.$$

习题 3-2

1. 求下列极限.

(1) $\lim\limits_{x \to 0} \dfrac{e^x - 1}{\sin x}$;

(2) $\lim\limits_{x \to \pi} \dfrac{\sin 3x}{\tan 5x}$;

(3) $\lim\limits_{x \to 0} \dfrac{\sin x - x}{\sin x}$;

(4) $\lim\limits_{x \to +\infty} \dfrac{\dfrac{\pi}{2} - \arctan x}{\dfrac{1}{x}}$;

(5) $\lim\limits_{x \to 0} \dfrac{x\cos x - \sin x}{x^3}$;

(6) $\lim\limits_{x \to 0} \dfrac{\cos \alpha x - \cos \beta x}{x^2}$;

(7) $\lim\limits_{x \to 0} \dfrac{e^x - x - 1}{x^2}$.

2. 求下列极限.

(1) $\lim\limits_{x \to +\infty} \dfrac{x^3}{e^x}$;

(2) $\lim\limits_{x \to +\infty} \dfrac{\ln x}{x}$;

(3) $\lim\limits_{x \to \infty} \dfrac{x^2 + x}{3x^2 + 1}$;

(4) $\lim\limits_{x \to 0}(1 - \cos x)\cot x$;

(5) $\lim\limits_{x \to 0^+} x^{\sin x}$;

(6) $\lim\limits_{x \to 0^+} \left(\ln \dfrac{1}{x}\right)^x$;

(7) $\lim\limits_{x \to \infty} \left(\cos \dfrac{2}{x}\right)^{x^2}$;

(8) $\lim\limits_{x \to 1}\left(\dfrac{1}{\ln x} - \dfrac{x}{\ln x}\right)$.

3. 证明 $\lim\limits_{x \to \infty} \dfrac{x + \sin x}{x - \sin x}$ 极限存在，但不能使用洛必达法则求出.

4. 证明若函数 $f(x)$ 在点 x_0 处的二阶导数 $f''(x_0)$ 存在，则

$$f''(x_0) = \lim_{h \to 0} \frac{f(x_0 + h) + f(x_0 - h) - 2f(x_0)}{2h}.$$

第三节　函数的单调性与曲线的凹凸性

一、函数的单调性

前面我们学习过函数单调性的概念，现在利用导数研究函数的单调性.

我们先从几何直观分析函数的单调性和导数的关系. 如图 3-4 所示，如果函数 $y=f(x)$ 在 (a,b) 内单调增加（单调减少），那么它的图形是一条沿 x 轴正向上升（下降）的曲线. 这时曲线的各点处的切线斜率是非负的（是非正的），即 $f'(x)\geqslant 0$ [或 $f'(x)\leqslant 0$].

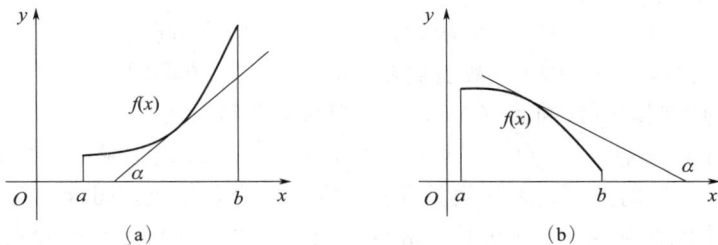

图 3-4

由此可见，函数的单调性与函数的导数符号有密切的联系. 应用拉格朗日中值定理，可证明以下函数单调性的判别方法.

定理 1　设函数 $y=f(x)$ 在 $[a,b]$ 上连续，在 (a,b) 内可导.

(1) 如果在 (a,b) 内 $f'(x)\geqslant 0$，那么函数 $y=f(x)$ 在 $[a,b]$ 上单调增加.

(2) 如果在 (a,b) 内 $f'(x)\leqslant 0$，那么函数 $y=f(x)$ 在 $[a,b]$ 上单调减少.

证　在 $[a,b]$ 上任取两点 x_1,x_2，不妨设 $x_1<x_2$. 由条件可知，函数 $f(x)$ 在 $[x_1,x_2]$ 上满足拉格朗日中值定理的条件，应用拉格朗日中值定理可得

$$f(x_2)-f(x_1)=f'(\xi)(x_2-x_1)\quad [\xi\in(x_1,x_2)].$$

如果在 (a,b) 内 $f'(x)\geqslant 0$，则 $f'(\xi)\geqslant 0$. 又由假设知 $x_1<x_2$，于是

$$f(x_2)-f(x_1)=f'(\xi)(x_2-x_1)\geqslant 0,$$

即 $f(x_1)\leqslant f(x_2)$，也就是说函数 $f(x)$ 在 $[a,b]$ 上单调增加.

同理，如果在 (a,b) 内 $f'(x)\leqslant 0$，则 $f'(\xi)\leqslant 0$，于是 $f(x_2)-f(x_1)\leqslant 0$，即 $f(x_1)\geqslant f(x_2)$，这表明函数 $f(x)$ 在 $[a,b]$ 上单调减少.

注意　(1) 在上面定理的证明过程中易看到，若闭区间改为开区间或无限区间，该定理结论同样成立.

(2) 有的可导函数在 (a,b) 内的个别点处，导数等于零，区间内其余各点处导数均为正（负），那么函数在 $[a,b]$ 上仍旧是单调增加（减少）的.

例 1　判定函数 $y=\dfrac{1}{3}x^3-2x^2+3x$ 的单调性.

解　函数的定义域为 $(-\infty,+\infty)$，$y'=x^2-4x+3=(x-1)(x-3)$，令 $y'=0$，得 $x_1=1$，$x_2=3$，这两个点把定义域 $(-\infty,+\infty)$ 分成三个小区间，列表如下.

x	$(-\infty,1)$	1	$(1,3)$	3	$(3,+\infty)$
y'	$+$	0	$-$	0	$+$
y	↗ Z		↘ 1		↗ Z

所以函数在 $(-\infty,1)$ 与 $(3,+\infty)$ 内是单调增加的，在 $(1,3)$ 内是单调减少的.

例 2 确定函数 $f(x)=\sqrt[3]{x^2}$ 的单调区间.

解 该函数的定义域为 $(-\infty,+\infty)$，有

$$f'(x)=\frac{2}{3\sqrt[3]{x}} \quad (x\neq 0).$$

当 $x=0$ 时，导数不存在；

当 $-\infty<x<0$ 时，$f'(x)<0$，故函数在 $(-\infty,0]$ 上单调减少；

当 $0<x<+\infty$ 时，$f'(x)>0$，故函数在 $[0,+\infty)$ 上单调增加.

因此，函数的单调减少区间为 $(-\infty,0]$，单调增加区间为 $[0,+\infty)$.

注意 由此可见，函数 $y=f(x)$ 单调性的确定，应先确定出单调区间的分界点，一类分界点是使导数等于零的点；还有一类是导数不存在的点，这类点可能也是单调区间的分界点. 函数的一阶导数值为零的点叫函数的**驻点**. 函数的单调增减区间的分界点产生于函数的驻点和导数不存在的点.

利用函数的单调性区间还可证明不等式.

例 3 证明：当 $x>1$ 时，$2\sqrt{x}>3-\dfrac{1}{x}$.

证 设 $f(x)=2\sqrt{x}-\left(3-\dfrac{1}{x}\right)$，则 $f'(x)=\dfrac{1}{\sqrt{x}}-\dfrac{1}{x^2}=\dfrac{1}{x^2}(x\sqrt{x}-1)$，

当 $x>1$ 时，$f'(x)>0$，因此，$f(x)$ 在 $[1,\infty)$ 上单调增加，故 $f(x)>f(1)$.

即 $2\sqrt{x}-\left(3-\dfrac{1}{x}\right)>0$，所以，当 $x>1$ 时，$2\sqrt{x}>3-\dfrac{1}{x}$.

二、曲线的凸凹性与拐点

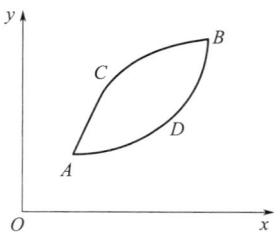

图 3-5

我们学习了函数单调性的判定法，函数的单调性反映在图形上就是曲线的上升或下降，这是曲线的一个重要特征. 但是曲线在上升或者下降的过程中，还有一个弯曲方向的问题. 下面我们利用导数研究曲线的凸凹性. 例如图 3-5 中有两条上升的曲线，但图形却有显著的不同.

对曲线段 ACB，我们说它是凸的，主要特征为曲线总在任一点切线的下方；对曲线段 ADB，我们说它是凹的，主要特征为曲线总在任一点切线的上方.

我们可以通过图 3-6 来理解函数的凹凸性的定义.

定义 1 设 $f(x)$ 在区间 I 上连续，对于 I 上任意两点 x_1,x_2：

(1) 如果恒有 $f\left(\dfrac{x_1+x_2}{2}\right)<\dfrac{f(x_1)+f(x_2)}{2}$，那么称 $f(x)$ 在 I 上的图形是**凹的**，称 I 为函数的**凹区间**；

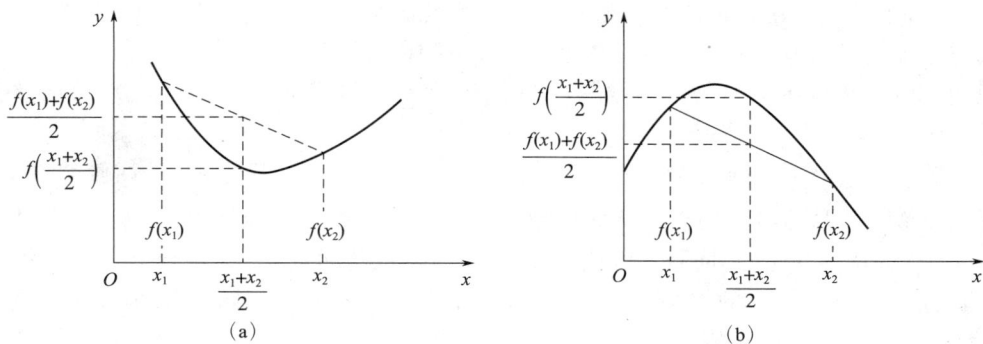

图 3-6

（2）如果恒有 $f\left(\dfrac{x_1+x_2}{2}\right)>\dfrac{f(x_1)+f(x_2)}{2}$，那么称 $f(x)$ 在 I 上的图形是**凸的**，称 I 为函数的**凸区间**.

从几何角度观察，如图 3-7 所示，曲线上任意两点 $a,b(a<b)$，在凹弧上，对应点的切线的斜率是增大的，即 $f'(x)$ 的值是上升的；而在凸弧上，对应点的切线的斜率是减小的，即 $f'(x)$ 的值是下降的. 下面给出曲线的凹凸性的判别定理. 由于证明较复杂，在此省略.

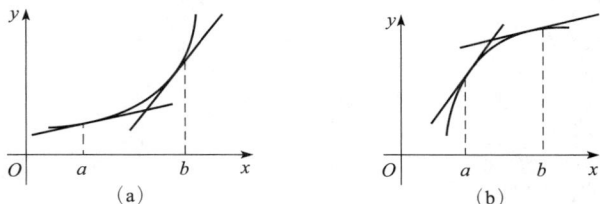

图 3-7

定理 2 设函数 $f(x)$ 在 $[a,b]$ 上连续，在 (a,b) 内具有一阶和二阶导数，那么

（1）若在 (a,b) 内 $f''(x)>0$，则曲线 $f(x)$ 在 $[a,b]$ 上的图形是凹的；

（2）若在 (a,b) 内 $f''(x)<0$，则曲线 $f(x)$ 在 $[a,b]$ 上的图形是凸的.

定义 2 设函数 $y=f(x)$ 在某区间内连续，则曲线 $y=f(x)$ 在该区间内的凹凸区间的分界点，叫作该曲线的**拐点**.

例 4 讨论曲线 $f(x)=x^4-2x^3+1$ 的凹凸区间与拐点.

解 该函数的定义域为 $(-\infty,+\infty)$，因为

$$f'(x)=4x^3-6x^2,\quad f''(x)=12x^2-12x=12x(x-1),$$

令 $f''(x)=0$ 得 $x=0$，$x=1$，列表如下.

x	$(-\infty,0)$	0	$(0,1)$	1	$(1,+\infty)$
$f''(x)$	+	0	−	0	+
曲线 $f(x)$	凹	拐点 $(0,1)$	凸	拐点 $(1,0)$	凹

因此，曲线的凹区间为 $(-\infty,0]$，$(1,+\infty)$，凸区间为 $(0,1)$，拐点为 $(0,1)$ 和 $(1,0)$.

例 5 求曲线 $y=(x+1)^4$ 的凹凸区间与拐点.

解 该函数定义域为 $(-\infty,+\infty)$，$y'=4(x+1)^3$，$y''=12(x+1)^2$，令 $y''=0$ 得 $x=-1$.

在 $x=-1$ 左右两侧，函数的二阶导数符号没有变化，均大于零，因此点 $(-1,0)$ 不是曲线的拐点，即曲线没有拐点. 该曲线在全体实数范围内是凹的.

说明 （1）函数在 x_0 处的二阶导数 $f''(x_0)$ 存在，且点 $M_0(x_0,f(x_0))$ 为曲线 $y=f(x)$ 的拐点，则 $f''(x_0)=0$.

（2）若 $f''(x_0)=0$，则点 $M_0(x_0,f(x_0))$ 不一定是拐点. 只有在 x_0 两侧的二阶导数变号时，点 M_0 才是曲线的拐点. 例如函数 $f(x)=x^4$，有 $f''(x)=12x^2\geqslant 0$，$f''(0)=0$. 由于在 $x=0$ 的两侧 $f''(x)$ 同号，因此 $(0,0)$ 不是函数的拐点.

（3）若函数在 x_0 处的二阶导数 $f''(x_0)$ 不存在，但在 x_0 两侧二阶导数变号，点 $M_0(x_0,f(x_0))$ 也是曲线的拐点.

习题 3-3

1. 函数 $y=x-\sin x$ 在区间 $(0,2\pi)$ 内单调_____.

2. 在定义域内，曲线 $y=\mathrm{e}^x$ 的凹凸性是_____，曲线 $y=\sqrt{x}$ 的凹凸性是_____.

3. 曲线 $y=\sqrt[3]{x}$ 的拐点为_____，曲线 $y=\dfrac{1}{3}x^3-2x^2+3x+1$ 的拐点为_____.

4. 求下列函数的单调区间.

(1) $y=2x^3+3x^2-12x+1$;   (2) $y=x^4-2x^2-5$;

(3) $y=\arctan x-x$;   (4) $y=x-\ln(1+x)$.

5. 证明不等式.

(1) $\mathrm{e}^x>1+\sin x\,(x>0)$;   (2) 当 $0<x<\dfrac{\pi}{2}$ 时，$\tan x>x+\dfrac{1}{3}x^3$.

6. 判断下列曲线的凸凹性.

(1) $f(x)=3x^2+2x+1$;   (2) $f(x)=x-\ln x$;

(3) $f(x)=x^4-8x^3+3x-1$;   (4) $f(x)=\dfrac{x}{1+2x^2}$.

7. 问 a,b 为何值时，点 $(1,3)$ 为曲线 $y=ax^3+bx^2$ 的拐点？

8. 试确定 $y=k(x^2-3)^2$ 中 k 的取值，使曲线的拐点处的法线通过原点.

第四节 函数的极值与最值

一、函数的极值

定义 设函数 $f(x)$ 在 x_0 的某邻域 $U(x_0)$ 内有定义，若对于去心邻域 $U^\circ(x_0)$ 内任何 x，有 $f(x)<f(x_0)$ [或 $f(x)>f(x_0)$]，那么就称 $f(x_0)$ 是函数 $f(x)$ 的一个**极大值**（或**极小值**）. 函数的极大值和极小值统称为**极值**，使函数取得极值的点称为**极值点**.

如图 3-8 所示，点 x_1,x_2,x_4,x_5,x_6 为函数 $y=f(x)$ 的极值点，其中 x_1,x_4,x_6 为函数 $y=f(x)$ 的极小值点，x_2,x_5 为极大值点，x_3 不是极值点.

说明 （1）函数极值的概念是局部性的.

（2）函数的极大值不一定比函数的极小值大.

（3）从图 3-8 可看出，在函数取得极值处，曲线的切线是水平的. 但曲线有水平切线的

图 3-8

地方, 函数不一定取得极值. 例如 x_3 处切线水平, 但不是函数的极值点. 此外, 函数在它导数不存在的点处也可能取得极值. 例如函数 $y=|x|$, 在 $x=0$ 处不可导, 但函数在该点取得极小值. 由此我们可看出函数的极值与导数有密切联系.

定理 1 (极值存在的必要条件) 设函数 $y=f(x)$ 在 x_0 处可导, 并且在 x_0 处取得极值, 那么 $f'(x_0)=0$.

证 设函数 $y=f(x)$ 在 x_0 处取得极大值 (取极小值时可类似证明), 即存在 x_0 的邻域 $U(x_0)$, 使当 $x \in U(x_0)$ 时, $f(x) \leqslant f(x_0)$. 于是, 对于 $x_0 + \Delta x \in U(x_0)$, 有 $f(x_0 + \Delta x) \leqslant f(x_0)$. 从而当 $\Delta x > 0$ 时, $\dfrac{f(x_0 + \Delta x) - f(x_0)}{\Delta x} \leqslant 0$; 当 $\Delta x < 0$ 时, $\dfrac{f(x_0 + \Delta x) - f(x_0)}{\Delta x} \geqslant 0$. 根据极限保号性和函数在 x_0 可导, 可得

$$f'(x_0) = f'_+(x_0) = \lim_{\Delta x \to 0^+} \frac{f(x_0 + \Delta x) - f(x_0)}{\Delta x} \leqslant 0,$$

$$f'(x_0) = f'_-(x_0) = \lim_{\Delta x \to 0^-} \frac{f(x_0 + \Delta x) - f(x_0)}{\Delta x} \geqslant 0,$$

所以, $f'(x_0) = 0$.

说明 (1) 定理的逆定理不成立. $f'(x_0) = 0$ 只是函数 $f(x)$ 在点 x_0 处取得极值的必要条件, 而不是充分条件, 即导数为零的点不一定是极值点.

使 $f'(x) = 0$ 的点 x 称为函数 $f(x)$ 的**驻点**. 驻点可能是极值点, 也可能不是极值点.

(2) 定理的条件之一是函数在点 x_0 处可导, 而导数不存在 (但连续) 的点也有可能是极值点.

例如, 函数 $f(x) = \sqrt[3]{x^2}$, 有 $f'(x) = \dfrac{2}{3 \cdot \sqrt[3]{x}}$, 在点 $x=0$ 处不可导. 但是点 $x=0$ 是函数的极小值点, 如图 3-9(a) 所示. 函数 $f(x) = \sqrt[3]{x}$, 有 $f'(x) = \dfrac{1}{3 \cdot \sqrt[3]{x^2}}$, 在点 $x=0$ 处不可导, 而在点 $x=0$ 处函数没有极值, 如图 3-9(b) 所示.

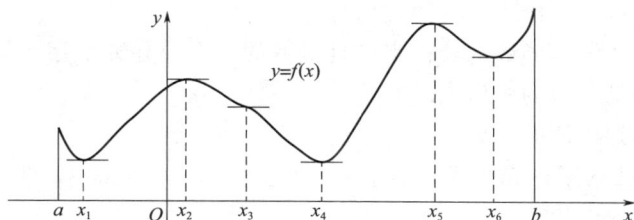

(a)

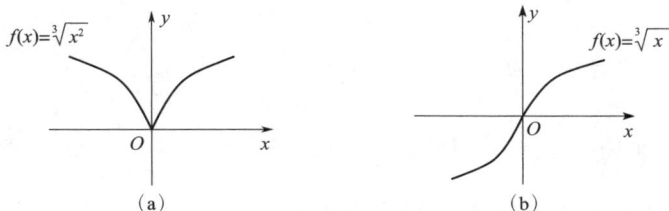

(b)

图 3-9

（3）函数的极值点一定出现在区间的内部.

由（1）和（2）可知，函数的极值点必是函数的驻点或导数不存在的点. 但是驻点或导数不存在的点不一定是函数的极值点.

下面介绍函数取到极值的充分条件.

定理2（极值存在的第一充分条件） 设函数 $y=f(x)$ 在点 x_0 处连续，且在 x_0 的某去心邻域 $U°(x_0,\delta)$ 内可导.

（1）若 $x\in(x_0-\delta,x_0)$ 时，$f'(x)>0$，而 $x\in(x_0,x_0+\delta)$ 时，$f'(x)<0$，则 $f(x)$ 在 x_0 处取得极大值.

（2）若 $x\in(x_0-\delta,x_0)$ 时，$f'(x)<0$，而 $x\in(x_0,x_0+\delta)$ 时，$f'(x)>0$，则 $f(x)$ 在 x_0 处取得极小值.

（3）若 $x\in U°(x_0,\delta)$ 时，$f'(x)$ 不变号，那么 $f(x_0)$ 不是函数 $f(x)$ 的极值.

证明 （1）当 $x\in(x_0-\delta,x_0)$ 时，$f'(x)>0$，则 $f(x)$ 在 $(x_0-\delta,x_0)$ 内单调增加，所以 $f(x_0)>f(x)$；当 $x\in(x_0,x_0+\delta)$ 时，$f'(x)<0$，则 $f(x)$ 在 $(x_0,x_0+\delta)$ 内单调减少，所以 $f(x_0)>f(x)$. 故 $f(x_0)$ 为 $f(x)$ 的极大值.

（2）同理可证.

（3）因为在 $(x_0-\delta,x_0+\delta)$ 内，$f'(x)$ 不变号，亦即恒有 $f'(x)>0$ 或 $f'(x)<0$，因此 $f(x)$ 在 x_0 的左右两边均单调增加或单调减少，所以不可能在点 x_0 处取得极值.

根据定理2，我们可以按以下步骤来求函数的极值点和相应的极值.

（1）求出函数定义域和导数 $f'(x)$；

（2）求出 $f(x)$ 的全部驻点和不可导点；

（3）用（2）中求出的点将定义域划分为若干区间，考察每一个区间中 $f'(x)$ 的符号，根据定理2来确定（2）中求出的点是否为极值点，是极大值点还是极小值点；

（4）求出各极值点的函数值，就得到函数的全部极值.

例1 求出函数 $f(x)=x^3-3x^2-9x+5$ 的极值.

解 函数的定义域为 $(-\infty,+\infty)$，

$f'(x)=3x^2-6x-9=3(x+1)(x-3)$，令 $f'(x)=0$，得驻点 $x_1=-1,x_2=3$.

列表讨论如下.

x	$(-\infty,-1)$	-1	$(-1,3)$	3	$(3,+\infty)$
$f'(x)$	+	0	−	0	+
$f(x)$	↗	极大值	↘	极小值	↗

所以，极大值 $f(-1)=10$，极小值 $f(3)=-22$.

例2 求函数 $f(x)=x-\dfrac{3}{2}\cdot\sqrt[3]{x^2}$ 的单调区间与极值.

解 函数 $f(x)$ 的定义域为 $(-\infty,+\infty)$，$f'(x)=1-\dfrac{1}{\sqrt[3]{x}}$.

令 $f'(x)=0$，即 $1-\dfrac{1}{\sqrt[3]{x}}=0$，得驻点 $x=1$；当 $x=0$ 时，$f'(x)$ 不存在.

点 $x=0$ 和 $x=1$ 将定义域分成三个子区间 $(-\infty,0)$，$(0,1)$，$(1,+\infty)$，列表讨论如下.

x	$(-\infty,0)$	0	$(0,1)$	1	$(1,+\infty)$
$f'(x)$	$+$	不存在	$-$	0	$+$
$f(x)$	↗	极大值	↘	极小值	↗

由表可知，函数 $f(x)$ 在区间 $(-\infty,0)$ 和 $(1,+\infty)$ 内单调增加；在区间 $(0,1)$ 内单调减少.

当 $x=0$ 时，函数有极大值 $f(0)=0$；当 $x=1$ 时，函数有极小值 $f(1)=-\dfrac{1}{2}$.

定理 3（极值存在的第二充分条件）　设函数 $y=f(x)$ 在点 x_0 处具有二阶导数，且 $f'(x_0)=0$，$f''(x_0)\neq 0$，那么

(1) 当 $f''(x_0)>0$ 时，函数 $f(x)$ 在 x_0 处取得极小值；

(2) 当 $f''(x_0)<0$ 时，函数 $f(x)$ 在 x_0 处取得极大值.

证明　对于情形 (1)，由于 $f''(x_0)>0$，即 $f''(x_0)=\lim\limits_{x\to x_0}\dfrac{f'(x)-f'(x_0)}{x-x_0}=\lim\limits_{x\to x_0}\dfrac{f'(x)}{x-x_0}>0.$

根据函数极限的局部保号性定理，存在邻域 $U^\circ(x_0)$，在此邻域内，$\dfrac{f'(x)}{x-x_0}>0$. 故当 $x\in U^\circ(x_0)$ 且 $x>x_0$ 时，$f'(x)>0$；当 $x\in U^\circ(x_0)$ 且 $x<x_0$ 时，$f'(x)<0$，于是根据本节定理 2 知，函数 $f(x)$ 在 x_0 处取得极小值.

可类似证明情形 (2).

说明　定理 3 表明，如果函数 $y=f(x)$ 在驻点 x_0 处的二阶导数 $f''(x_0)\neq 0$，那么该驻点 x_0 一定是极值点，并且可按二阶导数 $f''(x_0)$ 的符号来判定该点究竟是极大值点还是极小值点. 但若 $f''(x_0)=0$，该判别方法失效. 需改用极值存在的第一充分条件来进行判别.

例 3　求函数 $f(x)=(x^2-1)^3+1$ 的极值.

解　函数的定义域为 $(-\infty,+\infty)$. 由 $f'(x)=6x(x^2-1)^2$，令 $f'(x)=0$，得驻点 $x_1=-1,x_2=0,x_3=1$.

由 $f''(x)=6(x^2-1)(5x^2-1)$，得 $f''(0)=6>0$，故 $f(x)$ 在 $x=0$ 处取得极小值. 但 $f''(-1)=f''(1)=0$，无法用第二充分条件判断，改为第一充分条件. 在 -1 的左右两侧 $f'(x)<0$，所以 $f(x)$ 在 -1 处没有极值. 同理，$f(x)$ 在 1 处也没有极值（图 3-10）.

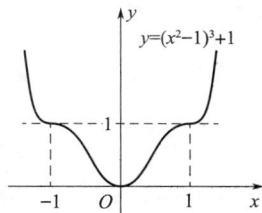

图 3-10

二、函数的最大值和最小值

在工农业生产、科学技术研究、经营管理及实际生活中，常常会碰到如何做才能使"产量最高""材料最省""耗时最少""效率最高""利润最大""成本最低""面积最大"等最优化问题，这些问题归纳到数学上，就是求函数的最大值和最小值问题.

1. 闭区间上连续函数的最值问题

对于一个闭区间 $[a,b]$ 上的连续函数 $f(x)$ 一定有最大值和最小值，它的最大值、最小值只能在区间的端点、区间内部的驻点或不可导点处取得. 只要比较以上所有的函数值，其中最大的就是函数在 $[a,b]$ 上的最大值，最小的就是函数在 $[a,b]$ 上的最小值. 因此，求函数在 $[a,b]$ 上的最值可以按以下步骤进行.

（1）求出函数 $f(x)$ 在 (a,b) 内所有可能的极值点（即驻点和不可导点）；

（2）求出函数在（1）中各点处相应的函数值及区间端点的函数值 $f(a)$，$f(b)$，然后比较它们的大小，其中最大者为函数在 $[a,b]$ 上的最大值，最小者为函数的最小值．

例 4 求函数 $f(x)=x^4-2x^2-5$ 在区间 $[-2,2]$ 上的最值.

解 $f'(x)=4x^3-4x$，令 $f'(x)=0$，即 $4x^3-4x=0$，得 $x_1=-1$，$x_2=0$，$x_3=1$.
由于 $f(-1)=f(1)=-6$，$f(0)=-5$，$f(-2)=f(2)=3$.

故函数 $f(x)$ 在区间 $[-2,2]$ 上的最大值为 $f(-2)=f(2)=3$，最小值为 $f(-1)=f(1)=-6$.

2. 最值应用问题

利用函数的最值来处理实际问题，通常按以下步骤.
（1）根据实际问题列出函数表达式及它的定义区间；
（2）求出该函数在定义区间上可能的极值点；
（3）确定函数在可能极值点处是否取得最值.

在实际问题中若已知最值在区间内部取得，且区间内部只有一个驻点（或导数不存在的点），则该点就是最值点，不用判定该点是否为极大（小）值点.

例 5 某房地产公司有 50 套公寓要出租，当每月每套租金为 180 元时，公寓会全部租出去，当每月每套租金增加 10 元时，就有一套公寓租不出去，而租出去的房子每月需花费 20 元的整修维护费，试问每月每套房的租金定为多少时可获得最大收入？

解 设每月每套租金定为 x 元，租出去的房子有 $50-\left(\dfrac{x-180}{10}\right)$ 套，那么每月的总收入为

$$R(x)=(x-20)\left[50-\left(\frac{x-180}{10}\right)\right]=(x-20)\left(68-\frac{x}{10}\right),\quad x\in[0,+\infty),$$

求导得

$$R'(x)=\left(68-\frac{x}{10}\right)+(x-20)\left(-\frac{1}{10}\right)=70-\frac{x}{5},$$

令 $R'(x)=0$ 得一个驻点，$x=350$，而 $R(350)=(350-20)\left(68-\dfrac{350}{10}\right)=10890$ 元，

故每月每套租金为 350 元时，月收入最高，为 10890 元.

例 6 如图 3-11 所示，地铁公司拟从地平面上一点 A 掘一巷道到地平面下一点 C，设 AB 长为 100 米，BC 长为 24 米，地平面上的掘进费每米 5 元，地平面下的掘进费每米 13 元，选择什么样的掘法才能使费用最省？最省要用多少元？

解 设 $DB=x$ 米，所需掘进费为 y 元，则

$$y=5(100-x)+13\sqrt{x^2+24^2}\quad(0\leqslant x\leqslant 100),$$

$$y'=-5+\frac{13x}{\sqrt{x^2+24^2}}=\frac{-5\sqrt{x^2+24^2}+13x}{\sqrt{x^2+24^2}}.$$

图 3-11

令 $y'=0$，得驻点为 $x=10$，比较 $y(10)=788$，$y(0)=812$，$y(100)\approx1336.9$，所以在地面上离 B 点 10 米处挖巷道掘进费最省，费用为 788 元.

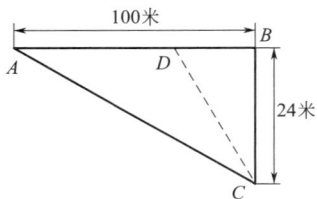

习题 3-4

1. 下列说法是否正确？为什么？

(1) 若 $f'(x_0)=0$，则 x_0 为 $f(x)$ 的极值点.

(2) 若在 x_0 的左边有 $f'(x)>0$，在 x_0 的右边有 $f'(x)<0$，则点 x_0 一定是 $f(x)$ 的极大值点.

(3) $f(x)$ 的极值点一定是驻点或不可导点，反之则不成立.

2. 求下列函数的极值点和极值.

(1) $y=x+\dfrac{1}{x}$；

(2) $y=x+\sqrt{1-x}$；

(3) $y=x^3-6x^2+9x-4$；

(4) $y=-x^4+2x^2$；

(5) $y=x-e^x$；

(6) $y=x^2e^{-x}$；

(7) $y=e^x\cos x$；

(8) $y=\sqrt{x}\ln x$.

3. 求下列函数在给定区间上的最大值和最小值.

(1) $y=x+\sqrt{x}$，$[0,2]$；

(2) $y=x^2-4x+12$，$[-3,10]$；

(3) $y=x-\dfrac{1}{x}$，$[1,9]$；

(4) $y=\sqrt{5-4x}$，$[-1,1]$.

4. (1) 从面积为 S 的所有矩形中，求其周长最小者；

(2) 从周长为 $2l$ 的所有矩形中，求其面积最大者.

5. 要造一个容积为 V 的圆柱形容器（无盖），问底半径和高分别为多少时，所用材料最省？

6. 内接于半径为 R 的球内的圆柱体，其高为多少时，体积最大？

7. 某公园的入园门的截面拟建成矩形加半圆，如图 3-12 所示，且截面积为 6 米^2，问宽 x 为多少时，才能使截面的周长最小？

8. 一汽车厂正在测试一批新研发的汽车发动机的效率，发动机的效率 $P(\%)$ 与汽车的速度 v（千米/时）之间的关系式为 $P=0.768v-0.00004v^3$. 问发动机的最大效率是多少？

9. 如图 3-13 所示，设铁路段 AB 的距离为 100 千米，工厂 C 与 A 的距离为 40 千米，$AC \perp AB$，今要在 AB 之间一点 D 向 C 修一条公路，使从原料供应站 B 运货到工厂 C 所用运费最省. 问：D 应设在何处？已知铁路运费与公路运费之比是 $3:5$.

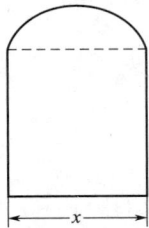

图 3-12

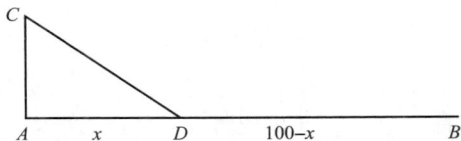

图 3-13

10. 某工厂在一个月生产产品 Q 件时，总收入和成本分别由以下两式给出，$R(Q)=5Q-0.003Q^2$（万元），$C(Q)=300+1.1Q$（万元），求一个月产量 Q 为多少时，能获得最大利润？

第五节　函数图形的描绘

　　函数图形可以直观地反映函数的性态,因此,描绘函数的图形显得尤为重要.在中学阶段,我们已经掌握了用描点法绘制函数的图形.由于它只是描绘一些孤立的点,所以绘制出的图形常常会遗漏一些关键点.本节我们将利用导数找出函数的单调区间、凹凸区间、极值点、拐点、最值点等关键信息,并由此比较准确地描绘出函数的图形.

　　当然,随着现代计算机技术的发展,借助于几何画板或者 Geogebra 等数学软件可以方便地绘制出各种图形.但是,如何识别机器作图中的误差、如何掌握图形上的关键点、如何选择作图的范围等,仍然需要我们有运用微分学的方法描绘函数图形的基本知识.

一、曲线的渐近线

　　在描绘函数的图形时,函数的定义域往往是无穷区间,想要知道曲线在无穷远处的性态,就需要借助曲线的渐近线.

　　定义　若曲线上的动点 P 沿曲线无限地远离原点时,该点 P 到某一直线的距离趋近于零,则称这条直线为曲线的渐近线.

　　常见的渐近线有以下三种.

1. 水平渐近线

　　若 $\lim\limits_{x \to \infty} f(x) = b$,则称直线 $y = b$ 为曲线 $y = f(x)$ 的一条**水平渐近线**.例如,因为 $\lim\limits_{x \to \infty} \dfrac{1}{x-1} = 0$,故直线 $y = 0$ 是曲线 $y = \dfrac{1}{x-1}$ 的一条水平渐近线.必要时,可分别考虑 $x \to +\infty$ 或 $x \to -\infty$ 时函数的单侧渐近线.

2. 铅直渐近线

　　若 $\lim\limits_{x \to x_0} f(x) = \infty$,则称直线 $x = x_0$ 为曲线 $y = f(x)$ 的一条**铅直渐近线**(或**垂直渐近线**).例如,因为 $\lim\limits_{x \to 1} \dfrac{1}{x-1} = \infty$,故直线 $x = 1$ 是曲线 $y = \dfrac{1}{x-1}$ 的一条铅直渐近线.必要时,可分别考虑 $x \to x_0^+$ 或 $x \to x_0^-$ 时,函数 $y = f(x) \to \pm\infty$ 的单侧渐近线.

3. 斜渐近线

　　如果

$$\lim_{x \to \infty} \left[f(x) - (ax + b) \right] = 0 \tag{3-3}$$

成立,则称直线 $y = ax + b$ 是曲线 $y = f(x)$ 的一条**斜渐近线**.将极限中 $x \to \infty$ 均换成 $x \to +\infty$ 或 $x \to -\infty$,也可得到函数 $y = f(x)$ 的斜渐近线.下面给出 a, b 的计算公式.

　　由式(3-3)有

$$\lim_{x \to +\infty} x \left[\frac{f(x)}{x} - a - \frac{b}{x} \right] = 0,$$

　　因为 x 为无穷大量,所以有

$$\lim_{x \to +\infty}\left[\frac{f(x)}{x}-a-\frac{b}{x}\right]=\lim_{x \to +\infty}\frac{f(x)}{x}-a=0,$$

所以
$$a=\lim_{x \to +\infty}\frac{f(x)}{x}\neq 0, \tag{3-4}$$

将 a 代入式（3-3）即可确定 b，
$$b=\lim_{x \to +\infty}[f(x)-ax]. \tag{3-5}$$

例 1 求曲线 $f(x)=\dfrac{x^2}{x+1}$ 的渐近线.

解 因为 $\lim\limits_{x \to -1^-}\dfrac{x^2}{x+1}=-\infty$，$\lim\limits_{x \to -1^+}\dfrac{x^2}{x+1}=+\infty$，可知 $x=-1$ 是曲线的铅直渐近线；

因为 $k=\lim\limits_{x \to \infty}\dfrac{f(x)}{x}=\lim\limits_{x \to \infty}\dfrac{x}{x+1}=1$，$b=\lim\limits_{x \to \infty}[f(x)-ax]=\lim\limits_{x \to \infty}\left[\dfrac{x^2}{x+1}-x\right]=-1$，

因此 $y=x-1$ 是曲线的一条斜渐近线.

二、函数作图

清楚了函数的单调性、极值、凹凸性、拐点和渐近线等曲线性态，结合函数的定义域、值域、奇偶性和周期性等函数特性，就可以较好地描绘出函数的图像了. 利用导数描绘函数图形的一般步骤如下.

（1）确定函数定义域. 判别函数是否具有周期性、奇偶性.

（2）求出驻点、不可导点；使 $f''(x)=0$ 及 $f''(x)$ 不存在的点；这些点将定义域划分成若干子区间.

（3）求出（2）中各点的函数值，并列表讨论函数在各个子区间上的单调性、极值、曲线的凹凸性及拐点.

（4）求出曲线的渐近线以及其他变化趋势.

（5）描出第（3）步中对应于函数上的各点，并根据（3）和（4）中的结论，将上述各点用光滑曲线连接起来. 可适当选取其他辅助点，描绘函数图像.

例 2 作函数 $y=2x^3-3x^2$ 的图形.

解 （1）函数的定义域为 $(-\infty,+\infty)$，值域为 $(-\infty,+\infty)$.

（2）函数既无奇偶性，也没有周期性.

（3）$y'=6x^2-6x=6x(x-1)$，令 $y'=0$ 得驻点 $x_1=0$，$x_2=1$.

$y''=12x-6=6(2x-1)$，令 $y''=0$ 得 $x=\dfrac{1}{2}$.

列表如下.

x	$(-\infty,0)$	0	$\left(0,\dfrac{1}{2}\right)$	$\dfrac{1}{2}$	$\left(\dfrac{1}{2},1\right)$	1	$(1,+\infty)$
y'	$+$	0	$-$	$-$	$-$	0	$+$
y''	$-$	$-$	$-$	0	$+$	$+$	$+$
y	↗	极大值 0	↘	拐点 $\left(\dfrac{1}{2},-\dfrac{1}{2}\right)$	↘	极小值 -1	↗

（4）无渐近线.

（5）辅助点：$\left(-\dfrac{1}{2},-1\right)$，$(0,0)$，$\left(\dfrac{3}{2},0\right)$.

（6）描点作图，得图 3-14.

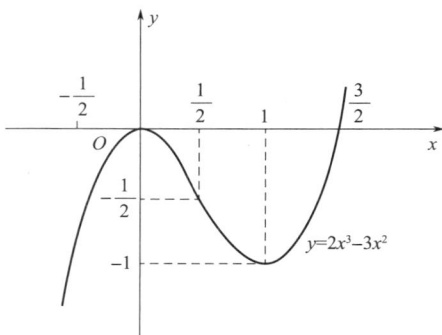

图 3-14

习题 3-5

1. 求下列函数的渐近线.

（1）$y=\dfrac{x-1}{x-2}$；

（2）$y=\mathrm{e}^{\frac{1}{x}}-1$.

2. 作出下列函数的图像.

（1）$y=3x-x^3$；

（2）$y=\mathrm{e}^{-x^2}$；

（3）$y=\dfrac{x}{(x+1)^2}$；

（4）$y=\dfrac{x^3}{2(x+1)^2}$.

第六节　导数在经济学中的应用

一、边际分析

在经济学问题中，经常需要研究经济函数的绝对变化率与相对变化率的问题. 本节将利用导数概念分析经济学中的两个重要概念——边际分析和弹性分析.

设函数 $y=f(x)$ 在点 $x=x_0$ 处，x 改变一个单位时，y 的增量 Δy 的准确值为 $\Delta y\big|_{(x=x_0,\Delta x=1)}$. 当 x 改变很小时，由微分的应用知道，$\Delta y\big|_{(x=x_0,\Delta x=1)}\approx \mathrm{d}y\big|_{(x=x_0,\Delta x=1)}=f'(x_0)$. 这说明 $y=f(x)$ 在点 $x=x_0$ 处，当 x 产生一个单位的改变时，y 近似地改变 $f'(x_0)$ 个单位，利用边际函数在具体解释经济问题时，我们略去"近似"二字，于是有如下定义.

定义 1　设函数 $f(x)$ 在 x 处可导，则称导函数 $f'(x)$ 为 $f(x)$ 的**边际函数**. $f'(x)$ 在 x_0 处的值 $f'(x_0)$ 为**边际函数值**，简称**边际**.

边际分析法是经济管理学中最常用的分析方法之一. 常见的边际函数有边际成本函数、边际需求函数、边际收益函数等. 下面介绍常见的边际函数.

1. 边际成本

一般而言，产品总成本 C 是产品产量 Q 的函数，是指生产 Q 个单位产品的总费用. 它包括固定成本 C_0 和可变成本 $C_1(Q)$，即总成本函数为 $C=C(Q)=C_0+C_1(Q)$.

总成本函数的导数称为**边际成本**，即边际成本为 $C'=C'(Q)$.

当产量 $Q=Q_0$ 时的边际成本为 $C'(Q_0)$，其经济意义是：当产量为 Q_0 时，产量再改变一个单位，总成本将改变 $C'(Q_0)$ 个单位.

2. 边际收益

销售某种商品的全部收入 R，称为总收益，等于销售量 Q 与商品单价 P 的乘积，即总收益函数为 $R=R(Q)=QP$.

设商品的价格 P 与销售量 Q 的函数关系为 $P=P(Q)$，则 $R=R(Q)=Q\cdot P(Q)$.

总收益函数的导数称为**边际收益**，即边际收益为 $R'=R'(Q)$.

例 1 设某产品的销售量 Q 与价格 P 的关系为 $Q=30-3P$，求 $Q=9$，$Q=15$，$Q=18$ 时的边际收益.

解 总收益函数为 $R(Q)=P(Q)=\left(10-\dfrac{Q}{3}\right)Q=-\dfrac{Q^2}{3}+10Q$，

边际收益为 $R'(Q)=-\dfrac{2}{3}Q+10$，所以，$R'(9)=4$，$R'(15)=0$，$R'(18)=-2$.

从结果可知，当销售量为 9 个单位时，再增加一个单位的销售量，总收益（约）增加 4 个单位；当销售量为 15 个单位时，总收益达到最大值，再增加销售量，总收益不会再增加；当销售量为 18 个单位时，再增加一个单位的销售量，总收益反而（约）减少 2 个单位.

3. 边际利润

销售某种商品的总利润 L，等于总收益与总成本之差，

即总利润函数为 $L=L(Q)=R(Q)-C(Q)$.

总利润函数的导数称为**边际利润**，即边际利润为 $L'=L'(Q)=R'(Q)-C'(Q)$.

一般而言，边际经济量就是指该经济量对其自变量的导数.

例 2 设某工厂生产某种产品，固定成本为 50 万元，每生产一个单位的产品，成本将增加 2 万元；价格与销售量的关系为 $P=10-\dfrac{Q}{5}$，其中 Q 为产量（假定生产的产品能够全部售出，即销售量等于产量），P 为该产品的价格. 求

(1) 当 $Q=10$ 时的边际成本与平均单位成本；

(2) 当 $Q=10$ 时的边际利润，并说明其经济意义.

解 (1) 总成本函数为 $C(Q)=50+2Q$，边际成本为 $C'(Q)=2$.

当 $Q=10$ 时，$C'(10)=2$，表示当产量为 10 个单位时，再生产一个单位的产品，总成本增加 2 万元.

平均单位成本为 $\overline{C}(Q)=\dfrac{50+2Q}{Q}=2+\dfrac{50}{Q}$，当 $Q=10$ 时，$\overline{C}(10)=7$（万元/单位）.

由此可见，当产量为 10 个单位时，每增加一个单位的产量，总成本将增加 2 万元，低

于每单位 7 万元的平均成本，所以此时适当提高产量可降低产品的平均成本.

（2）总收益函数为 $R(Q)=PQ=\left(10-\dfrac{Q}{5}\right)Q=-\dfrac{Q^2}{5}+10Q$，

总利润函数为 $L(Q)=R(Q)-C(Q)=-\dfrac{Q^2}{5}+8Q-50$，

边际利润为 $L'(Q)=-\dfrac{2}{5}Q+8$.

$L'(10)=4$，表示当产量为 10 个单位时，再增加一个单位的销售量，总利润增加 4 万元.

同时，边际利润 $L'(Q)=-\dfrac{2}{5}Q+8$ 为单调减函数，即随着产量的增加，工厂从增产中所获得的利润越来越少，当产量 $Q>20$ 时，边际利润为负值. 因此工厂不能完全靠增加产量来提高利润.

例 3 某厂生产某种产品，总成本 C 是产量 Q 的函数
$$C=C(Q)=200+4Q+0.05Q^2\,(\text{单位：元}).$$

（1）指出固定成本，可变成本；

（2）求边际成本函数及产量为 $Q=200$ 时的边际成本，并说明其经济意义；

（3）如果对该厂征收固定税收，问固定税收对产品的边际成本是否会有影响？为什么？试举例说明？

解 （1）固定成本为 200 元，可变成本为 $4Q+0.05Q^2$.

（2）边际成本函数为：$C'(Q)=4+0.1Q$，
$$C'(200)=4+0.1\times200=24.$$

当产量 $Q=200$ 时，边际成本为 24，在经济上说明在产量为 200 单位的基础上，再增加一单位产品，总成本要增加 24 元.

（3）因国家对该厂征收的固定税收与产量 Q 无关，这种固定税收可列入固定成本，因而对边际成本没有影响. 例如，国家征收的固定税收为 100，则总成本 $C=C(Q)=(200+100)+4Q+0.05Q^2$，边际成本函数仍为：$C'(Q)=4+0.1Q$.

二、弹性分析

1. 弹性的概念

定义 2 函数 $y=f(x)$ 在点 x_0 处有改变量 Δx，Δx 称为自变量在点 x_0 处的**绝对改变量**，函数相应的改变量 $\Delta y=f(x_0+\Delta x)-f(x_0)$ 称为函数在点 x_0 处的**绝对改变量**. 我们称 $\dfrac{\Delta x}{x_0}$ 为函数在点 x_0 处的自变量的**相对改变量**，称 $\dfrac{\Delta y}{y_0}$ 为函数在点 x_0 处的**相对改变量**.

在边际分析中，讨论函数的变化率是将自变量与因变量的绝对改变量进行比较，以刻画因变量随自变量变化的快慢程度. 在经济活动分析中，往往需要对两个变量的相对改变量进行比较，以反映变化的本质及因变量对自变量反应的灵敏度. 例如，甲商品每单位价格为 10 元，涨价 1 元；乙商品每单位价格为 100 元，也涨价 1 元. 两种商品的价格绝对改变量都是 1 元. 提价虽然一样，但显然甲商品的涨价幅度大于乙商品，两者变化程度有显著差

异. 所以我们有必要研究函数的相对改变量与相对变化率.

定义 3　设函数 $y=f(x)$ 在点 x_0 处可导，我们称 $\dfrac{\Delta y/y_0}{\Delta x/x_0}$ 为函数从 x_0 到 $x_0+\Delta x$ 两点间的相对变化率，或称**两点间的弹性**. 称极限 $\lim\limits_{\Delta x\to 0}\dfrac{\Delta y/y_0}{\Delta x/x_0}$ 为函数 $y=f(x)$ 在点 x_0 处的**相对变化率或弹性**，记作 $\dfrac{Ey}{Ex}\Big|_{x=x_0}$ 或 $\dfrac{E}{Ex}f(x_0)$，即

$$\frac{Ey}{Ex}\Big|_{x=x_0}=\lim_{\Delta x\to 0}\frac{\Delta y/y_0}{\Delta x/x_0}=\lim_{\Delta x\to 0}\frac{\Delta y}{\Delta x}\cdot\frac{x_0}{y_0}=f'(x_0)\cdot\frac{x_0}{f(x_0)}.$$

对一般的变量 x，若函数 $y=f(x)$ 可导，则有：

$\dfrac{Ey}{Ex}=\lim\limits_{\Delta x\to 0}\dfrac{\Delta y/y}{\Delta x/x}=\lim\limits_{\Delta x\to 0}\dfrac{\Delta y}{\Delta x}\cdot\dfrac{x}{y}=f'(x)\cdot\dfrac{x}{y}$ 是 x 的函数，称为函数 $y=f(x)$ 的**弹性函数**.

说明　函数 $y=f(x)$ 在点 x_0 的弹性反映了当自变量 x 变化 1% 时，函数 $f(x)$ 近似地改变 $\dfrac{E}{Ex}f(x_0)\%$. 在实际应用问题中解释弹性的具体意义时，常略去"近似"两字. 弹性反映了函数对自变量变化反应的强烈程度或灵敏度.

2. 需求弹性

需求弹性是刻画当商品价格变动时需求变动的强弱. 由于需求函数 $Q=Q(P)$ 为单调减少函数，ΔQ 与 ΔP 异号，P_0，Q_0 为正数，于是 $\dfrac{\Delta Q/Q_0}{\Delta P/P_0}$ 与 $Q'(P_0)\cdot\dfrac{P_0}{Q(P_0)}$ 皆为负数. 为了用正数表示需求弹性，采用需求函数相对变化率的反号函数来定义需求弹性.

一般地，某种商品的市场需求量 Q 是价格 P 的函数 $Q=Q(P)$，称为**需求函数**. 则需求弹性

$$\eta=\frac{E_Q}{E_P}=-\frac{P}{Q}\cdot Q',$$

在一般情况下，需求函数是单调减少的，故需求弹性一般为负数. 需求弹性 $\eta=\dfrac{E_Q}{E_P}=-\dfrac{P}{Q}\cdot Q'$ 的经济意义是，当商品价格为 P 时，价格每降低（或上升）1%，需求量将增加（或减少）$|\eta|\%$.

在经济学中，弹性的分类如下：

（1）当 $|\eta|<1$ 时，称为缺乏弹性（低弹性），即自变量的变动对因变量的变动影响较小；

（2）当 $|\eta|=1$ 时，称为单位弹性，此时函数的变化幅度与自变量的变化幅度相同；

（3）当 $|\eta|>1$ 时，称为富有弹性（高弹性），即自变量的变动对因变量的变动影响较大.

例 4　某种商品的需求函数为 $Q=15-\dfrac{P}{3}$.

求：（1）需求的弹性函数；

（2）当 $P=5$ 时的需求弹性，并说明其经济意义；

（3）当 $P=30$ 时的需求弹性，并说明其经济意义.

解 （1）需求的弹性函数为 $\eta(P) = -\dfrac{P}{Q}Q'(P) = -\dfrac{P}{15 - \dfrac{P}{3}} \cdot \left(-\dfrac{1}{3}\right) = \dfrac{P}{45 - P}$.

（2）$\eta(5) = \dfrac{1}{8}$,

说明当 $P = 5$ 时，该商品的需求缺乏弹性，此时价格上涨 1%，需求量下降 $\dfrac{1}{8}\%$.

（3）$\eta(30) = 2$,

说明当 $P = 30$ 时，该商品的需求富有弹性，此时价格上涨 1%，需求量下降 2%.

三、最优化问题

1. 利润最大

在假设产量与销量一致的情况下，总利润函数 $L(Q)$ 定义为：总收益函数 $R(Q)$ 与总成本函数 $C(Q)$ 之差，即

$$L = L(Q) = R(Q) - C(Q).$$

如果企业以利润最大为目标而控制产量，那么应选择产量 Q 的值，使总利润函数 $L = L(Q)$ 取最大值。$L = L(Q)$ 取得最大值的必要条件为 $L'(Q) = 0$，即 $R'(Q) = C'(Q)$。因此，取得最大利润的必要条件是边际收益等于边际成本。

例 5 已知某商品的需求函数和总成本函数分别为：

$$Q = 15 - \frac{1}{4}p, \quad C = 5 + Q^2.$$

求利润最大时的产出水平、商品的价格和利润。

解 由需求函数得价格函数为

$$p = 60 - 4Q,$$

所以总收益函数为

$$R = p \cdot Q = (60 - 4Q) \cdot Q = 60Q - 4Q^2,$$

从而利润函数为

$$L = R - C = 60Q - 4Q^2 - (5 + Q^2) = -5Q^2 + 60Q - 5.$$

由 $\dfrac{dL}{dQ} = -10Q + 60 = 0$ 得 $Q = 6$，又 $\dfrac{d^2L}{dQ^2} = -10 < 0$，故 $Q = 6$ 是极大值点。

由于利润函数只有一个驻点且是极大值点，故利润最大时的产出水平是 $Q = 6$，这时商品的价格为

$$p \big|_{Q=6} = (60 - 4Q) \big|_{Q=6} = 36,$$

最大利润为

$$L \big|_{Q=6} = (-5Q^2 + 60Q - 5) \big|_{Q=6} = 175.$$

2. 收益最大

若企业的目标是获得最大收益，这时应以总收益函数 $R = p \cdot Q$ 为目标函数而决策产量 Q 或决策商品的价格 p.

如果商品以固定价格 p_0 销售，销售量越多，总收益越多，没有最大值问题；现设需求函数 $Q=Q(p)$ 是单调减少的，则总收益函数有最大值问题.

例 6　某商品若定价 500 元，每天可卖出 1000 件；假若每件每降低 1 元，估计可多卖出 10 件. 在此情形下，每件售价为多少时可获最大收益，最大收益是多少？

解　设每件商品出售价为 p （$0 < p \leqslant 500$），则卖出商品件数为

$$Q = 1000 + (500 - p) \times 10,$$

故总收益函数为

$$R = 卖出的件数 \times 售价 = Q \times p = [1000 + (500 - p) \times 10] \times p = 6000p - 10p^2,$$

令 $\dfrac{\mathrm{d}R}{\mathrm{d}p} = 6000 - 20p = 0$，得唯一驻点 $p = 300$. 由于收益的最大值一定存在且一定在区间 $(0, 500)$ 内取得，

故当每件商品售价为 300 元时总收益最大，最大收益为

$$R = 6000 \times 300 - 10 \times 300^2 = 900000(元).$$

习题 3-6

1. 设某产品价格函数为 $p = 60 - \dfrac{x}{1000}$ （$x \geqslant 10^4$），其中 x 为销售量（件）. 又设生产这种产品 x 件的总成本为 $C(x) = 60000 + 20x$，试求：

(1) 产量为多少时利润最大，并求最大利润；

(2) 利润函数与边际利润函数；

(3) 当 $p = 10$ 时，销售量对价格的弹性，并说明其经济意义.

2. 某商品需求量 Q 对价格 P 的需求函数为 $Q = 75 - P^2$.

(1) 求 $P = 4$ 时的需求的价格弹性，并说明其经济意义；

(2) $P = 4$ 时，若价格提高 1%，总收益是增加还是减少，变化百分之几？

3. 设商品的需求函数为 $x = 600 - 5p$，其中 p 为价格，x 为需求量. 试求：边际收入函数及 $x = 100$ 和 $x = 400$ 时的边际收入，并解释所得结果的经济意义.

4. 某工厂加工某种产品的总成本函数和总收入函数分别为：

$$C(x) = 100 + 5x(元) \quad 和 \quad R(x) = 20x - 0.01x^2(元),$$

试求：边际利润函数及日产量为 $x = 100 \, \mathrm{t}$ 时的边际利润，并解释其经济意义.

5. 设某商品的需求函数为 $D(x) = \mathrm{e}^{-\frac{x}{4}}$，试求：需求弹性函数及 $x = 3$，$x = 4$ 时的需求弹性，并解释其经济意义.

6. 设银行存款的存期为 $t = 2$ 年，在利率水平 $r = 4.4\%$ 上，求：

(1) 在非连续性复利下，本利和 S_1 对 r 的弹性；

(2) 在非连续性复利下，本利和 S_2 对 r 的弹性.

7. 某商品的需求函数为 $Q = Q(P) = 75 - P^2$，P 为价格，单位：百元. 求当价格分别为 4 百元、5 百元、6 百元时的需求弹性，并说明价格变动对总收益的影响情况.

8. 某厂计划全年需要某种原料 100 万吨，并且其消耗是均匀的. 已知该原料分期分批均匀进货，每次进货手续费为 1000 元，而每吨原料全年库存费为 0.05 元，试求使总费用最省的经济批量和相应的订货次数.

本章思维导图

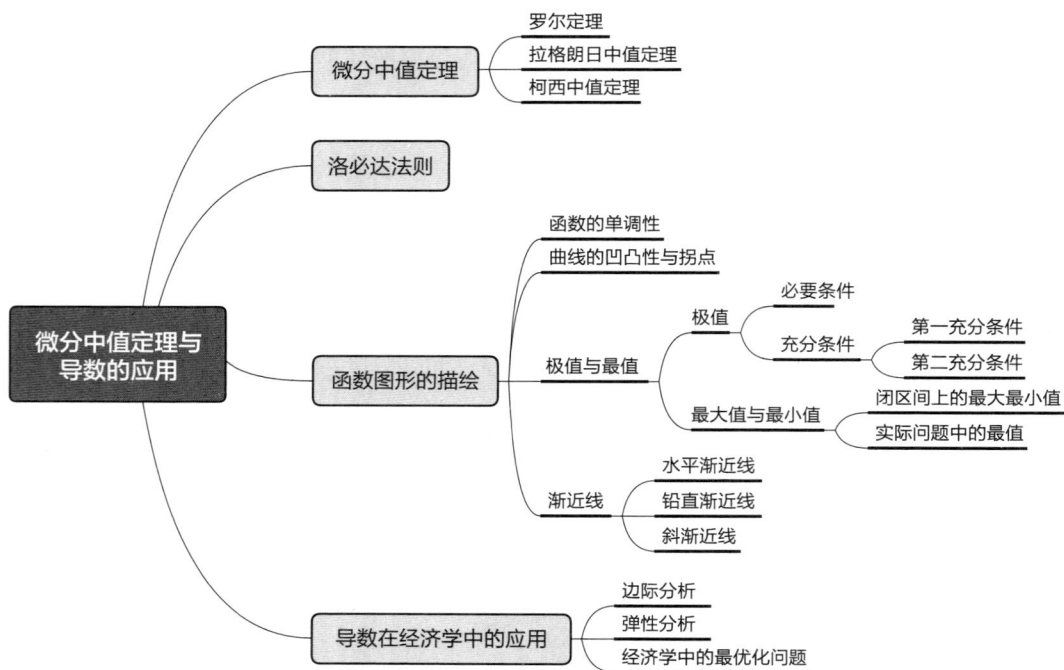

总复习题三

1. 单项选择题.

(1) 下列函数中在区间 $[-1,1]$ 上满足罗尔定理的是 (　　).

A. $y=x$ 　　　　 B. $y=|x|$ 　　　　 C. $y=x^2$ 　　　　 D. $y=\dfrac{1}{x^2}$

(2) 若 x_0 是函数 $f(x)$ 的极值点,则下列说法正确的是 (　　).

A. $f'(x_0)=0$ 　　 B. $f'(x_0)>0$ 　　 C. $f'(x_0)<0$ 　　 D. $f'(x_0)$ 可能不存在

(3) 已知 $y=ax^3-x^2+x-2$ 在 $x_0=1$ 处有极小值,则 a 的值为 (　　).

A. 1 　　　　 B. $\dfrac{1}{3}$ 　　　　 C. 0 　　　　 D. $-\dfrac{1}{3}$

(4) 设 $f(x)$ 的导数在 $x=a$ 处连续,又有 $\lim\limits_{x\to a}\dfrac{f'(x)}{x-a}=-3$,则 (　　).

A. $x=a$ 是 $f(x)$ 的极小值点 　　　　 B. $x=a$ 是 $f(x)$ 的极大值点

C. $(a,f(a))$ 是 $f(x)$ 的拐点 　　　　 D. $x=a$ 不是 $f(x)$ 的极值点

(5) 设函数 $f(x)$ 具有连续的二阶导数,且 $f(0)=0$,$f'(0)=2$,$f''(0)=-1$,则

$\lim\limits_{x\to 0}\dfrac{f(x)-2x}{x^2}=$ (　　).

A. 不存在 　　　　　 B. 1 　　　　　　　 C. 0 　　　　　　　　 D. -1

2. 填空题.

(1) 已知 $\lim\limits_{x \to 0} \dfrac{(e^x - ax - 3b)x}{1 - \sqrt{1 - x^2}} = 6$，则 $a =$ _____，$b =$ _____.

(2) 设函数 $y = x^3 + ax^2 + bx + c$ 有拐点 $(1, -1)$，且在 $x = 0$ 处有极大值，则 $a =$ _____，$b =$ _____，$c =$ _____.

(3) 过点 $(-1, 1)$ 的曲线 $y = ax^2 - 2bx$，其驻点为 $x = 2$，则 $a =$ _____，$b =$ _____.

(4) $f(x) = x^3 - x + 2$ 在 $[-2, 1]$ 上的最大值为 _____，最小值为 _____.

(5) 曲线 $f(x) = \dfrac{x^2}{(x-3)^2}$ 的水平渐近线为 _____，垂直渐近线为 _____.

3. 验证函数 $f(x) = \sqrt{x} - 1$ 在区间 $[1, 4]$ 上满足拉格朗日中值定理的条件，并求 ξ.

4. 验证函数 $f(x) = \sin x - 1$ 在区间 $\left[\dfrac{\pi}{6}, \dfrac{\pi}{3}\right]$ 上满足拉格朗日中值定理的条件，并求 ξ.

5. 不用求函数 $f(x) = (x-1)(x-3)(x-5)(x-7)$ 的导数，说明方程 $f'(x) = 0$ 有几个实根，并指出实根所在的区间.

6. 求下列函数的极限.

(1) $\lim\limits_{x \to 1} \dfrac{x^2 - 3x + 2}{x^2 - 1}$；

(2) $\lim\limits_{x \to \frac{\pi}{2}} \dfrac{\cos x}{(\pi - 2x)^2}$；

(3) $\lim\limits_{x \to 0} \dfrac{e^x - e^{-x}}{\sin x}$；

(4) $\lim\limits_{x \to a} \dfrac{\sin x - \sin a}{x - a}$（$a$ 为常数）；

(5) $\lim\limits_{x \to +\infty} \dfrac{\ln x}{x^3}$；

(6) $\lim\limits_{x \to +\infty} \dfrac{x^2 + 1}{\ln x}$；

(7) $\lim\limits_{x \to \frac{\pi}{2}} \dfrac{\tan 3x}{\tan 7x}$；

(8) $\lim\limits_{x \to +\infty} \dfrac{\ln\left(1 + \dfrac{1}{x}\right)}{\operatorname{arccot} x}$；

(9) $\lim\limits_{x \to 0} \dfrac{\ln(1 + x^2)}{\sec x - \cos x}$；

(10) $\lim\limits_{x \to 0} x^2 e^{\frac{1}{x^2}}$；

(11) $\lim\limits_{x \to 0}(1 + \sin x)^{\frac{1}{x}}$；

(12) $\lim\limits_{x \to 0^+}\left(\ln \dfrac{1}{x}\right)^x$.

7. 确定下列函数的单调区间.

(1) $f(x) = 2x^3 - 9x^2 + 12x - 3$；

(2) $f(x) = 2x^3 - \ln x$.

8. 求下列函数的极值.

(1) $f(x) = x^3 - 3x^2 - 9x + 5$；

(2) $y = x + \sqrt{1 - x}$；

(3) $y = \dfrac{2x}{1 + x^2}$；

(4) $y = \dfrac{(\ln x)^2}{x}$.

9. 求下列函数的最值.

(1) $y = x^4 - 2x^2 + 5$，$[-2, 2]$；

(2) $y = x + \sqrt{1 - x}$，$[0, 1]$.

10. 假设某新公司建立时有员工 8 人，公司计划在今后 10 年内员工人数的增长函数模型为：$N(t) = 8\left(1 + \dfrac{160t}{16 + t^2}\right)$，$0 \leqslant t \leqslant 10$，其中 $N(t)$ 表示公司成立 t 年时的员工人数. 试

问公司在哪一年员工人数达到最大值？最大值是多少？

11. 做一个圆柱形锅炉，已知其容积为 V，两端面材料的每单位面积价格为 a 元，侧面材料的每单位面积价格为 b 元，问锅炉的直径与高的比等于多少时，造价最省？

12. 如图 3-15，设工厂 A 到铁路线的垂直距离为 20 千米处，垂足为 B，铁路线上距离 B 点 100 千米处有一原料供应站 C，现在要在铁路线 BC 之间某处 D 修建一个车站，再由车站 D 向工厂 A 修一条公路，问 D 应在何处才能使得从原料供应站 C 运货到工厂 A 所需运费最省？已知每千米的铁路运费与公路运费之比为 $3:5$.

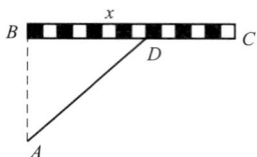

图 3-15

13. 求下列曲线的凹凸区间及拐点.

(1) $y=x\mathrm{e}^{-x}$；

(2) $y=(x+1)^4+\mathrm{e}^x$；

(3) $y=\ln(1+x^2)$；

(4) $y=\mathrm{e}^{\arctan x}$.

14. 求下列曲线的渐近线.

(1) $y=\dfrac{1}{(x+2)^3}$；

(2) $y=x^{\frac{2}{3}}(6-x)^{\frac{1}{3}}$.

15. 某产品的总成本函数和收入函数分别为 $C(Q)=100+5Q+2Q^2$，$R(Q)=200Q+Q^2$，其中 Q 为该产品的产量.

(1) 求该成本的边际成本、边际收益和边际利润函数；

(2) 已生产并销售 25 个单位产品，第 26 个单位产品会有多少利润？

第四章

不定积分

一元函数积分学是一元函数微积分学的另一个重要组成部分，不定积分可看成是微分的逆运算. 在第二章中，我们讨论了如何求一个函数的导数问题，但在实际问题中，常常会遇到相反的问题，即寻求一个可导函数，使它的导函数等于已知函数. 本章将从原函数概念入手，介绍不定积分的概念、性质及求不定积分的方法.

第一节　不定积分的概念与性质

一、问题引入

若已知一个函数的导数或微分，怎么求这个函数呢？看下面两个问题.

问题 1　如果已知物体的运动方程为 $s=f(t)$，则此物体的速度是距离 s 对时间 t 的导数. 反过来，如果已知物体运动的速度 v 是时间 t 的函数 $v=v(t)$，求物体的运动方程 $s=f(t)$，使它的导数 $f(t)$ 等于已知函数 $v(t)$. 这就是求导运算的逆运算问题.

问题 2　如果已知某产品的产量 P 是时间 t 的函数 $P=P(t)$，则该产品产量的变化率是产量对时间 t 的导数 $P=P(t)$. 反过来，如果已知某产量的变化率是时间 t 的函数 $P'(t)$，求该产品的产量函数 $P(t)$，这也是一个求导运算的逆运算问题.

二、原函数与不定积分的概念

定义 1　如果 $F(x)$ 和 $f(x)$ 均在区间 I 上有定义，且对任意 $x \in I$，都有
$$F'(x)=f(x) \left[\text{或 } \mathrm{d}F(x)=f(x)\mathrm{d}x \right]$$
则称函数 $F(x)$ 是 $f(x)$ 在区间 I 上的一个原函数.

例如，因 $(\sin x)'=\cos x$，故 $\sin x$ 是 $\cos x$ 的一个原函数.

又如 $(x^2)'=2x$，故 x^2 是 $2x$ 的一个原函数.

关于原函数，我们首先要考虑的问题是：一个函数具备什么条件，才能保证它的原函数一定存在？下面的定理回答了这个问题.

原函数存在定理　如果函数 $f(x)$ 在区间 I 上连续，那么在区间 I 上存在函数 $F(x)$，使得
$$F'(x)=f(x), \quad x \in I.$$

简言之就是：**连续函数一定有原函数**.

关于原函数还有如下两点结论.

（1）若函数 $F(x)$ 是函数 $f(x)$ 在区间 I 上的一个原函数，则 $f(x)$ 的所有原函数为 $F(x)+C$（C 为任意常数）.

（2）若 $F(x)$ 和 $G(x)$ 都是 $f(x)$ 在区间 I 上的原函数，则 $F(x)-G(x)=C$（C 为任意常数）.

证 （1）的结论是显然对的. 对于（2），因为 $F(x)$ 和 $G(x)$ 都是 $f(x)$ 在区间 I 上的原函数，而 $[F(x)-G(x)]'=F'(x)-G'(x)=f(x)-f(x)=0$，即 $[F(x)-G(x)]'=0$.

注意导数恒为零的函数必为常数，则得
$$F(x)-G(x)=C（C \text{ 为任意常数}）.$$

通过以上两点，我们得知：在原函数存在的情形下，原函数并不唯一，但不同原函数之间只相差一个常数. 显然，获得了一个原函数就找到了全部原函数. 由此我们引进下述定义.

定义 2 函数 $f(x)$ 在区间 I 上的原函数的全体称为 $f(x)$ ［或 $f(x)\mathrm{d}x$］在区间 I 上的不定积分，记作
$$\int f(x)\mathrm{d}x.$$

其中，记号"$\int$"称为**积分符号**，$f(x)$ 称为**被积函数**，$f(x)\mathrm{d}x$ 称为**被积表达式**，x 称为**积分变量**.

由此定义及前面的说明可知，如果 $F(x)$ 是 $f(x)$ 在区间 I 上的一个原函数，那么 $F(x)+C$（C 为任意常数）就是 $f(x)$ 的全部原函数，即
$$\int f(x)\mathrm{d}x=F(x)+C.$$

也称 $\int f(x)\mathrm{d}x$ 为 $f(x)$ 的所有原函数的一般表达式. 易知，求不定积分，只需求出一个原函数，即可获得全部原函数.

例 1 求下列不定积分.

（1） $\int \mathrm{e}^x \mathrm{d}x$；（2） $\int \dfrac{1}{1+x^2}\mathrm{d}x$；（3） $\int \dfrac{1}{x}\mathrm{d}x$.

解 （1）由于 $(\mathrm{e}^x)'=\mathrm{e}^x$，所以 e^x 是 e^x 的一个原函数，因此有
$$\int \mathrm{e}^x \mathrm{d}x=\mathrm{e}^x+C.$$

（2）由于 $(\arctan x)'=\dfrac{1}{1+x^2}$，所以 $\arctan x$ 是 $\dfrac{1}{1+x^2}$ 的一个原函数，因此有
$$\int \dfrac{1}{1+x^2}\mathrm{d}x=\arctan x+C.$$

（3）当 $x>0$ 时，由于 $(\ln x)'=\dfrac{1}{x}$，所以 $\ln x$ 是 $\dfrac{1}{x}$ 在 $(0,+\infty)$ 内的一个原函数，因此，在 $(0,+\infty)$ 内有
$$\int \dfrac{1}{x}\mathrm{d}x=\ln x+C.$$

当 $x<0$ 时，由于 $[\ln(-x)]'=-\dfrac{1}{x}\cdot(-1)=\dfrac{1}{x}$，所以 $\ln(-x)$ 是 $\dfrac{1}{x}$ 在 $(-\infty,0)$ 内

的一个原函数, 因此, 在 $(-\infty, 0)$ 内有

$$\int \frac{1}{x} \mathrm{d}x = \ln(-x) + C.$$

再把在 $x > 0$ 及 $x < 0$ 内的结果统一起来, 即可写成

$$\int \frac{1}{x} \mathrm{d}x = \ln|x| + C.$$

不定积分的几何意义: 设函数 $F(x)$ 是函数 $f(x)$ 的一个原函数, 则 $y = F(x)$ 的图形是平面直角坐标系中的一条曲线, 称为 $f(x)$ 的一条积分曲线. 也就是函数 $f(x)$ 的原函数的图形称为 $f(x)$ 的积分曲线. 而 $y = F(x) + C$ 的图形则是上述积分曲线沿着 y 轴方向任意平行移动得到 $f(x)$ 的无穷多条积分曲线, 称为 $f(x)$ 的积分曲线族. 不定积分的几何意义就是一个积分曲线族, 它的特点是: 各积分曲线在横坐标相同的点 x_0 处的切线斜率相等, 均为 $f(x_0)$, 即各切线相互平行.

例 2 设曲线通过点 $(2, 5)$, 且其上任一点处的切线斜率等于该点横坐标的两倍, 求此曲线方程.

解 设所求曲线方程为 $y = f(x)$, 据题意, 曲线上任一点 (x, y) 处的切线斜率 $\frac{\mathrm{d}y}{\mathrm{d}x} = 2x$, 即 $f'(x) = 2x$, 也即 $f(x)$ 是 $2x$ 的一个原函数, 故

$$y = f(x) = \int 2x \mathrm{d}x = x^2 + C$$

又因所求曲线通过点 $(2, 5)$, 则满足 $5 = f(2) = 2^2 + C$, 即 $5 = 4 + C$, 得 $C = 1$. 故所求曲线方程为

$$y = x^2 + 1.$$

由不定积分的定义, 可知求不定积分的运算与求导或求微分运算之间的关系.

$$\left[\int f(x) \mathrm{d}x\right]' = f(x) \text{ 或 } \mathrm{d}\left[\int f(x) \mathrm{d}x\right] = f(x) \mathrm{d}x,$$

即不定积分的导数等于被积函数.

$$\int F'(x) \mathrm{d}x = F(x) + C \text{ 或 } \int \mathrm{d}F(x) = F(x) + C,$$

即函数 $F(x)$ 的导数的不定积分等于函数族 $F(x) + C$.

由 $\int \mathrm{d}F(x) = F(x) + C$ 可以看出, 如果不计任意常数 C, 则积分符号 $\int$ 与微分符号 d 可以互相抵消, 即求导或微分运算与求不定积分的运算是互逆的.

三、不定积分的性质

性质 1 $\int kf(x) \mathrm{d}x = k \int f(x) \mathrm{d}x$ (k 是常数, $k \neq 0$).

证 将上式左、右端分别求导, 得

$$\left[\int kf(x) \mathrm{d}x\right]' = k\left[\int f(x) \mathrm{d}x\right]' = kf(x),$$

及

$$\left[\int kf(x) \mathrm{d}x\right]' = kf(x).$$

故 $\int kf(x)\mathrm{d}x$ 和 $k\int f(x)\mathrm{d}x$ 都是 $kf(x)$ 的原函数，而 $kf(x)$ 的所有原函数的一般表达式为 $\int kf(x)\mathrm{d}x$，所以有 $\int kf(x)\mathrm{d}x = k\int f(x)\mathrm{d}x$.

性质2 设函数 $f(x)$ 及 $g(x)$ 的原函数存在，则

$$\int [f(x)\mathrm{d}x \pm g(x)]\mathrm{d}x = \int f(x)\mathrm{d}x \pm \int g(x)\mathrm{d}x.$$

要证明这个等式，只需验证等式右端的导数等于左端的被积函数. 读者不难作出证明. 此性质可推广到任意有限多个函数代数和的情况.

四、基本积分表

因为积分运算是求导运算的逆运算，所以由基本求导公式对应地可以得到基本积分公式.

(1) $\int k\,\mathrm{d}x = kx + C$ （k 是常数）;

(2) $\int x^\mu\,\mathrm{d}x = \dfrac{x^{\mu+1}}{\mu+1} + C$ （$\mu \neq -1$）;

(3) $\int \dfrac{\mathrm{d}x}{x} = \ln |x| + C$;

(4) $\int a^x\,\mathrm{d}x = \dfrac{a^x}{\ln a} + C$ （$a > 0$，$a \neq 1$）;

(5) $\int \mathrm{e}^x\,\mathrm{d}x = \mathrm{e}^x + C$;

(6) $\int \dfrac{1}{1+x^2}\,\mathrm{d}x = \arctan x + C$;

(7) $\int \dfrac{1}{\sqrt{1-x^2}}\,\mathrm{d}x = \arcsin x + C$;

(8) $\int \cos x\,\mathrm{d}x = \sin x + C$;

(9) $\int \sin x\,\mathrm{d}x = -\cos x + C$;

(10) $\int \sec^2 x\,\mathrm{d}x = \tan x + C$;

(11) $\int \csc^2 x\,\mathrm{d}x = -\cot x + C$.

利用不定积分的性质和基本积分表，可以求一些简单函数的不定积分.

例3 求不定积分 $\int \sqrt[3]{x}\,\mathrm{d}x$.

解 由积分公式（2），得 $\mu = \dfrac{1}{3}$

$$\int \sqrt[3]{x}\,\mathrm{d}x = \int x^{\frac{1}{3}}\,\mathrm{d}x = \frac{x^{\frac{1}{3}+1}}{\frac{1}{3}+1} + C = \frac{3}{4}x^{\frac{4}{3}} + C.$$

例4 求不定积分 $\int \left(3\sin x - \dfrac{3}{x} + \sqrt{x}\right)\mathrm{d}x$.

解 由积分公式（2）、公式（3）、公式（9）得

$$\int \left(3\sin x - \frac{3}{x} + \sqrt{x}\right)\mathrm{d}x = 3\int \sin x\,\mathrm{d}x - 3\int \frac{1}{x}\,\mathrm{d}x + \int x^{\frac{1}{2}}\,\mathrm{d}x$$

$$= -3\cos x - 3\ln |x| + \frac{2}{3}x^{\frac{3}{2}} + C.$$

例5 求不定积分 $\int 5^x \mathrm{e}^x\,\mathrm{d}x$.

解 由积分公式（4）得

$$\int 5^x \mathrm{e}^x \,\mathrm{d}x = \int (5\mathrm{e})^x \,\mathrm{d}x = \frac{(5\mathrm{e})^x}{\ln(5\mathrm{e})} + C = \frac{5^x \,\mathrm{e}^x}{1 + \ln 5} + C.$$

例 6　求不定积分 $\displaystyle\int \tan^2 x \,\mathrm{d}x$.

解　由积分公式（10）得

$$\int \tan^2 x \,\mathrm{d}x = \int (\sec^2 x - 1) \,\mathrm{d}x = \int \sec^2 x \,\mathrm{d}x - \int \mathrm{d}x = \tan x - x + C.$$

例 7　求不定积分 $\displaystyle\int \frac{1 - \cos^2 x}{\sin^2 \dfrac{x}{2}} \,\mathrm{d}x$.

解
$$\int \frac{1 - \cos^2 x}{\sin^2 \dfrac{x}{2}} \,\mathrm{d}x = \int \frac{(1 - \cos x)(1 + \cos x)}{\dfrac{1}{2}(1 - \cos x)} \,\mathrm{d}x$$

$$= 2 \int (1 + \cos x) \,\mathrm{d}x = 2(x + \sin x) + C.$$

例 8　求不定积分 $\displaystyle\int \frac{x^4}{1 + x^2} \,\mathrm{d}x$.

解
$$\int \frac{x^4}{1 + x^2} \,\mathrm{d}x = \int \frac{(x^4 - 1) + 1}{1 + x^2} \,\mathrm{d}x = \int \frac{(x^2 + 1)(x^2 - 1) + 1}{1 + x^2} \,\mathrm{d}x$$

$$= \int (x^2 - 1) \,\mathrm{d}x + \int \frac{\mathrm{d}x}{1 + x^2}$$

$$= \frac{1}{3} x^3 - x + \arctan x + C.$$

例 9　设某种产品的月边际成本函数为 $MC = x + 2$，产品的月固定成本为 50 元．试求月成本函数.

解　总成本函数为 $C(x) = \displaystyle\int (x + 2) \,\mathrm{d}x = \frac{1}{2} x^2 + 2x + C$. 将 $C(0) = 50$

代入上式得 $C = 50$. 故产品的月总成本函数为 $C(x) = \dfrac{1}{2} x^2 + 2x + 50$.

习题 4-1

1. 若 $F'(x) = f(x)$，则 $\displaystyle\int 2f(x) \,\mathrm{d}x = $ _____ .

2. 若函数 $x \ln x$ 是函数 $f(x)$ 的一个原函数，则 $\displaystyle\int f(x) \,\mathrm{d}x = $ _____ .

3. 若函数 $f(x)$ 的一个原函数是函数 $F(x) = \mathrm{e}^{-x}$，则 $\left[\displaystyle\int f(x) \,\mathrm{d}x \right]' = $ _____ .

4. 若函数 $\sin^2 x$ 是函数 $f(x)$ 的一个原函数，则 $f(x) = $ _____ .

5. $\left(\displaystyle\int 3\arctan x \,\mathrm{d}x \right)' = $ _____ ；　$\mathrm{d}\left(\displaystyle\int \cos x \,\mathrm{d}x \right) = $ _____ .

6. $\displaystyle\int \mathrm{d}\cos x = $ _____ ；　$\displaystyle\int (\mathrm{e}^x - \sec x) \,\mathrm{d}x = $ _____ .

7. 函数 $\dfrac{1}{\sqrt{1 - x^2}}$ 的所有原函数为 _____ .

8. $\displaystyle\int 3\sin\frac{\pi}{3}\mathrm{d}x=$ _____.

9. 求下列不定积分.

(1) $\displaystyle\int 2x^2\,\mathrm{d}x$；

(2) $\displaystyle\int\frac{1}{\sqrt[3]{x^2}}\,\mathrm{d}x$；

(3) $\displaystyle\int(3^x+x^2)\,\mathrm{d}x$；

(4) $\displaystyle\int\frac{1}{x^2\cdot\sqrt[3]{x^2}}\,\mathrm{d}x$；

(5) $\displaystyle\int\frac{1}{x^2(1+x^2)}\,\mathrm{d}x$；

(6) $\displaystyle\int\mathrm{d}\tan x$；

(7) $\displaystyle\int\sin^2\frac{x}{2}\,\mathrm{d}x$；

(8) $\displaystyle\int\frac{1}{1+\cos 2x}\,\mathrm{d}x$；

(9) $\displaystyle\int\frac{(x-1)^3}{x^2}\,\mathrm{d}x$.

第二节　不定积分的换元积分法

利用基本积分表与不定积分的性质，所能计算的不定积分是非常有限的. 因此，有必要进一步研究不定积分的计算方法. 本节主要介绍两类换元积分法.

一、第一类换元积分法

把复合函数的微分法反过来用于不定积分，需要进行中间变量的代换，这样得到的复合函数积分法，称为换元积分法，也称为第一类换元积分法. 关键在于都是利用微分运算凑成基本积分公式中所具有的形式，通常这个方法被称为所谓的"凑微分法".

定理　设 $f(u)$ 具有原函数 $F(u)$，$u=\varphi(x)$ 可导，则有换元公式

$$\int f[\varphi(x)]\varphi'(x)\mathrm{d}x=\int f[\varphi(x)]\mathrm{d}[\varphi(x)]=\int f(u)\mathrm{d}u=F(u)+C=F[\varphi(x)]+C.$$

证　设 $F(u)$ 为 $f(u)$ 的原函数，则 $\mathrm{d}F(u)=f(u)\mathrm{d}u$. 而 $u=\varphi(x)$ 可导，由复合函数求导公式，有 $\{F[\varphi(x)]+C\}'=\{F[\varphi(x)]\}'=F'(u)\varphi'(x)=f(u)\varphi'(x)=f[\varphi(x)]\varphi'(x)$. 即 $F[\varphi(x)]+C$ 为 $f[\varphi(x)]\varphi'(x)$ 的原函数. 证毕.

注意　使用这个定理计算不定积分的关键在于，能否将 $\int g(x)\mathrm{d}x$ 化为 $\int f[\varphi(x)]\varphi'(x)\mathrm{d}x$.

例1　求不定积分 $\displaystyle\int\frac{1}{2+4x}\mathrm{d}x$.

解　$\displaystyle\int\frac{1}{2+4x}\mathrm{d}x=\frac{1}{4}\int\frac{1}{2+4x}\mathrm{d}(4x)=\frac{1}{4}\int\frac{1}{2+4x}\mathrm{d}(2+4x)$

令 $u=2+4x$，则

$$\int\frac{1}{2+4x}\mathrm{d}x=\frac{1}{4}\int\frac{1}{u}\mathrm{d}u=\frac{1}{4}\ln|u|+C=\frac{1}{4}\ln|2+4x|+C.$$

方法熟练后，不必把换元和回代过程写出来，而是直接计算下去，可以简化过程. 即

$$\int\frac{1}{2+4x}\mathrm{d}x=\frac{1}{4}\int\frac{1}{2+4x}\mathrm{d}(2+4x)=\frac{1}{4}\ln|2+4x|+C.$$

例2　求下列不定积分.

(1) $\displaystyle\int(6x-2)^{25}\mathrm{d}x$；　(2) $\displaystyle\int\csc^2(4-3x)\mathrm{d}x$；　(3) $\displaystyle\int\frac{x^3}{1+x}\mathrm{d}x$.

解　(1) $\displaystyle\int(6x-2)^{25}\mathrm{d}x=\frac{1}{6}\int(6x-2)^{25}\mathrm{d}(6x-2)$

$$= \frac{1}{6} \cdot \frac{1}{26}(6x-2)^{26} + C = \frac{1}{156}(6x-2)^{26} + C.$$

(2) $\displaystyle\int \csc^2(4-3x)\mathrm{d}x = -\frac{1}{3}\int \csc^2(4-3x)\mathrm{d}(4-3x)$

$$= -\frac{1}{3} \cdot [-\cot(4-3x)] + C = \frac{1}{3}\cot(4-3x) + C.$$

(3) $\displaystyle\int \frac{x^3}{1+x}\mathrm{d}x = \int \frac{(x^3+1)-1}{x+1}\mathrm{d}x = \int \left(x^2-x+1-\frac{1}{x+1}\right)\mathrm{d}x$

$$= \int (x^2-x+1)\mathrm{d}x - \int \frac{1}{x+1}\mathrm{d}(x+1) = \frac{1}{3}x^3 - \frac{1}{2}x^2 + x - \ln|x+1| + C.$$

注意 求形如 $\displaystyle\int f(ax+b)\mathrm{d}x$ 的不定积分，可用凑微分 $\mathrm{d}x = \dfrac{1}{a}\mathrm{d}(ax+b)$ 的方法，即：

$$\int f(ax+b)\mathrm{d}x \xeq{\mathrm{d}x=\frac{1}{a}\mathrm{d}(ax+b)} \frac{1}{a}\int f(ax+b)\mathrm{d}(ax+b) \xeq{用公式} \frac{1}{a}F(ax+b)+C.$$

例 3 求下列不定积分.

(1) $\displaystyle\int \frac{2x}{1+x^2}\mathrm{d}x$; (2) $\displaystyle\int \frac{x}{\sqrt{2-3x^2}}\mathrm{d}x$; (3) $\displaystyle\int x\sqrt{2x^2-2}\,\mathrm{d}x$.

解 (1) $\displaystyle\int \frac{2x}{1+x^2}\mathrm{d}x = \int \frac{\mathrm{d}(x^2)}{1+x^2} = \int \frac{\mathrm{d}(x^2+1)}{1+x^2} = \ln(1+x^2) + C.$

(2) $\displaystyle\int \frac{x}{\sqrt{2-3x^2}}\mathrm{d}x = \frac{1}{2}\int \frac{\mathrm{d}(x^2)}{\sqrt{2-3x^2}} = -\frac{1}{2} \cdot \frac{1}{3}\int \frac{\mathrm{d}(2-3x^2)}{\sqrt{2-3x^2}}$

$$= -\frac{1}{6} \cdot 2\sqrt{2-3x^2} + C = -\frac{1}{3}\sqrt{2-3x^2} + C.$$

(3) $\displaystyle\int x\sqrt{2x^2-2}\,\mathrm{d}x = \frac{1}{4}\int (2x^2-2)^{\frac{1}{2}}\mathrm{d}(2x^2-2) = \frac{1}{6}(2x^2-2)^{\frac{3}{2}} + C.$

例 4 求下列不定积分.

(1) $\displaystyle\int \sin^2 x\,\mathrm{d}x$; (2) $\displaystyle\int \sin^3 x\,\mathrm{d}x$.

解 (1) $\displaystyle\int \sin^2 x\,\mathrm{d}x = \frac{1}{2}\int (1-\cos 2x)\mathrm{d}x = \frac{1}{2}\int \mathrm{d}x - \frac{1}{2}\int \cos 2x\,\mathrm{d}x$

$$= \frac{1}{2}x - \frac{1}{4}\int \cos 2x\,\mathrm{d}(2x) = \frac{1}{2}x - \frac{1}{4}\sin 2x + C.$$

(2) $\displaystyle\int \sin^3 x\,\mathrm{d}x = \int \sin^2 x \cdot \sin x\,\mathrm{d}x = -\int \sin^2 x\,\mathrm{d}\cos x = -\int (1-\cos^2 x)\mathrm{d}\cos x$

$$= -\int \mathrm{d}\cos x + \int \cos^2 x\,\mathrm{d}\cos x = -\cos x + \frac{1}{3}\cos^3 x + C.$$

例 5 求不定积分 $\displaystyle\int \sin x\cos x\,\mathrm{d}x$.

解 $\displaystyle\int \sin x\cos x\,\mathrm{d}x = \int \sin x\,\mathrm{d}\sin x = \frac{1}{2}\sin^2 x + C.$

例 6 求下列不定积分.

(1) $\displaystyle\int \cot x\,\mathrm{d}x$; (2) $\displaystyle\int \sec x\,\mathrm{d}x$.

解 (1) $\int \cot x \, dx = \int \dfrac{\cos x}{\sin x} dx = \int \dfrac{1}{\sin x} d\sin x = \ln |\sin x| + C = -\ln |\csc x| + C.$

(2) $\int \sec x \, dx = \int \dfrac{\sec x (\sec x + \tan x)}{\sec x + \tan x} dx = \int \dfrac{\sec^2 x + \sec x \tan x}{\sec x + \tan x} dx$

$$= \int \dfrac{d(\sec x + \tan x)}{\sec x + \tan x} = \ln |\sec x + \tan x| + C.$$

同理可得：$\int \tan x \, dx = \ln |\sec x| + C$，$\int \csc x \, dx = -\ln |\csc x + \cot x| + C.$

例 7 求下列不定积分.

(1) $\displaystyle\int \dfrac{dx}{\sqrt{a^2 - x^2}} (a > 0)$；(2) $\displaystyle\int \dfrac{dx}{a^2 + x^2} (a > 0)$；(3) $\displaystyle\int \dfrac{1}{a^2 - x^2} dx (a > 0).$

解 (1) $\displaystyle\int \dfrac{dx}{\sqrt{a^2 - x^2}} = \int \dfrac{dx}{\sqrt{a^2 \left(1 - \dfrac{x^2}{a^2}\right)}} = \dfrac{1}{a} \int \dfrac{dx}{\sqrt{1 - \left(\dfrac{x}{a}\right)^2}} = \int \dfrac{d\dfrac{x}{a}}{\sqrt{1 - \left(\dfrac{x}{a}\right)^2}} = \arcsin \dfrac{x}{a} + C.$

(2) $\displaystyle\int \dfrac{dx}{a^2 + x^2} = \int \dfrac{dx}{a^2 \left(1 + \dfrac{x^2}{a^2}\right)} = \dfrac{1}{a^2} \int \dfrac{dx}{1 + \left(\dfrac{x}{a}\right)^2} = \dfrac{1}{a} \int \dfrac{d\dfrac{x}{a}}{1 + \left(\dfrac{x}{a}\right)^2} = \dfrac{1}{a} \arctan \dfrac{x}{a} + C.$

(3) $\displaystyle\int \dfrac{1}{a^2 - x^2} dx = \int \dfrac{1}{(a + x)(a - x)} dx = \dfrac{1}{2a} \int \dfrac{(a + x) + (a - x)}{(a + x)(a - x)} dx$

$$= \dfrac{1}{2a} \int \left(\dfrac{1}{a + x} + \dfrac{1}{a - x}\right) dx = \dfrac{1}{2a} \left(\int \dfrac{1}{a + x} dx + \int \dfrac{1}{a - x} dx\right)$$

$$= \dfrac{1}{2a} \left[\int \dfrac{1}{a + x} d(a + x) - \int \dfrac{1}{a - x} d(a - x)\right]$$

$$= \dfrac{1}{2a} (\ln |a + x| - \ln |a - x|) + C = \dfrac{1}{2a} \ln \left|\dfrac{a + x}{a - x}\right| + C.$$

例 8 求不定积分 $\int \tan x \, dx.$

解 $\displaystyle\int \tan x \, dx = \int \dfrac{\sin x}{\cos x} dx = -\int \dfrac{1}{\cos x} d(\cos x) = -\ln |\cos x| + C.$

类似可得：$\int \cot x \, dx = \ln |\sin x| + C.$

常见的凑微分有：

(1) $x \, dx = \dfrac{1}{2} d(x^2)$；

(2) $\dfrac{1}{x} dx = d(\ln |x|)$；

(3) $\dfrac{1}{\sqrt{x}} dx = 2d(\sqrt{x})$；

(4) $x^n \, dx = \dfrac{1}{n+1} d(x^{n+1}) (n \neq -1)$；

(5) $\sin x \, dx = -d(\cos x)$；

(6) $\cos x \, dx = d(\sin x)$；

(7) $\sec^2 x \, dx = d(\tan x)$；

(8) $\csc^2 x \, dx = -d(\cot x)$；

(9) $\sec x \tan x \, dx = d(\sec x)$；

(10) $\csc x \cot x \, dx = -d(\csc x)$；

(11) $e^x \, dx = d(e^x)$；

(12) $\dfrac{1}{\sqrt{1 - x^2}} dx = d(\arcsin x)$；

(13) $\dfrac{1}{1+x^2}\mathrm{d}x=\mathrm{d}(\arctan x)$；　　(14) $\dfrac{x}{\sqrt{1+x^2}}\mathrm{d}x=\mathrm{d}(\sqrt{1+x^2})$；

(15) $\dfrac{x}{\sqrt{1-x^2}}\mathrm{d}x=-\mathrm{d}(\sqrt{1-x^2})$.

二、第二类换元积分法

如果积分 $\displaystyle\int f(x)\mathrm{d}x$ 不易计算，可引入新的积分变量 t. 设 $x=\varphi(t)$ 单调可微，则将原

积分转化为 $\displaystyle\int f[\varphi(t)]\varphi'(t)\mathrm{d}t$，此过程可表示为：

$$\int f(x)\mathrm{d}x\xlongequal[\mathrm{d}x=\varphi'(t)\mathrm{d}t]{x=\varphi(t)}\int f[\varphi(t)]\varphi'(t)\mathrm{d}t\xlongequal{\text{化简}}\int g(t)\mathrm{d}t\xlongequal{\text{积分}}G(t)+C\xlongequal[t=\varphi^{-1}(x)]{\text{回代}}G[\varphi^{-1}(x)]+C.$$

这种求不定积分的方法称为**第二类换元积分法**.

例 9　求不定积分 $\displaystyle\int\dfrac{\mathrm{d}x}{\sqrt{2x+1}-1}$.

解　令 $\sqrt{2x+1}=t$，则 $x=\dfrac{t^2-1}{2}$，$\mathrm{d}x=t\,\mathrm{d}t$.

$$\int\dfrac{\mathrm{d}x}{\sqrt{2x+1}-1}=\int\dfrac{t}{t-1}\mathrm{d}t=\int\dfrac{(t-1)+1}{t-1}\mathrm{d}t=\int\left(1+\dfrac{1}{t-1}\right)\mathrm{d}t$$

$$=t+\ln|t-1|+C=\sqrt{2x+1}+\ln\left|\sqrt{2x+1}-1\right|+C.$$

例 10　求不定积分 $\displaystyle\int\dfrac{\mathrm{d}x}{\sqrt{x}+\sqrt[3]{x}}$.

解　令 $\sqrt[6]{x}=t$，则 $x=t^6$，$\mathrm{d}x=6t^5\mathrm{d}t$.

$$\int\dfrac{\mathrm{d}x}{\sqrt{x}+\sqrt[3]{x}}=\int\dfrac{6t^5}{t^3+t^2}\mathrm{d}t=6\int\dfrac{t^3}{t+1}\mathrm{d}t=6\int\dfrac{(t^3+1)-1}{t+1}\mathrm{d}t$$

$$=6\int\left(t^2-t+1-\dfrac{1}{t+1}\right)\mathrm{d}t=2t^3-3t^2+6t-6\ln|t+1|+C$$

$$=2\sqrt{x}-3\sqrt[3]{x}+6\sqrt[6]{x}-6\ln\left|\sqrt[6]{x}+1\right|+C.$$

如果被积函数中含有根式 $\sqrt{a^2-x^2}$ 或 $\sqrt{x^2\pm a^2}$，那么可以利用三角恒等式中的平方关系 $\sin^2 x+\cos^2 x=1$ 或 $1+\tan^2 x=\sec^2 x$ 进行代换.

例 11　求不定积分 $\displaystyle\int\sqrt{a^2-x^2}\,\mathrm{d}x\,(a>0)$.

解　利用三角恒等式 $\sin^2 t+\cos^2 t=1$，令 $x=a\sin t\left(-\dfrac{\pi}{2}<t<\dfrac{\pi}{2}\right)$，

则 $\sqrt{a^2-x^2}=a\cos t$，$\mathrm{d}x=a\cos t\,\mathrm{d}t$. 所以

$$\int\sqrt{a^2-x^2}\,\mathrm{d}x=a^2\int\cos^2 t\,\mathrm{d}t=\dfrac{a^2}{2}\int(1+\cos 2t)\mathrm{d}t=\dfrac{a^2}{2}\left(t+\dfrac{1}{2}\sin 2t\right)+C.$$

作一个锐角为 t 的直角三角形，如图 4-1 所示.

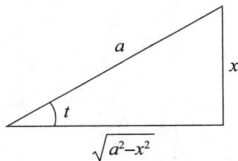

图 4-1

$\sin t\Rightarrow\sin t=\dfrac{x}{a}$，故而 $t=\arcsin\dfrac{x}{a}$，$\cos t=\dfrac{\sqrt{a^2-x^2}}{a}$，

$$\sin 2t = 2\sin t\cos t = 2 \cdot \frac{x}{a^2} \cdot \sqrt{a^2 - x^2}.$$

所以 $\displaystyle\int \sqrt{a^2 - x^2}\,\mathrm{d}x = \frac{a^2}{2}\arcsin\frac{x}{a} + \frac{x}{2}\sqrt{a^2 - x^2} + C.$

例 12 求不定积分 $\displaystyle\int \frac{1}{\sqrt{x^2 - a^2}}\,\mathrm{d}x\,(a>0).$

解 利用三角恒等式 $\sec^2 t - 1 = \tan^2 t$，令 $x = a\sec t\left(0<t<\dfrac{\pi}{2}\right)$，

则 $\sqrt{x^2 - a^2} = a\tan t$，$\mathrm{d}x = a\sec t\tan t\,\mathrm{d}t.$ 所以

$$\int \frac{1}{\sqrt{x^2 - a^2}}\,\mathrm{d}x = \int \frac{1}{a\tan t} \cdot a\sec t\tan t\,\mathrm{d}t = \int \sec t\,\mathrm{d}t = \ln|\sec t + \tan t| + C_1.$$

由 $x = a\sec t$ 作一个锐角为 t 的直角三角形，如图 4-2 所示.

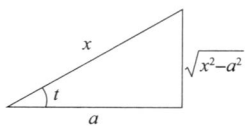

所以，$\sec t = \dfrac{x}{a}$，$\cos t = \dfrac{a}{x}$，$\tan t = \dfrac{\sqrt{x^2 - a^2}}{a}$，因此

图 4-2

$$\int \frac{1}{\sqrt{x^2 - a^2}}\,\mathrm{d}x = \ln\left|\frac{x}{a} + \frac{\sqrt{x^2 - a^2}}{a}\right| + C_1 = \ln\left|x + \sqrt{x^2 - a^2}\right| + C.$$

类似地，利用三角代换可得 $\displaystyle\int \frac{1}{\sqrt{x^2 + a^2}}\,\mathrm{d}x = \ln\left|x + \sqrt{x^2 + a^2}\right| + C.$

一般地，当被积函数中含有根式 $\sqrt{x^2 - a^2}$ 或 $\sqrt{x^2 \pm a^2}$ 时，可作如下代换：

(1) 含有 $\sqrt{a^2 - x^2}$ 时，令 $x = a\sin t$，$t \in \left[0, \dfrac{\pi}{2}\right]$；

(2) 含有 $\sqrt{x^2 + a^2}$ 时，令 $x = a\tan t$，$t \in \left(0, \dfrac{\pi}{2}\right)$；

(3) 含有 $\sqrt{x^2 - a^2}$ 时，令 $x = a\sec t$，$t \in \left(0, \dfrac{\pi}{2}\right)$.

通常称以上三种形式的换元方法为**三角代换法**.

本节的例题中，有几个积分结果以后可能会经常遇到，故也可以把它们当作积分公式使用. 这样，常用的积分公式，除了基本积分表之外，再添加下面几个基本积分公式，以作为基本积分表的补充（假设下面公式中出现的常数 $a>0$）：

(1) $\displaystyle\int \tan x\,\mathrm{d}x = -\ln|\cos x| + C$；   (2) $\displaystyle\int \cot x\,\mathrm{d}x = \ln|\sin x| + C$；

(3) $\displaystyle\int \sec x\,\mathrm{d}x = \ln|\sec x + \tan x| + C$；   (4) $\displaystyle\int \csc x\,\mathrm{d}x = \ln|\csc x - \cot x| + C$；

(5) $\displaystyle\int \frac{1}{a^2 + x^2}\,\mathrm{d}x = \frac{1}{a}\arctan\frac{x}{a} + C$；   (6) $\displaystyle\int \frac{1}{x^2 - a^2}\,\mathrm{d}x = \frac{1}{2a}\ln\left|\frac{x-a}{x+a}\right| + C$；

(7) $\displaystyle\int \frac{1}{a^2 - x^2}\,\mathrm{d}x = \frac{1}{2a}\ln\left|\frac{a+x}{a-x}\right| + C$；   (8) $\displaystyle\int \frac{1}{\sqrt{a^2 - x^2}}\,\mathrm{d}x = \arcsin\frac{x}{a} + C$；

(9) $\displaystyle\int \frac{1}{\sqrt{x^2 \pm a^2}}\,\mathrm{d}x = \ln\left|x + \sqrt{x^2 \pm a^2}\right| + C.$

对某些不定积分，有时经过等价变形后，可以直接利用上述积分公式求得积分结果.

习题 4-2

1. 给下列各式括号内填入适当的常数，使等式成立.

(1) $\mathrm{d}x = \underline{\hspace{2cm}} \mathrm{d}(3x)$;

(2) $\mathrm{d}x = \underline{\hspace{2cm}} \mathrm{d}(3x-6)$;

(3) $x^3\mathrm{d}x = \underline{\hspace{2cm}} \mathrm{d}(x^4)$;

(4) $\mathrm{e}^{5x}\mathrm{d}x = \underline{\hspace{2cm}} \mathrm{d}(\mathrm{e}^{5x})$;

(5) $x^4\mathrm{d}x = \underline{\hspace{2cm}} \mathrm{d}(4x^5-2)$;

(6) $\sin\dfrac{2x}{3}\mathrm{d}x = \underline{\hspace{2cm}} \mathrm{d}\left(\cos\dfrac{2x}{3}\right)$.

2. 求下列不定积分.

(1) $\displaystyle\int \sin\dfrac{x}{3}\mathrm{d}x$;

(2) $\displaystyle\int (4x-1)^4\mathrm{d}x$;

(3) $\displaystyle\int \left(\dfrac{x}{2}+4\right)^{100}\mathrm{d}x$;

(4) $\displaystyle\int \dfrac{\mathrm{d}x}{6-3x}$;

(5) $\displaystyle\int \dfrac{\mathrm{d}x}{\sqrt[3]{1+3x}}$;

(6) $\displaystyle\int \dfrac{x}{\sqrt{1-2x^2}}\mathrm{d}x$;

(7) $\displaystyle\int x\,\mathrm{e}^{-\frac{x^2}{2}}\mathrm{d}x$;

(8) $\displaystyle\int \mathrm{e}^{-4x}\mathrm{d}x$;

(9) $\displaystyle\int \pi\mathrm{e}^{-\frac{\pi x}{4}}\mathrm{d}x$;

(10) $\displaystyle\int \dfrac{\mathrm{d}x}{x\ln^2 x}$;

(11) $\displaystyle\int \dfrac{\mathrm{d}x}{x(1+2\ln x)}$;

(12) $\displaystyle\int \dfrac{\tan\sqrt{x}}{\sqrt{x}}\mathrm{d}x$;

(13) $\displaystyle\int \dfrac{1}{x^2}\cos\dfrac{2}{x}\mathrm{d}x$;

(14) $\displaystyle\int \sin x\cos x\,\mathrm{d}x$.

3. 求下列不定积分.

(1) $\displaystyle\int \dfrac{\mathrm{d}x}{1+\sqrt[3]{x}}$;

(2) $\displaystyle\int \dfrac{\mathrm{d}x}{\sqrt[3]{5+3x}}$;

(3) $\displaystyle\int x\sqrt{x-4}\,\mathrm{d}x$;

(4) $\displaystyle\int \dfrac{\mathrm{d}x}{\sqrt{x}+\sqrt[4]{x}}$;

(5) $\displaystyle\int \dfrac{\mathrm{d}x}{\sqrt{1+\mathrm{e}^x}}$;

(6) $\displaystyle\int \dfrac{\ln x}{x\sqrt{1+\ln x}}\mathrm{d}x$;

(7) $\displaystyle\int \sqrt{4-x^2}\,\mathrm{d}x$;

(8) $\displaystyle\int \sqrt{x^2-9}\,\mathrm{d}x$.

第三节 不定积分的分部积分法

利用换元积分法可以求许多函数的不定积分，然而，还是有许多不定积分，如 $\displaystyle\int \ln x\,\mathrm{d}x$，$\displaystyle\int x\sin x\,\mathrm{d}x$，$\displaystyle\int \mathrm{e}^x\sin x\,\mathrm{d}x$ 等，不能直接或利用换元积分法计算出结果，要求解诸如此类的不定积分，需要用到求不定积分的另外一种有效方法，这就是分部积分法，其理论基础来自函数乘积的微分公式.

设函数 $u=u(x)$ 和 $v=v(x)$ 具有连续导数，由函数乘积的微分公式，有

$$d(uv) = v\,du + u\,dv,$$

移项可得 $\quad\quad\quad\quad\quad\quad\quad\quad u\,dv = d(uv) - v\,du,$

两边同时积分得 $\quad\quad\quad\quad\quad\displaystyle\int u\,dv = uv - \int v\,du.$

上述公式称为**分部积分公式**，利用该公式求不定积分的方法称为**分部积分法**.

使用分部积分法求不定积分 $\displaystyle\int f(x)\,dx$ 的一般步骤如下.

（1）凑微分：把被积函数 $f(x)$ 中适当的部分与 dx 凑成微分 dv.

（2）代入公式 $\displaystyle\int u\,dv = uv - \int v\,du$（使 $\displaystyle\int v\,du$ 比 $\displaystyle\int u\,dv$ 更简单易求）.

（3）计算不定积分 $\displaystyle\int v\,du$.

例 1 求 $\displaystyle\int x\,\mathrm{e}^x\,dx$.

解 令 $u = x$，$dv = \mathrm{e}^x\,dx$，则有 $du = dx$，$dv = \mathrm{e}^x\,dx = d(\mathrm{e}^x)$，$v = \mathrm{e}^x$，所以

$$\int x\,\mathrm{e}^x\,dx = \int x\,d\mathrm{e}^x = x\,\mathrm{e}^x - \int \mathrm{e}^x\,dx = x\,\mathrm{e}^x - \mathrm{e}^x + C.$$

例 2 求 $\displaystyle\int x\cos x\,dx$.

解 令 $u = x$，$dv = \cos x\,dx$，则有 $du = dx$，$dv = \cos x\,dx = d(\sin x)$，$v = \sin x$，所以

$$\int x\cos x\,dx = \int x\,d\sin x = x\sin x - \int \sin x\,dx = x\sin x + \cos x + C.$$

注意 使用分部积分公式时，若被积函数是幂函数和正（余）弦函数的乘积，则可以用正（余）弦函数去凑微分；若被积函数是幂函数和指数函数的乘积，则可以用指数函数去凑微分.

例 3 求 $\displaystyle\int x\arctan x\,dx$.

解 令 $u = \arctan x$，$dv = x\,dx$，则有

$$du = d(\arctan x) = \frac{1}{1+x^2},\quad dv = x\,dx = d\left(\frac{x^2}{2}\right),\quad v = \frac{x^2}{2},\quad \text{故}$$

$$\begin{aligned}
\int x\arctan x\,dx &= \int \arctan x\,d\left(\frac{x^2}{2}\right) = \frac{1}{2}x^2\arctan x - \frac{1}{2}\int \frac{x^2}{1+x^2}\,dx \\
&= \frac{1}{2}x^2\arctan x - \frac{1}{2}\int\left(1 - \frac{1}{1+x^2}\right)dx \\
&= \frac{1}{2}(x^2+1)\cdot\arctan x - \frac{1}{2}x + C.
\end{aligned}$$

例 4 求 $\displaystyle\int x\ln x\,dx$.

解 令 $u = \ln x$，$dv = x\,dx$，则有 $du = d(\ln x) = \dfrac{1}{x}\,dx$，$dv = x\,dx = d\left(\dfrac{x^2}{2}\right)$，$v = \dfrac{x^2}{2}$，所以

$$\int x\ln x\,dx = \frac{1}{2}x^2\ln x - \frac{1}{2}\int x\,dx = \frac{1}{2}x^2\ln x - \frac{1}{4}x^2 + C.$$

注意 使用分部积分公式时，若被积函数是幂函数和对数函数的乘积，或者是幂函数和反三角函数的乘积，则都可以用幂函数去凑微分.

例 5　求 $\int e^x \cos x \, dx$.

解　$I = \int e^x \cos x \, dx = \int \cos x \, de^x = e^x \cos x - \int e^x \, d\cos x$

$\qquad\qquad = e^x \cos x + \int e^x \sin x \, dx$

$\qquad\qquad = e^x \cos x + \int \sin x \, de^x = e^x \cos x + \left(e^x \sin x - \int e^x \, d\sin x \right)$

$\qquad\qquad = e^x \cos x + e^x \sin x - \int e^x \cos x \, dx$,

即 $\qquad\qquad\qquad I = e^x \cos x + e^x \sin x - \int e^x \cos x \, dx$

$\qquad\qquad\qquad\quad = e^x \cos x + e^x \sin x - I$,

故有 $\qquad\qquad\quad 2I = e^x \cos x + e^x \sin x$,

即

$$\int e^x \cos x \, dx = I = \frac{e^x}{2}(\sin x + \cos x) + C.$$

例 6　求 $\int e^{\sqrt{x}} \, dx$.

解　设 $\sqrt{x} = t$, $x = t^2$, 则 $dx = 2t \, dt$, 于是

$$\int e^{\sqrt{x}} \, dx = 2\int t e^t \, dt = 2\int t \, de^t = 2t e^t - 2\int e^t \, dt = 2t e^t - 2e^t + C$$

$$= 2\sqrt{x}\, e^{\sqrt{x}} - 2e^{\sqrt{x}} + C.$$

习题 4-3

1. 填空题.

(1) 若 $\int x f(x) \, dx = x \sin x - \int \sin x \, dx$ 成立, 则 $f(x) = $ _____.

(2) 用分部积分法求 $\int \arctan x \, dx$ 时, 若令 $u = \arctan x$, 则 $v = $ _____.

(3) 用分部积分法求 $\int x \sec^2 x \, dx$ 时, $\int x \sec^2 x \, dx = \int x \, d$ _____.

(4) 用分部积分法求 $\int \frac{\ln x}{\sqrt{x}} \, dx$ 时, $\int \frac{\ln x}{\sqrt{x}} \, dx = 2\int \ln x \, d$ _____.

2. 计算下列不定积分.

(1) $\int x^2 e^{-x} \, dx$;　　　　　　　(2) $\int x^2 \ln x \, dx$;

(3) $\int \ln(1 + x^2) \, dx$;　　　　　(4) $\int \ln^2 x \, dx$;

(5) $\int x^2 \ln(x^2) \, dx$;　　　　　(6) $\int (x - 3)\sin x \, dx$;

(7) $\int \ln(x^2 + 2x + 3) \, dx$;　　(8) $\int x^2 \arctan x \, dx$;

(9) $\int x^2 \sin x \, dx$;　　　　　　(10) $\int e^{ax} \cos(bx) \, dx$.

*第四节　有理函数的不定积分

本节讨论有理函数的积分及可化为有理函数的积分，如三角函数有理式、简单无理函数的不定积分等.

一、有理函数的不定积分

所谓**有理函数**，是指两个多项式的商所表示的函数，又称为**有理分式**，具有以下形式：

$$\frac{P(x)}{Q(x)}=\frac{a_0x^n+a_1x^{n-1}+\cdots+a_{n-1}x+a_n}{b_0x^m+b_1x^{m-1}+\cdots+b_{m-1}x+b_m},\tag{4-1}$$

其中 m,n 都是非负整数；$a_0,a_1,\cdots,a_n$ 及 $b_0,b_1,\cdots,b_m$ 都是实数，且 $a_0\neq0,b_0\neq0$.

假定分子多项式 $P(x)$ 与分母多项式 $Q(x)$ 之间没有公因式，则当 $n<m$ 时，称式（4-1）为**真分式**；而当 $n\geqslant m$ 时，称式（4-1）为**假分式**.

由代数学的有关理论可知，任何一个假分式都可以表示成一个多项式和一个真分式之和的形式. 例如，

$$\frac{x^3+2x+1}{x^2+2}=x+\frac{1}{x^2+2}.$$

因此，为了求有理函数的积分，只需研究有理真分式的不定积分即可，而有理真分式总可以表示为下面四种类型的最简分式的代数和. 四种类型的最简分式分别为：

（1）$\dfrac{A}{x-a}$（a 为常数）；

（2）$\dfrac{A}{(x-a)^n}$（$n>1$ 为整数，a 为常数）；

（3）$\dfrac{Ax+B}{x^2+px+q}$（p,q 为常数，且 $p^2-4q<0$）；

（4）$\dfrac{Ax+B}{(x^2+px+q)^n}$（$p,q$ 为常数，且 $p^2-4q<0$，$n>1$ 为整数）.

一般地，常数 A,B 可用待定系数或赋值求得. 下面通过例题展示将真分式表示成若干个最简真分式之和的方法，此方法称为**待定系数法**.

例 1　试将有理分式 $\dfrac{x^2+5x+6}{(x-1)(x^2+2x+3)}$ 分解为部分简单分式之和.

解　该有理式可分解成

$$\frac{x^2+5x+6}{(x-1)(x^2+2x+3)}=\frac{A}{x-1}+\frac{Bx+C}{x^2+2x+3}.$$

其中 A,B,C 为待定常数. 两边消去分母并合并同类项，得

$$x^2+5x+6=(A+B)x^2+(2A-B+C)x+(3A-C).$$

比较 x 同次幂的系数，得方程组

$$\begin{cases}A+B=1\\2A-B+C=5,\\3A-C=6\end{cases}$$

解方程组，得 $A=2,B=-1,C=0$. 故

$$\frac{x^2+5x+6}{(x-1)(x^2+2x+3)}=\frac{2}{x-1}-\frac{x}{x^2+2x+3}.$$

例 2　求 $\displaystyle\int\frac{x+5}{2x^2-x-1}\mathrm{d}x$.

解　因为 $2x^2-x-1=(2x+1)(x-1)$，故可将被积函数表示成两个最简分式之和：

$$\frac{x+5}{2x^2-x-1}=\frac{A}{2x+1}+\frac{B}{x-1}.$$

其中 A,B 是待定的常数. 两边消去分母并合并同类项，得恒等式

$$x+5=A(x-1)+B(2x+1)=(A+2B)x+B-A.$$

比较等式两端 x 的系数及常数项，得方程组

$$\begin{cases}A+2B=1\\B-A=5\end{cases},$$

解方程组得 $A=-3,B=2$. 因此

$$\frac{x+5}{2x^2-x-1}=\frac{-3}{2x+1}+\frac{2}{x-1}.$$

所以

$$\int\frac{x+5}{2x^2-x-1}\mathrm{d}x=-3\int\frac{\mathrm{d}x}{2x+1}+2\int\frac{\mathrm{d}x}{x-1}=-\frac{3}{2}\ln|2x+1|+2\ln|x-1|+C.$$

例 3　求 $\displaystyle\int\frac{2x+2}{(x-1)(x^2+1)^2}\mathrm{d}x$.

解　由于 $\dfrac{2x+2}{(x-1)(x^2+1)^2}=\dfrac{1}{x-1}-\dfrac{x+1}{x^2+1}-\dfrac{2x}{(x^2+1)^2}$，所以

$$\int\frac{2x+2}{(x-1)(x^2+1)^2}\mathrm{d}x=\int\left[\frac{1}{x-1}-\frac{x+1}{x^2+1}-\frac{2x}{(x^2+1)^2}\right]\mathrm{d}x$$

$$=\int\frac{1}{x-1}\mathrm{d}x-\int\frac{x+1}{x^2+1}\mathrm{d}x-\int\frac{2x}{(x^2+1)^2}\mathrm{d}x$$

$$=\ln|x-1|-\int\frac{x}{x^2+1}\mathrm{d}x-\int\frac{1}{x^2+1}\mathrm{d}x-\int\frac{\mathrm{d}(x^2+1)}{(x^2+1)^2}$$

$$=\ln|x-1|-\frac{1}{2}\ln(x^2+1)-\arctan x+\frac{1}{x^2+1}+C$$

$$=\ln\frac{|x-1|}{\sqrt{x^2+1}}-\arctan x+\frac{1}{x^2+1}+C.$$

二、三角函数有理式的不定积分

由三角函数与常数经过有限次四则运算所构成的函数称为**三角函数有理式**. 由于各种三角函数都可以表示为 $\sin x,\cos x$ 的有理函数，故本节只讨论 $R(\sin x,\cos x)$ 型函数的不定积分，其基本思想是通过适当的变换，将三角函数有理式转化为有理函数的积分.

对于三角函数有理式的不定积分 $\int R(\sin x,\cos x)\mathrm{d}x$，由于

$$\sin x=\frac{2\tan\dfrac{x}{2}}{1+\tan^2\dfrac{x}{2}},\quad \cos x=\frac{1-\tan^2\dfrac{x}{2}}{1+\tan^2\dfrac{x}{2}},$$

所以，作变量代换，设 $t=\tan\dfrac{x}{2}$，则 $x=2\arctan t$，于是

$$\sin x=\frac{2t}{1+t^2},\quad \cos x=\frac{1-t^2}{1+t^2},\quad \mathrm{d}x=\frac{2}{1+t^2}\mathrm{d}t.$$

因此，

$$\int R(\sin x,\cos x)\mathrm{d}x=\int R\left(\frac{2t}{1+t^2},\frac{1-t^2}{1+t^2}\right)\frac{2}{1+t^2}\mathrm{d}t.$$

可见，总能把三角函数有理式的不定积分 $\int R(\sin x,\cos x)\mathrm{d}x$ 化为关于变量 t 的有理函数的不定积分，一般称变换 $t=\tan\dfrac{x}{2}$ 为**万能代换**.

例 4 求 $\displaystyle\int\frac{1}{1+\sin x+\cos x}\mathrm{d}x$.

解 设 $t=\tan\dfrac{x}{2}$，则 $\sin x=\dfrac{2t}{1+t^2}$，$\cos x=\dfrac{1-t^2}{1+t^2}$，$\mathrm{d}x=\dfrac{2}{1+t^2}\mathrm{d}t$. 因此

$$\begin{aligned}\int\frac{1}{1+\sin x+\cos x}\mathrm{d}x&=\int\frac{1}{1+\dfrac{2t}{1+t^2}+\dfrac{1-t^2}{1+t^2}}\cdot\frac{2}{1+t^2}\mathrm{d}t\\&=\int\frac{1}{1+t}\mathrm{d}t=\ln|1+t|+C\\&=\ln\left|1+\tan\frac{x}{2}\right|+C.\end{aligned}$$

例 5 求 $\displaystyle\int\frac{1}{\sin x(1+\cos x)}\mathrm{d}x$.

解 设 $t=\tan\dfrac{x}{2}$，则 $\sin x=\dfrac{2t}{1+t^2}$，$\cos x=\dfrac{1-t^2}{1+t^2}$，$\mathrm{d}x=\dfrac{2}{1+t^2}\mathrm{d}t$. 因此

$$\begin{aligned}\int\frac{1}{\sin x(1+\cos x)}\mathrm{d}x&=\int\frac{1}{2}\left(t+\frac{1}{t}\right)\mathrm{d}t=\frac{1}{4}t^2+\frac{1}{2}\ln|t|+C\\&=\frac{1}{4}\tan^2\frac{x}{2}+\frac{1}{2}\ln\left|\tan\frac{x}{2}\right|+C.\end{aligned}$$

值得注意的是，虽然三角函数有理式的不定积分可转化为有理函数的不定积分，但这样进行积分的方法不一定最简捷，有时可能还有更简单的方法.

例 6 求 $\displaystyle\int\frac{\cos x}{1+\sin x}\mathrm{d}x$.

解 $\displaystyle\int\frac{\cos x}{1+\sin x}\mathrm{d}x=\int\frac{\mathrm{d}(1+\sin x)}{1+\sin x}=\ln(1+\sin x)+C.$

例 7 求 $\int \dfrac{1}{\sin^4 x}\mathrm{d}x$.

解 方法一：设 $t = \tan\dfrac{x}{2}$，则 $\sin x = \dfrac{2t}{1+t^2}$，$\cos x = \dfrac{1-t^2}{1+t^2}$，$\mathrm{d}x = \dfrac{2}{1+t^2}\mathrm{d}t$. 因此

$$\int \frac{1}{\sin^4 x}\mathrm{d}x = \int \frac{1+3t^2+3t^4+t^6}{8t^4}\mathrm{d}t = \frac{1}{8}\left(-\frac{1}{3t^3}-\frac{3}{t}+3t+\frac{t^3}{3}\right)+C$$

$$= -\frac{1}{24\left(\tan\dfrac{x}{2}\right)^3} - \frac{3}{8\tan\dfrac{x}{2}} + \frac{3}{8}\tan\frac{x}{2} + \frac{1}{24}\left(\tan\frac{x}{2}\right)^3 + C.$$

方法二：设 $u = \tan x$，则 $\sin x = \dfrac{u}{\sqrt{1+u^2}}$，$\mathrm{d}x = \dfrac{1}{1+u^2}\mathrm{d}u$. 因此

$$\int \frac{1}{\sin^4 x}\mathrm{d}x = \int \frac{1}{\left(\dfrac{u}{\sqrt{1+u^2}}\right)^4} \cdot \frac{1}{1+u^2}\mathrm{d}u = \int \frac{1+u^2}{u^4}\mathrm{d}u = -\frac{1}{3u^3} - \frac{1}{u} + C$$

$$= -\frac{1}{3}\cot^3 x - \cot x + C.$$

对于仅含 $\cos x$ 的偶次项的三角有理式，上述变换 $u = \tan x$ 依然适用.

注意 虽然万能变换 $t = \tan\dfrac{x}{2}$ 总可以将三角函数有理式转化为有理函数的形式，但是在求积分时，有时并不是最佳的计算方法，可以针对具体情况尝试使用其他变换如 $t = \tan x$ 或利用三角函数恒等关系，可能会使计算更为简便.

习题 4-4

计算下列不定积分.

(1) $\displaystyle\int \frac{x^2+1}{(x+1)^2(x-1)}\mathrm{d}x$；

(2) $\displaystyle\int \frac{3}{x^3+1}\mathrm{d}x$；

(3) $\displaystyle\int \frac{x^5+x^4-8}{x^3-x}\mathrm{d}x$；

(4) $\displaystyle\int \frac{x^2}{x^6+1}\mathrm{d}x$；

(5) $\displaystyle\int \frac{\sin x}{1+\sin x}\mathrm{d}x$；

(6) $\displaystyle\int \frac{\cot x}{1+\sin x+\cos x}\mathrm{d}x$；

(7) $\displaystyle\int \frac{1}{\sqrt{x(1+x)}}\mathrm{d}x$；

(8) $\displaystyle\int \frac{\sqrt{1+x}-1}{\sqrt{1+x}+1}\mathrm{d}x$；

(9) $\displaystyle\int \frac{1}{(x^2+1)(2x+1)}\mathrm{d}x$；

(10) $\displaystyle\int \frac{x^2-5x+9}{x^2-5x+6}\mathrm{d}x$；

(11) $\displaystyle\int \frac{1}{3+\cos x}\mathrm{d}x$；

(12) $\displaystyle\int \frac{1}{2\sin x-\cos x+5}\mathrm{d}x$.

本章思维导图

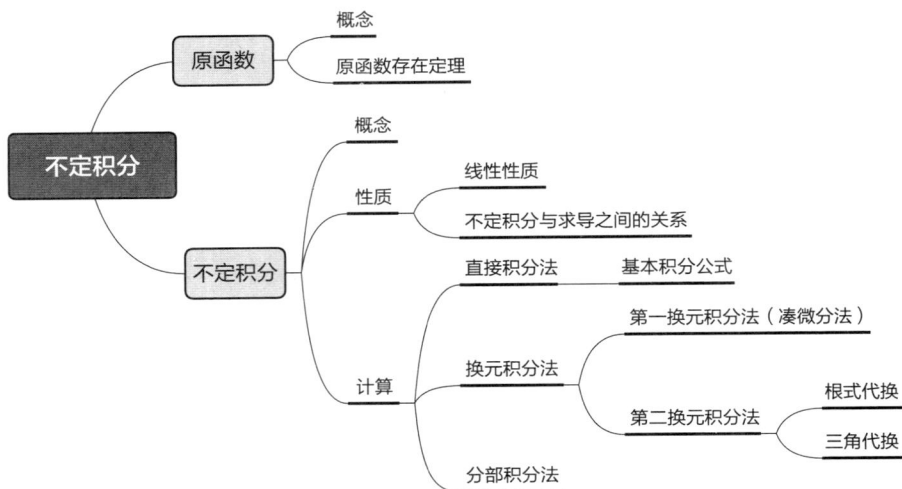

总复习题四

1. 单项选择题.

(1) $\int \sin 4x \, dx = ($ $)$.

A. $\dfrac{1}{4} \cos 4x + C$ B. $-\dfrac{1}{4} \cos 4x + C$

C. $-\cos 4x + C$ D. $-\dfrac{1}{4} \sin 4x + C$

(2) 设 $\sin 2x$ 是 $f(x)$ 的一个原函数, 则 $\left[\int f(x) \, dx \right]' = ($ $)$.

A. $\sin 2x$ B. $\cos 2x$

C. $2\sin 2x$ D. $2\cos 2x$

(3) 设 $\sin 2x$ 是 $f(x)$ 的一个原函数, 则 $\int f(x) \, dx = ($ $)$.

A. $\sin 2x$ B. $\sin 2x + C$

C. $\cos 2x$ D. $2\cos 2x + C$

(4) $F(x)$ 是 $f(x)$ 的一个原函数, 则 (   ).

A. $\left[\int f'(x) \, dx \right]' = F(x)$ B. $\left[\int f(x) \, dx \right]' = f(x)$

C. $\int dF(x) = F(x)$ D. $\left[\int F(x) \, dx \right]' = f(x)$

(5) 若 $\int f(x) \, dx = e^{2x} + x + 1 + C$, 则 $f(x) = ($ $)$.

A. $e^{2x}+x+1$ 　　　　　　　　　　 B. $e^{2x}+1$

C. $2e^{2x}+1$ 　　　　　　　　　　 D. $2e^{2x}+1+C$

(6) 设 $f'(\sin x)=\cos^2 x$，且 $f(0)=0$，则 $f(x)=(\quad)$.

A. $\sin x-\dfrac{1}{3}\sin^3 x$ 　　　　　　 B. $\sin^2 x-\dfrac{1}{3}\sin^3 x$

C. $x-\dfrac{1}{3}x^3$ 　　　　　　　　 D. 以上都不对

(7) 若 $\dfrac{\ln x}{x}$ 为 $f(x)$ 的一个原函数，则 $\int x f'(x)\mathrm{d}x=(\quad)$.

A. $\dfrac{\ln x}{x}+C$ 　　　　　　　 B. $\dfrac{1+\ln x}{x^2}+C$

C. $\dfrac{1}{x}+C$ 　　　　　　　　 D. $\dfrac{1}{x}-\dfrac{2\ln x}{x}+C$

(8) 若 $\int f(x)\mathrm{d}x=F(x)+C$，则 $\int e^{-x}f(e^{-x})\mathrm{d}x=(\quad)$.

A. $F(e^x)+C$ 　　　　　　　 B. $F(e^{-x})+C$

C. $-F(e^x)+C$ 　　　　　　 D. $-F(e^{-x})+C$

(9) 下列各式正确的是（　　）.

A. $\int e^{-x}\mathrm{d}x=e^{-x}+C$ 　　　　 B. $\int \ln x\mathrm{d}x=\dfrac{1}{x}+C$

C. $\int \dfrac{1}{1-2x}\mathrm{d}x=\dfrac{1}{2}\ln(1-2x)+C$ 　　 D. $\int \dfrac{1}{x\ln x}\mathrm{d}x=\ln|\ln x|+C$

2. 填空题.

(1) $\mathrm{d}\underline{\qquad}=\sin x$.

(2) $\mathrm{d}\int f(x)\mathrm{d}x=\underline{\qquad}$.

(3) $\int \mathrm{d}F(x)\mathrm{d}x=\underline{\qquad}$.

(4) 曲线的斜率为 $y'=4x^3+1$，且过点 $(2,5)$，则曲线方程为 $\underline{\qquad}$.

(5) 若 $\int f(x)\mathrm{d}x=x^3\cos 2x+C$，则 $f(x)=\underline{\qquad}$.

(6) $\dfrac{\mathrm{d}}{\mathrm{d}x}\int e^{-x^5}\mathrm{d}x=\underline{\qquad}$.

(7) 设 $f'(2x)=x^2+4x$，则 $f(x)=\underline{\qquad}$.

(8) 设 $f'(\ln x)=x$，且 $f(1)=0$，则 $f(x)=\underline{\qquad}$.

3. 求下列不定积分.

(1) $\int \dfrac{1}{x^3}\mathrm{d}x$；　　　　　　 (2) $\int x^2\sqrt{x}\mathrm{d}x$；

(3) $\int \ln(1+x^2)\mathrm{d}x$；　　　　 (4) $\int \dfrac{1}{\sin^3 x\cos x}\mathrm{d}x$；

(5) $\int \sqrt[m]{y^{n+1}}\mathrm{d}y$；　　　　 (6) $\int (x-2)^2\mathrm{d}x$；

(7) $\int\left(\dfrac{1}{\sqrt{1-x^2}}-\dfrac{2}{1+x^2}\right)\mathrm{d}x$;　　　　(8) $\int \mathrm{e}^x\left(1-\dfrac{\mathrm{e}^{-x}}{x}\right)\mathrm{d}x$;

(9) $\int\left(2\sin x+\dfrac{1}{\cos^2 x}\right)\mathrm{d}x$;　　　　(10) $\int\cos^2\dfrac{x}{2}\mathrm{d}x$.

4. 求下列不定积分.

(1) $\int(x^2+1)\ln x\,\mathrm{d}x$;　　　　(2) $\int\dfrac{\mathrm{d}x}{\sqrt{x}+\sqrt[6]{x}}$;

(3) $\int\dfrac{3x^2+3}{x^4}\mathrm{d}x$;　　　　(4) $\int(\sin x+\cos x^2)\mathrm{d}x$;

(5) $\int(\sqrt{x}+1)(x-1)\mathrm{d}x$;　　　　(6) $\int\cos x\cdot \mathrm{e}^{\sin x}\mathrm{d}x$;

(7) $\int\dfrac{x^2-1}{1+x^2}\mathrm{d}x$;　　　　(8) $\int\dfrac{\sin x\cos x}{1+\cos^2 x}\mathrm{d}x$;

(9) $\int\sin\sqrt{x}\,\mathrm{d}x$;　　　　(10) $\int\dfrac{\ln x}{x\sqrt{1+\ln x}}\mathrm{d}x$.

5. 设 $f'(x)=2|x|+3$ ，且 $f(2)=15$ ，求 $f(x)$.

6. 设 $\int f(x)\mathrm{d}x=\ln\sin x+C$ ，求 $\int xf(1-x^2)\mathrm{d}x$.

7. 设 $\csc^2 x$ 是 $f(x)$ 的一个原函数，求 $\int xf(x)\mathrm{d}x$.

8. 设 $f'(\cos x+1)=\sin^2 x+\tan^2 x$ ，求 $f(x)$.

9. 已知曲线上任一点的切线方程斜率为 $f'(x)=2x^2$ ，求满足此条件的所有曲线的方程，并指出过点 $(-1,1)$ 的曲线方程.

10. 设 $f(x)=\begin{cases}\cos 2x, & x\leqslant 0 \\ \ln(3x+1), & x>0\end{cases}$ ，求 $\int f(x)\mathrm{d}x$.

11. 设 $f(\ln x)=\dfrac{\ln(x+1)}{x}$ ，计算 $\int f(x)\mathrm{d}x$.

第五章

定积分

定积分是积分学中又一个重要的基本概念,在自然科学和实际问题中有着广泛的应用. 本章先从几何和经济问题出发引进定积分的定义,然后讨论定积分的性质、计算方法及其应用.

第一节 定积分的概念与性质

在上一章,我们研究了积分学的第一类问题,即求原函数的问题. 本章我们将研究积分学中的第二类问题——定积分. 定积分的概念最早是在研究平面图形的面积、变速直线运动物体的运动距离以及变力做功等问题中产生的.

一、问题的引入

国家体育场(National Stadium),又名"鸟巢"(Bird's Nest),位于北京奥林匹克公园中心区南部,为 2008 年北京奥运会的主体育场,举行过很多大型运动会. 鸟巢的钢结构设计复杂,计算侧面面积有助于评估结构的稳定性和受力分布,直接关联到钢材、膜材料等建筑材料的用量,影响成本控制和资源分配.

我们观察一下鸟巢的侧面(图 5-1),这样的图形的面积如何计算呢?

问题 1 曲边梯形的面积.

由连续曲线 $y = f(x)$ $[f(x) \geq 0]$,x 轴以及两条直线 $x = a$,$x = b$ 所围成的图形称为**曲边梯形**(图 5-2),如何求曲边梯形的面积 A?

图 5-1

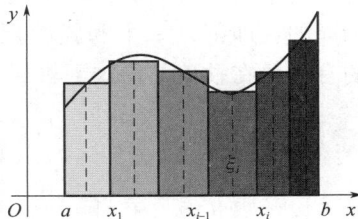

图 5-2

下面我们研究曲边梯形面积的计算方法，其具体过程可概括如下.

（1）**分割**. 在区间 $[a,b]$ 内插入若干个分点 $a=x_0<x_1<x_2<\cdots<x_{n-1}<x_n=b$，把区间 $[a,b]$ 分割成 n 个小区间：$[x_0,x_1],[x_1,x_2],\cdots,[x_{n-1},x_n]$，各个小区间的长度依次为 $\Delta x_1=x_1-x_0,\Delta x_2=x_2-x_1,\cdots,\Delta x_i=x_i-x_{i-1},\cdots,\Delta x_n=x_n-x_{n-1}$. 过每个分点作 x 轴的垂线，将曲边梯形分成 n 个窄曲边梯形.

（2）**近似代替**. 记以 $[x_{i-1},x_i]$ 为底的第 i 个窄曲边梯形的面积为 ΔA_i. 在每个小区间 $[x_{i-1},x_i]$ 上任取一点 ξ_i，以 $[x_{i-1},x_i]$ 为底、$f(\xi_i)$ 为高的窄矩形的面积可近似代替第 i 个窄曲边梯形的面积，即

$$\Delta A_i\approx f(\xi_i)\cdot\Delta x_i(i=1,2,\cdots,n).$$

（3）**求和**. 整个曲边梯形的面积为

$$A=\sum_{i=1}^n\Delta A_i\approx\sum_{i=1}^n f(\xi_i)\Delta x_i.$$

（4）**取极限**. 记所有小区间长度的最大者为 $\lambda=\max\{\Delta x_1,\Delta x_2,\cdots,\Delta x_n\}$，则当 $\lambda\to0$ 时，对上述第（3）步中的和式取极限，便得到曲边梯形的面积 A 的精确值，即

$$A=\lim_{\lambda\to0}\sum_{i=1}^n f(\xi_i)\Delta x_i.$$

问题 2 非均衡生产的总产量问题.

我们知道，当产品的生产率（即总产量对时间的变化率）为常量时，总产量 Q 等于生产率乘以时间. 由于生产设备的效率随时间变化，所以生产率不是一个固定值. 设生产率 P 是时间 t 的函数，且满足函数关系 $P=P(t)$，如何求在时间段 $[a,b]$ 内产品的总产量 Q？

（1）**分割**. 将时间 t 所在的区间 $[a,b]$ 分成 n 个小区间段 $[t_{i-1},t_i]$ $(i=1,2,\cdots,n)$，记第 i 个小区间的长度为 $\Delta t_i=t_i-t_{i-1}$，对应的产量为 ΔQ_i.

（2）**近似代替**. 在小区间 $[t_{i-1},t_i]$ 上任取一个时刻 τ_i，以 $P(\tau_i)$ 近似代替 $[t_{i-1},t_i]$ 上各时刻的生产率，则得到时间段 $[t_{i-1},t_i]$ 内的产量 ΔQ_i 的近似值，即

$$\Delta Q_i\approx P(\tau_i)\cdot\Delta t_i.$$

（3）**求和**. 这样便得到 n 个时间段上产量的近似值之和，可作为总产量 Q 的近似值，即

$$Q=\sum_{i=1}^n\Delta Q_i\approx\sum_{i=1}^n P(\tau_i)\Delta t_i.$$

（4）**取极限**. 记所有小区间长度的最大者为 $\lambda=\max\{\Delta t_1,\Delta t_2,\cdots,\Delta t_n\}$，则当 $\lambda\to0$ 时，对上述第（3）步中的和式取极限，便得到总产量 Q 的精确值，即

$$Q=\lim_{\lambda\to0}\sum_{i=1}^n P(\tau_i)\Delta t_i.$$

从上述两个问题可以看出，虽然它们的讨论背景截然不同，但解决问题的方法和计算形式都是相同的，即都是一个和式的极限. 其实，还有很多问题可以用类似的方法解决. 于是，我们有必要在抽象的形式下去研究这一和式的极限，这就引出了定积分的概念.

二、定积分的定义

定义 设函数 $f(x)$ 在 $[a,b]$ 上有界，在 $[a,b]$ 中任意插入若干个分点

$$a=x_0<x_1<x_2<\cdots<x_{n-1}<x_n=b,$$

即把区间 $[a,b]$ 分成 n 个小区间. 把各小区间的长度依次记为 $\Delta x_i=x_i-x_{i-1}(i=1,2,\cdots,n)$，

然后在各小区间上任取一点 $\xi_i (x_{i-1} \leqslant \xi_i \leqslant x_i)$，作乘积 $f(\xi_i)\Delta x_i (i=1,2,\cdots,n)$，并作和

$$S = \sum_{i=1}^{n} f(\xi_i)\Delta x_i,$$

记 $\lambda = \max\{\Delta x_1, \Delta x_2, \cdots, \Delta x_n\}$，如果不论对 $[a,b]$ 怎样的分法，也不论在小区间 $[x_{i-1}, x_i]$ 上对点 ξ_i 怎样的取法，只要当 $\lambda \to 0$ 时，和 S 总趋于确定的极限 I，我们则称这个极限 I 为函数 $f(x)$ 在区间 $[a,b]$ 上的**定积分**，记为 $\int_a^b f(x)\mathrm{d}x$，即

$$\int_a^b f(x)\mathrm{d}x = I = \lim_{\lambda \to 0} \sum_{i=1}^{n} f(\xi_i)\Delta x_i.$$

其中，$f(x)$ 称为**被积函数**，x 为**积分变量**，$f(x)\mathrm{d}x$ 称为**被积表达式**，$[a,b]$ 称为**积分区间**，a 为**积分下限**，b 称为**积分上限**，"$\int$" 为**积分符号**.

　　注意　（1）定积分的结果是一个确定的数值，这个数值的大小只与被积函数 $f(x)$ 及区间 $[a,b]$ 有关，与区间的分法及 ξ_k 的取法无关.

　　（2）定积分与积分变量用什么字母也无关，即

$$\int_a^b f(x)\mathrm{d}x = \int_a^b f(u)\mathrm{d}u = \int_a^b f(t)\mathrm{d}t.$$

　　根据定积分的定义，前面两个实例可用定积分来表示.

　　（1）由连续曲线 $y = f(x)$ $[f(x) \geqslant 0]$，直线 $x = a, x = b$ 以及 x 轴所围成的曲边梯形的面积 A，即为函数 $y = f(x)$ 在区间 $[a,b]$ 上的定积分，即 $A = \int_a^b f(x)\mathrm{d}x$.

　　（2）产品的生产率函数为 $P = P(t)$，其在时间段 $[a,b]$ 内的总产量 Q，即为函数 $P = P(t)$ 在 $[a,b]$ 上的定积分，即 $Q = \int_a^b P(t)\mathrm{d}t$.

　　下面我们给出可积的必要条件和充分条件.

　　定理 1（必要条件）　设 $f(x)$ 在 $[a,b]$ 上有定义，若 $f(x)$ 在 $[a,b]$ 上可积，则 $f(x)$ 在 $[a,b]$ 上一定有界.

　　定理 2（充分条件）　设 $f(x)$ 在 $[a,b]$ 上有定义，若下列条件之一成立，则 $f(x)$ 在 $[a,b]$ 上可积：

　　（1）$f(x)$ 在 $[a,b]$ 上连续；

　　（2）$f(x)$ 在 $[a,b]$ 上只有有限个间断点，且有界；

　　（3）$f(x)$ 在 $[a,b]$ 上单调.

三、定积分的几何意义与经济意义

1. 定积分的几何意义

　　由定义，在 $[a,b]$ 上当 $f(x)$ 非负时，$\int_a^b f(x)\mathrm{d}x$ 在几何上表示曲线 $y = f(x)$ 与直线 $x = a$，$x = b$ 及 x 轴所围曲边梯形的面积. 而在 $[a,b]$ 上，当 $f(x) < 0$ 时，$y = f(x)$ 在 $[a,b]$ 上与 x 轴所围的图形在 x 轴的下方，定积分 $\int_a^b f(x)\mathrm{d}x$ 在几何上表示上述曲边梯

形面积的负值. 在 $[a,b]$ 上当 $y=f(x)$ 要变号时, 定积分 $\int_a^b f(x)\mathrm{d}x$ 的几何意义为：介于 x 轴, 曲线 $y=f(x)$ 及直线 $x=a$, $x=b$ 之间的各部分面积的代数和（图 5-3）.

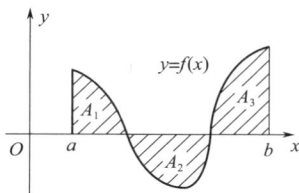

图 5-3

例 1 利用定积分的几何意义, 计算下列定积分 $\int_0^2 \sqrt{4-x^2}\,\mathrm{d}x$.

解 显然, 此题根据定积分的定义来求解是比较困难的. 而由定积分的几何意义可知, $\int_0^2 \sqrt{4-x^2}\,\mathrm{d}x$ 就是直角坐标系中上半圆弧 $y=\sqrt{4-x^2}$ 与直线 $x=2$ 及两个坐标轴所围成图形（即半径为 2 的圆）在第一象限部分的面积, 所以

$$\int_0^2 \sqrt{4-x^2}\,\mathrm{d}x = \frac{1}{4}\cdot\pi\cdot 2^2 = \pi.$$

2. 定积分的经济意义

我们已知, 某一经济总量函数的导数, 是该经济量的变化率（边际）, 而已知某一经济量的变化率求其总量函数, 用的是不定积分. 如果已知某一经济量的变化率为 $f(x)$, 则其定积分 $\int_a^b f(x)\mathrm{d}x$ 表示的是 x 在 $[a,b]$ 这一阶段的经济总量.

如设总收益 R 关于产量 x 的变化率为 $R(x)$, 则 $\int_a^b R(x)\mathrm{d}x$ 的意义是：当产量从 a 变化到 b 时的总收益.

四、定积分的性质

在下面的讨论中, 我们总假设函数在所讨论的区间上都是可积的. 为了计算的方便, 先对定积分作两点补充规定：

(1) 当 $a=b$ 时, $\int_a^a f(x)\mathrm{d}x=0$;

(2) 当 $a>b$ 时, $\int_a^b f(x)\mathrm{d}x=-\int_b^a f(x)\mathrm{d}x$, 即交换定积分的上下限, 定积分变号.

性质 1 被积函数的常数因子可以提到积分号外面, 即

$$\int_a^b k\cdot f(x)\mathrm{d}x = k\cdot\int_a^b f(x)\mathrm{d}x.$$

性质 2（线性运算性） 两个函数代数和的定积分, 等于它们定积分的代数和, 即

$$\int_a^b [f(x)\pm g(x)]\mathrm{d}x = \int_a^b f(x)\mathrm{d}x \pm \int_a^b g(x)\mathrm{d}x.$$

这个性质可以推广到任意有限多个函数的代数和的情况.

性质 3 如果被积函数 $f(x)=1$, 则有 $\int_a^b 1\mathrm{d}x=\int_a^b \mathrm{d}x=b-a$.

性质 4（区间的可加性） 假设 $a<c<b$, 则 $\int_a^b f(x)\mathrm{d}x=\int_a^c f(x)\mathrm{d}x+\int_c^b f(x)\mathrm{d}x$.

证 由于函数 $f(x)$ 在区间 $[a,b]$ 上可积, 无论将 $[a,b]$ 怎样分, 积分和的极限总是不变的. 因此, 在分区间时, 可以使 c 永远是个分点. 那么, $[a,b]$ 上的积分和等于

$[a,c]$ 上的积分和加 $[c,b]$ 上的积分和，记为

$$\sum_{[a,b]} f(\xi_i)\Delta x_i = \sum_{[a,c]} f(\xi_i)\Delta x_i + \sum_{[c,b]} f(\xi_i)\Delta x_i.$$

令 $\lambda\to 0$，上式两端同时取极限，即得

$$\int_a^b f(x)\mathrm{d}x = \int_a^c f(x)\mathrm{d}x + \int_c^b f(x)\mathrm{d}x.$$

这个性质表明定积分对于积分区间具有可加性.

按定积分的补充规定，当 c 不介于 a,b 之间时，本性质依然成立. 如果 $a<b<c$，由于

$$\int_a^c f(x)\mathrm{d}x = \int_a^b f(x)\mathrm{d}x + \int_b^c f(x)\mathrm{d}x,$$

所以

$$\int_a^b f(x)\mathrm{d}x = \int_a^c f(x)\mathrm{d}x - \int_b^c f(x)\mathrm{d}x = \int_a^c f(x)\mathrm{d}x + \int_c^b f(x)\mathrm{d}x.$$

同理，当 $c<a<b$ 时，该结论亦成立.

性质 5（比较定理） 若在 $[a,b]$ 上，$f(x)\leqslant g(x)$，则 $\int_a^b f(x)\mathrm{d}x \leqslant \int_a^b g(x)\mathrm{d}x$.

推论 若在 $[a,b]$ 上，$f(x)\geqslant 0$，则 $\int_a^b f(x)\mathrm{d}x \geqslant 0$.

性质 6（估值定理） 设函数 $f(x)$ 在区间 $[a,b]$ 上的最大值与最小值分别为 M 与 m，则

$$m(b-a)\leqslant \int_a^b f(x)\mathrm{d}x \leqslant M(b-a).$$

证 因为 $m\leqslant f(x)\leqslant M$，所以

$$\int_a^b m\,\mathrm{d}x \leqslant \int_a^b f(x)\mathrm{d}x \leqslant \int_a^b M\,\mathrm{d}x,$$

即

$$m(b-a)\leqslant \int_a^b f(x)\mathrm{d}x \leqslant M(b-a).$$

性质 7（定积分中值定理） 若 $f(x)$ 在 $[a,b]$ 上连续，则在 $[a,b]$ 上至少存在一点 ξ，使得

$$\int_a^b f(x)\mathrm{d}x = f(\xi)(b-a)\ (a\leqslant\xi\leqslant b)$$

这个公式称为积分中值公式.

注意 积分中值公式不论 $a<b$ 还是 $a>b$ 都成立，此时 ξ 介于 a 与 b 之间.

定积分中值定理的几何意义是：在 $[a,b]$ 上至少存在一点 ξ，使得以区间 $[a,b]$ 为底边，以 $f(x)$ 为曲边的曲边梯形的面积等于同一底边而高为 $f(\xi)$ 的矩形的面积（图5-4）.

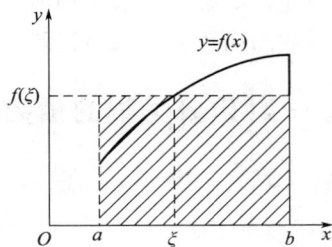

图 5-4

数值 $\dfrac{1}{b-a}\int_a^b f(x)\mathrm{d}x$ 表示连续曲线 $f(x)$ 在区间 $[a,b]$ 上的平均高度，故称其为函数 $f(x)$ 在区间 $[a,b]$ 上的平均值，这一概念是对有限个数的平均值概念的拓展.

例 2 利用定积分的性质，比较 $\int_0^1 x^2\mathrm{d}x$ 与 $\int_0^1 x^3\mathrm{d}x$ 的大小.

解 由于 $x\in[0,1]$，所以 $x^3\leqslant x^2$. 根据比较定理，得

$$\int_0^1 x^3 dx \leqslant \int_0^1 x^2 dx.$$

习题 5-1

1. 填空题.

(1) 设某产品关于产量的边际成本为 $C(x)$，则 $\int_a^b C(x)dx$ 的意义是_____.

(2) $\int_1^2 x\,dx =$ _____.

(3) $\int_{-1}^1 dx =$ _____；$\int_{-1}^1 x\cos x\,dx =$ _____；$\int_{-2}^2 x^3 dx =$ _____.

$\int_{-3}^3 x^2 \sin x\,dx =$ _____；$\int_{-a}^a \dfrac{x\cos x}{1+x^2}dx =$ _____.

2. 利用定积分的几何意义，说明下列等式.

(1) $\int_0^1 2x\,dx = 1$；   (2) $\int_{-\frac{\pi}{2}}^{\frac{\pi}{2}} \cos x\,dx = 2\int_0^{\frac{\pi}{2}} \cos x\,dx$.

3. 解答题.

(1) 比较积分 $\int_3^4 \ln x\,dx$ 与 $\int_3^4 \ln^2 x\,dx$ 的大小.

(2) 利用定积分的几何意义，求定积分 $\int_0^1 \sqrt{1-x^2}\,dx$ 的值.

(3) 估计定积分 $\int_1^4 (x^2+1)dx$ 值的范围.

第二节 微积分基本公式

用定义计算定积分是比较复杂的，尽管被积函数很简单，但求和式的极限却非常困难；因此，有必要寻求一种简便而有效的计算方法. 本节指出了定积分的计算可以归结为计算原函数的函数值，从而揭示了不定积分与定积分的关系.

一、积分上限的函数及其导数

定义 设 $f(x)$ 在 $[a,b]$ 上可积，则对任意的 $x\in[a,b]$，$f(x)$ 在 $[a,x]$ 上可积，于是，$\int_a^x f(x)dx$ 存在，我们称此积分为变上限的定积分.

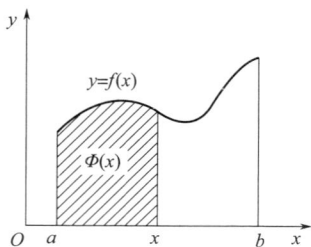

图 5-5

由于任意给定一个 $x\in[a,b]$，均有一个积分值与之对应，该值是积分上限 x 的函数，所以它在 $[a,b]$ 上定义了一个函数，记作 $\Phi(x)=\int_a^x f(x)dx\,(a\leqslant x\leqslant b)$. 其几何意义类似于定积分，如图 5-5 所示。

式中积分变量与上限都可以用 x 表示，但含义是不同的. 有时候为了方便区别，把积分变量用 t 表示，即

$$\Phi(x)=\int_a^x f(x)\mathrm{d}x=\int_a^x f(t)\mathrm{d}t, \quad t\in[a,x].$$

定理 1 若 $f(x)$ 在 $[a,x]$ 上连续，则 $\Phi(x)$ 在 $[a,b]$ 上可导，

$$\text{且 } \Phi'(x)=\left[\int_a^x f(t)\mathrm{d}t\right]'=f(x).$$

例 1 求 $\dfrac{\mathrm{d}}{\mathrm{d}x}\displaystyle\int_0^x \sin t^3\mathrm{d}t$.

解 因为 $\sin t^3$ 在 R 上连续，由本节定理 1 有

$$\frac{\mathrm{d}}{\mathrm{d}x}\int_0^x \sin t^3\mathrm{d}t=\sin x^3.$$

例 2 求 $\displaystyle\int_x^0 \mathrm{e}^{\sin t}\mathrm{d}t$ 关于 x 的导数.

解 因为 $\displaystyle\int_x^0 \mathrm{e}^{\sin t}\mathrm{d}t=-\int_0^x \mathrm{e}^{\sin t}\mathrm{d}t$，所以，由 $\mathrm{e}^{\sin t}$ 的连续性及定理 1，有

$$\left[\int_x^0 \mathrm{e}^{\sin t}\mathrm{d}t\right]'=\left[-\int_0^x \mathrm{e}^{\sin t}\mathrm{d}t\right]'=-\mathrm{e}^{\sin x}.$$

例 3 求极限 $\displaystyle\lim_{x\to 0}\dfrac{\displaystyle\int_0^x \sin 3t\,\mathrm{d}t}{x^2}$.

解 这是一个 $\dfrac{0}{0}$ 型未定式，可以利用洛必达法则来求解.

$$\lim_{x\to 0}\frac{\displaystyle\int_0^x \sin 3t\,\mathrm{d}t}{x^2}=\lim_{x\to 0}\frac{\left(\displaystyle\int_0^x \sin 3t\,\mathrm{d}t\right)'}{(x^2)'}=\lim_{x\to 0}\frac{\sin 3x}{2x}=\frac{3}{2}.$$

二、微积分基本公式（牛顿–莱布尼茨公式）

定理 2（微积分基本公式） 设 $f(x)$ 在 $[a,b]$ 上连续，$F(x)$ 是 $f(x)$ 在 $[a,b]$ 上的任意一个原函数，则有

$$\int_a^b f(x)\mathrm{d}x=F(b)-F(a)=F(x)\Big|_a^b.$$

证明 取 $\Phi(x)=\displaystyle\int_a^x f(t)\mathrm{d}t$，则 $\Phi(x)$ 是也是 $f(x)$ 在 $[a,b]$ 上的一个原函数，它与 $F(x)$ 最多差一个常数，即

$$\Phi(x)=F(x)+C,$$

或

$$\int_a^x f(t)\mathrm{d}t=F(x)+C.$$

在上式中，令 $x=a$，有

$$0=F(a)+C, \text{ 即 } C=-F(a), \tag{5-1}$$

又令 $x=b$，有

$$\int_a^b f(t)\mathrm{d}t=F(b)+C, \tag{5-2}$$

结合式（5-1）和式（5-2）有

$$\int_a^b f(t)\mathrm{d}t=F(b)-F(a),$$

即
$$\int_a^b f(x)\,\mathrm{d}x = F(b) - F(a).$$

这个定理将积分学中的两个重要概念不定积分与定积分联系到了一起,并把求定积分的过程大大简化了,所以被称为**微积分基本定理**. 同时,它是由牛顿和莱布尼茨各自创立的,故又称牛顿-莱布尼茨公式.

例 4 求 $\int_0^1 x^2\,\mathrm{d}x$.

解 因 $f(x)=x^2$ 在 $[0,1]$ 上连续,且 $F(x)=\dfrac{1}{3}x^3$ 是它的一个原函数,所以
$$\int_0^1 x^2\,\mathrm{d}x = \frac{1}{3}x^3\Big|_0^1 = \frac{1}{3} - 0 = \frac{1}{3}.$$

例 5 求 $\int_0^5 |2x-4|\,\mathrm{d}x$.

解 由 $|2x-4| = \begin{cases} 4-2x, & 0\leqslant x\leqslant 2 \\ 2x-4, & 2\leqslant x\leqslant 5 \end{cases}$,

得 $\int_0^5 |2x-4|\,\mathrm{d}x = \int_0^2 (4-2x)\,\mathrm{d}x + \int_2^5 (2x-4)\,\mathrm{d}x = (4x-x^2)\Big|_0^2 + (x^2-4x)\Big|_2^5 = 13.$

例 6 计算曲线 $y=\sin x$ 在 $[0,\pi]$ 上与 x 轴所围图形的面积 S.

解 由定积分的几何意义,有
$$S = \int_0^\pi \sin x\,\mathrm{d}x = -\cos x\Big|_0^\pi = 1+1 = 2.$$

例 7 求 $\int_0^1 \dfrac{x^2}{1+x^2}\,\mathrm{d}x$.

解 原式 $= \int_0^1 \dfrac{x^2+1-1}{1+x^2}\,\mathrm{d}x = \int_0^1 \left(1-\dfrac{1}{1+x^2}\right)\mathrm{d}x = (x-\arctan x)\Big|_0^1 = 1-\dfrac{\pi}{4}.$

习题 5-2

1. 求下列函数的导数.

(1) $\int_0^x \dfrac{\sin t}{t}\,\mathrm{d}t$;

(2) $\int_x^1 \cos(\pi t^2)\,\mathrm{d}t$;

(3) $\int_{x^2}^0 \cos t^2\,\mathrm{d}t$.

2. 求下列极限.

(1) $\lim\limits_{x\to 0} \dfrac{1}{x^3}\int_0^x \sin t^2\,\mathrm{d}t$;

(2) $\lim\limits_{x\to 0} \dfrac{\int_0^x (\mathrm{e}^t - \mathrm{e}^{-t})\,\mathrm{d}t}{x}$;

(3) $\lim\limits_{x\to 0} \dfrac{\left(\int_0^x \mathrm{e}^{t^2}\,\mathrm{d}t\right)^2}{\int_0^x t\,\mathrm{e}^{2t^2}\,\mathrm{d}t}$.

3. 用牛顿-莱布尼茨公式求下列定积分.

(1) $\int_0^1 (3x^3 - 2x^2 + 1)\,\mathrm{d}x$;

(2) $\int_1^8 \dfrac{\mathrm{d}x}{\sqrt[3]{x}}$;

(3) $\int_{-2}^4 |x|\,\mathrm{d}x$;

(4) $\int_0^{\frac{\pi}{2}} \cos x\,\mathrm{d}x$;

(5) $\int_0^2 f(x)\,\mathrm{d}x$,其中 $f(x) = \begin{cases} x, & x>0 \\ x^2+1, & x\leqslant 0 \end{cases}$;

(6) $\displaystyle\int_{-\frac{1}{2}}^{\frac{1}{2}}\frac{1}{\sqrt{1-x^2}}\mathrm{d}x$；

(7) $\displaystyle\int_{1}^{\sqrt{3}}\frac{1}{1+x^2}\mathrm{d}x$；

(8) $\displaystyle\int_{4}^{9}\sqrt{x}(1+\sqrt{x})\mathrm{d}x$；

(9) $\displaystyle\int_{1}^{e}\frac{1+\ln x}{x}\mathrm{d}x$；

(10) $\displaystyle\int_{-1}^{0}\frac{3x^4+3x^2+1}{x^2+1}\mathrm{d}x$；

(11) $\displaystyle\int_{0}^{\frac{\pi}{2}}\sin^2 x\,\mathrm{d}x$；

(12) $\displaystyle\int_{0}^{\frac{\pi}{4}}\tan^2\theta\,\mathrm{d}\theta$；

(13) $\displaystyle\int_{0}^{2}\max\{x,x^2\}\mathrm{d}x$．

第三节　定积分的换元法和分部积分法

由牛顿-莱布尼茨公式知道，可利用被积函数的原函数来求定积分．所以，计算定积分的关键是要找一个原函数，而原函数问题在上一章已解决，但为方便今后的计算，在此，引进定积分的换元法和分部积分法．

一、换元积分法

定理 1　设 $y=f(x)$ 在 $[a,b]$ 上连续，令 $x=\varphi(t)$，若满足

(1) $\varphi(c)=a$，$\varphi(d)=b$，且 $a\leqslant\varphi(t)\leqslant b$，则对于任意 $t\in[c,d]$（或 $t\in[d,c]$）均成立；

(2) $\varphi(t)$ 在 $[c,d]$（或 $[d,c]$）中有连续的导数 $\varphi'(t)$ 且单调，则有

$$\int_{a}^{b}f(x)\mathrm{d}x \xrightarrow{x=\varphi(t)} \int_{c}^{d}f[\varphi(t)]\cdot\varphi'(t)\mathrm{d}t.$$

证明　略.

例 1　求 $\displaystyle\int_{0}^{4}\frac{1}{1+\sqrt{x}}\mathrm{d}x$.

解　令 $\sqrt{x}=t(t>0)$，有 $x=t^2$，$\mathrm{d}x=\mathrm{d}(t^2)=2t\mathrm{d}t$.

当 $x=0$ 时，$t=0$；当 $x=4$ 时，$t=2$，从而有

$$\int_{0}^{4}\frac{1}{1+\sqrt{x}}\mathrm{d}x = \int_{0}^{2}\frac{2t}{1+t}\mathrm{d}t = 2\int_{0}^{2}\left(1-\frac{1}{1+t}\right)\mathrm{d}t$$

$$= 2\left(\int_{0}^{2}\mathrm{d}t-\int_{0}^{2}\frac{1}{1+t}\mathrm{d}t\right)$$

$$= 2\left[t\,\big|_{0}^{2}-\ln(1+t)\,\big|_{0}^{2}\right]=2(2-\ln3).$$

例 2　求 $\displaystyle\int_{0}^{a}\sqrt{a^2-x^2}\,\mathrm{d}x(a>0)$.

解　令 $x=a\sin t$，有 $\mathrm{d}x=a\cos t\mathrm{d}t$ 与 $\sqrt{a^2-x^2}=a\cos t$，且当 $x=0$ 时 $t=0$，当 $x=a$ 时，$t=\frac{\pi}{2}$，所以

$$\int_{0}^{a}\sqrt{a^2-x^2}\,\mathrm{d}x = a^2\int_{0}^{\frac{\pi}{2}}\cos^2 t\mathrm{d}t = a^2\int_{0}^{\frac{\pi}{2}}\left(\frac{1}{2}+\frac{1}{2}\cos 2t\right)\mathrm{d}t = \frac{a^2}{2}\left(t+\frac{1}{2}\sin 2t\right)\Big|_{0}^{\frac{\pi}{2}}=\frac{1}{4}a^2\pi.$$

例 3　求 $\displaystyle\int_{1}^{e}\frac{1}{x}\ln x\,\mathrm{d}x$.

解　原式 $=\int_1^e \frac{1}{x}\ln x\,\mathrm{d}x=\int_1^e \ln x\,\mathrm{d}(\ln x)\xlongequal{令\,t=\ln x}\int_0^1 t\,\mathrm{d}t=\frac{1}{2}t^2\Big|_0^1=\frac{1}{2}.$

例 4　设函数 $f(x)$ 在对称区间 $[-a,a]$ 上连续，求证：

(1) 当 $f(x)$ 为偶函数时，则 $\int_{-a}^a f(x)\mathrm{d}x=2\int_0^a f(x)\mathrm{d}x$；

(2) 当 $f(x)$ 为奇函数时，则 $\int_{-a}^a f(x)\mathrm{d}x=0.$

证　因为 $\int_{-a}^a f(x)\mathrm{d}x=\int_{-a}^0 f(x)\mathrm{d}x+\int_0^a f(x)\mathrm{d}x.$

在 $\int_{-a}^0 f(x)\mathrm{d}x$ 中，令 $x=-t$，则当 $x=-a$ 时，$t=a$；当 $x=0$ 时，$t=0$. 即

$$\int_{-a}^0 f(x)\mathrm{d}x=-\int_a^0 f(-t)\mathrm{d}t=\int_0^a f(-t)\mathrm{d}t=\int_0^a f(-x)\mathrm{d}x.$$

(1) 当 $f(x)$ 为偶函数时，因为 $f(-x)=f(x)$，即 $\int_0^a f(-x)\mathrm{d}x=\int_0^a f(x)\mathrm{d}x$，

所以　　　　　$\int_{-a}^a f(x)\mathrm{d}x=\int_0^a [f(x)+f(-x)]\mathrm{d}x=2\int_0^a f(x)\mathrm{d}x.$

(2) 当 $f(x)$ 为奇函数时，因为 $f(-x)=-f(x)$，

所以　　　　　$\int_{-a}^a f(x)\mathrm{d}x=\int_0^a [f(x)+f(-x)]\mathrm{d}x=\int_0^a 0\mathrm{d}x=0.$

利用例 4 的结论，常可简化偶函数或奇函数在对称于原点的区间上的定积分.

例 5　求 $\int_{-2}^2\left(\sin 3x\cdot\tan^2 x+\frac{x}{\sqrt{1+x^2}}+x^2\right)\mathrm{d}x.$

解　因为 $\sin 3x\cdot\tan^2 x$ 和 $\frac{x}{\sqrt{1+x^2}}$ 都是区间 $[-2,2]$ 上的奇函数，x^2 是区间 $[-2,2]$ 上的偶函数. 所以

$$原式=\int_{-2}^2\sin 3x\tan^2 x\,\mathrm{d}x+\int_{-2}^2\frac{x}{\sqrt{1+x^2}}\mathrm{d}x+2\int_0^2 x^2\,\mathrm{d}x=0+0+\frac{2}{3}x^3\Big|_0^2=\frac{16}{3}.$$

二、分部积分法

定理 2　设函数 $u=u(x)$，$v=v(x)$ 在 $[a,b]$ 上有连续的导数，则有定积分的分部积分公式：

$$\int_a^b u(x)\mathrm{d}v(x)=u(x)\cdot v(x)\Big|_a^b-\int_a^b v(x)\mathrm{d}u(x).$$

证　由于 $(uv)'=u'v+uv'$，可见 uv 为 $u'v+uv'$ 的一个原函数，由牛顿-莱布尼茨公式得

$$(uv)\Big|_a^b=\int_a^b u'v\,\mathrm{d}x+\int_a^b uv'\,\mathrm{d}x,$$

即

$$\int_a^b u\,\mathrm{d}v=uv\Big|_a^b-\int_a^b v\,\mathrm{d}u.$$

例 6　求 $\int_0^1 xe^x\,\mathrm{d}x.$

解　原式 $=\int_0^1 x\mathrm{d}\mathrm{e}^x=x\mathrm{e}^x\Big|_0^1-\int_0^1 \mathrm{e}^x\mathrm{d}x=\mathrm{e}-\mathrm{e}^x\Big|_0^1=1.$

例 7　求 $\displaystyle\int_0^{\frac{\pi}{2}} x\sin x\mathrm{d}x.$

解　$\displaystyle\int_0^{\frac{\pi}{2}} x\sin x\mathrm{d}x=-\int_0^{\frac{\pi}{2}} x\mathrm{d}\cos x=-x\cos x\Big|_0^{\frac{\pi}{2}}+\int_0^{\frac{\pi}{2}}\cos x\mathrm{d}x=0+\sin x\Big|_0^{\frac{\pi}{2}}=1.$

例 8　设 $\displaystyle\int_1^b \ln x\mathrm{d}x=1$，求 $b.$

解　$\displaystyle\int_1^b \ln x\mathrm{d}x=(x\ln x)\Big|_1^b-\int_1^b x\mathrm{d}\ln x=b\cdot\ln b-\int_1^b\mathrm{d}x=b\cdot\ln b-x\Big|_1^b=b\cdot\ln b-b+1.$

由已知条件得，$b\cdot\ln b-b+1=1$，即 $b(\ln b-1)=0.$ 因 $b\neq 0$，从而有 $\ln b=1$，即 $b=\mathrm{e}.$

例 9　求 $\displaystyle\int_0^1 \mathrm{e}^{\sqrt{x}}\mathrm{d}x.$

解　令 $\sqrt{x}=t$，则 $x=t^2$，$t\in[0,1]$，于是
$$\int_0^1 \mathrm{e}^{\sqrt{x}}\mathrm{d}x=\int_0^1 \mathrm{e}^t\cdot 2t\mathrm{d}t=2\int_0^1 t\mathrm{e}^t\mathrm{d}t.$$

由分部积分公式得
$$\int_0^1 t\mathrm{e}^t\mathrm{d}t=\int_0^1 t\mathrm{d}(\mathrm{e}^t)=t\mathrm{e}^t\Big|_0^1-\int_0^1 \mathrm{e}^t\mathrm{d}t=\mathrm{e}-\mathrm{e}^t\Big|_0^1=1.$$

从而有
$$\int_0^1 \mathrm{e}^{\sqrt{x}}\mathrm{d}x=2\int_0^1 t\mathrm{e}^t\mathrm{d}t=2.$$

习题 5-3

1. 写出换元换限后的积分式子.

(1) $\displaystyle\int_0^8 \frac{4}{7+\sqrt[3]{x}}\mathrm{d}x=$ _____ ;

(2) $\displaystyle\int_1^5 \frac{\sqrt{x-1}}{2+\sqrt{x-1}}\mathrm{d}x=$ _____ ;

(3) $\displaystyle\int_0^3 \frac{1}{\sqrt{9+x^2}}\mathrm{d}x=$ _____ ;

(4) $\displaystyle\int_0^1 \frac{\sqrt{1-x^2}}{x}\mathrm{d}x=$ _____ ;

(5) 若在 $\displaystyle\int_0^1 f(1-x)\mathrm{d}x$ 中，令 $1-x=t$，则 $\displaystyle\int_0^1 f(1-x)\mathrm{d}x=$ _____ .

2. 求下列各定积分.

(1) $\displaystyle\int_0^1 (x+\mathrm{e}^x)\mathrm{d}x$；

(2) $\displaystyle\int_0^1 \sqrt{x\cdot\sqrt{x}}\,\mathrm{d}x$；

(3) $\displaystyle\int_0^\pi \sin^2\frac{x}{2}\mathrm{d}x$；

(4) $\displaystyle\int_0^1 \mathrm{e}^{2x}\mathrm{d}x$；

(5) $\displaystyle\int_1^e \frac{1+\ln x}{x}\mathrm{d}x$；

(6) $\displaystyle\int_0^8 \frac{1}{1+\sqrt[3]{x}}\mathrm{d}x$；

(7) $\displaystyle\int_{-2}^1 \frac{x}{\sqrt{2-x}}\mathrm{d}x$；

(8) $\displaystyle\int_0^2 \frac{1}{\sqrt{4+x^2}}\mathrm{d}x$；

(9) $\displaystyle\int_0^1 x\arctan x\mathrm{d}x$；

(10) $\displaystyle\int_0^{\frac{\pi}{2}} x\cos x\mathrm{d}x$；

(11) $\displaystyle\int_0^1 x\mathrm{e}^{-x}\,\mathrm{d}x$; (12) $\displaystyle\int_1^\mathrm{e} x\ln x\,\mathrm{d}x$;

(13) $\displaystyle\int_0^{\frac{\pi}{2}} x^2\sin x\,\mathrm{d}x$; (14) $\displaystyle\int_0^\pi \sin x\cdot\mathrm{e}^{\cos x}\,\mathrm{d}x$;

(15) $\displaystyle\int_0^1 t\mathrm{e}^{\frac{t^2}{2}}\,\mathrm{d}t$; (16) $\displaystyle\int_0^{\mathrm{e}-1}\ln(1+x)\,\mathrm{d}x$.

3. 解答题.

(1) 设 $\displaystyle\int_1^a(2x+1)\,\mathrm{d}x=6$,试确定 a 的值;

(2) 若 $F'(x)=f(x)$,求 $\displaystyle\int_a^b xf'(x)\,\mathrm{d}x$.

4. 利用函数奇偶性计算积分.

(1) $\displaystyle\int_{-2}^2\frac{x^3}{\sqrt{x^2+2}}\,\mathrm{d}x$; (2) $\displaystyle\int_{-\frac{\pi}{2}}^{\frac{\pi}{2}}4\cos^4 x\,\mathrm{d}x$.

第四节　反常积分

前面我们讨论的定积分,要求积分区间 $[a,b]$ 是有限区间,被积函数是有界函数. 但在一些实际问题中,不得不考虑无穷区间上的积分或无界函数的积分,因此对定积分作如下两种推广,这两种积分我们统称为反常积分.

引例　求以曲线 $y=\dfrac{1}{x^2}$,与直线 $x=1$ 及 x 轴为边界的"开口曲边梯形"的面积,如图 5-6(a) 所示.

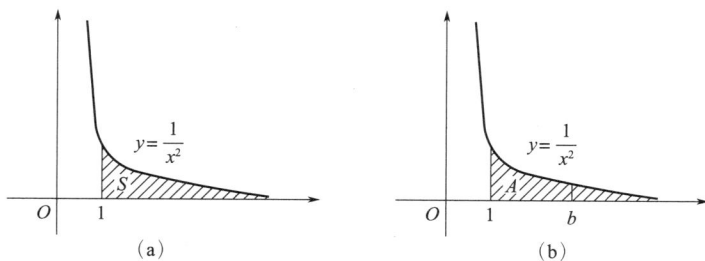

图 5-6

解决问题的基本思路是,将开口转化为闭口. 为此在直边 x 轴上任取一点 $b(b>1)$,如图 5-6(b)所示. 先求出由曲线 $y=\dfrac{1}{x^2}$,与直线 $x=1$,$x=b$ 以及 x 轴所围成的曲边梯形的面积 A. 然后再求极限 $\displaystyle\lim_{b\to+\infty}A$,此极限值即为所求开口曲边梯形的面积 S.

因为 $A=\displaystyle\int_1^b\frac{1}{x^2}\,\mathrm{d}x=\left(-\frac{1}{x}\right)\Big|_1^b=1-\frac{1}{b}$,

所以 $S=\displaystyle\lim_{b\to+\infty}A=\lim_{b\to+\infty}\left(1-\frac{1}{b}\right)=1$,即为所求开口曲边梯形的面积.

该问题实质上是求函数 $f(x)=\dfrac{1}{x^2}$ 在无限区间 $[1,+\infty)$ 上的积分,即求 $\displaystyle\int_1^{+\infty}\frac{1}{x^2}\,\mathrm{d}x$.

一、无穷区间上的反常积分

定义 1 设函数 $f(x)$ 在无限区间 $[a,+\infty)$ 上连续. 如果 $\lim\limits_{b\to+\infty}\int_a^b f(x)\mathrm{d}x (b>a)$ 存在，则称此极限值为函数 $f(x)$ 在无限区间 $[a,+\infty)$ 上的**反常积分**（或简称为**无穷积分**），记作 $\int_a^{+\infty} f(x)\mathrm{d}x$，即

$$\int_a^{+\infty} f(x)\mathrm{d}x = \lim\limits_{b\to+\infty}\int_a^b f(x)\mathrm{d}x (b>a).$$

此时称反常积分 $\int_a^{+\infty} f(x)\mathrm{d}x$ 存在或**收敛**，如果 $\lim\limits_{b\to+\infty}\int_a^b f(x)\mathrm{d}x (b>a)$ 不存在，则称反常积分 $\int_a^{+\infty} f(x)\mathrm{d}x$ 不存在或**发散**.

类似地，可以定义 $f(x)$ 在无限区间 $(-\infty,b]$ 及 $(-\infty,+\infty)$ 上的反常积分：

$$\int_{-\infty}^b f(x)\mathrm{d}x = \lim\limits_{a\to-\infty}\int_a^b f(x)\mathrm{d}x (a<b),$$

$$\int_{-\infty}^{+\infty} f(x)\mathrm{d}x = \int_{-\infty}^c f(x)\mathrm{d}x + \int_c^{+\infty} f(x)\mathrm{d}x, \text{其中 } c\in(-\infty,+\infty),$$

$\int_{-\infty}^{+\infty} f(x)\mathrm{d}x$ 收敛的充要条件是：$\int_{-\infty}^c f(x)\mathrm{d}x$ 与 $\int_c^{+\infty} f(x)\mathrm{d}x$ 同时收敛.

如果 $F'(x)=f(x)$，并记 $F(+\infty)=\lim\limits_{x\to+\infty}F(x)$，$F(-\infty)=\lim\limits_{x\to-\infty}F(x)$. 则

$$\int_a^{+\infty} f(x)\mathrm{d}x = F(x)\Big|_a^{+\infty} = \lim\limits_{x\to+\infty}F(x) - F(a),$$

$$\int_{-\infty}^b f(x)\mathrm{d}x = F(x)\Big|_{-\infty}^b = F(b) - \lim\limits_{x\to-\infty}F(x),$$

$$\int_{-\infty}^{+\infty} f(x)\mathrm{d}x = F(x)\Big|_{-\infty}^{+\infty} = \lim\limits_{x\to+\infty}F(x) - \lim\limits_{x\to-\infty}F(x).$$

例 1 计算反常积分 $\int_0^{+\infty} x\mathrm{e}^{-x}\mathrm{d}x$.

解 $\int_0^{+\infty} x\mathrm{e}^{-x}\mathrm{d}x = \int_0^{+\infty} x\mathrm{d}(-\mathrm{e}^{-x}) = (-x\mathrm{e}^{-x})\Big|_0^{+\infty} + \int_0^{+\infty} \mathrm{e}^{-x}\mathrm{d}x = (-\mathrm{e}^{-x})\Big|_0^{+\infty} = 1.$

注意 上面的求解用到了下面的结果：

$$(-x\mathrm{e}^{-x})\Big|_0^{+\infty} = \lim\limits_{x\to+\infty}(-x\mathrm{e}^{-x}) = -\lim\limits_{x\to+\infty}\frac{x}{\mathrm{e}^x} = -\lim\limits_{x\to+\infty}\frac{1}{\mathrm{e}^x} = 0.$$

例 2 计算反常积分 $\int_{-\infty}^{+\infty} \dfrac{\mathrm{d}x}{1+x^2}$.

解 $\begin{aligned}[t]\int_{-\infty}^{+\infty} \frac{\mathrm{d}x}{1+x^2} &= \int_{-\infty}^0 \frac{\mathrm{d}x}{1+x^2} + \int_0^{+\infty} \frac{\mathrm{d}x}{1+x^2}\\ &= \lim\limits_{a\to-\infty}\int_a^0 \frac{\mathrm{d}x}{1+x^2} + \lim\limits_{b\to+\infty}\int_0^b \frac{\mathrm{d}x}{1+x^2}\\ &= \lim\limits_{a\to-\infty}(-\arctan a) + \lim\limits_{b\to+\infty}(\arctan b)\\ &= -\left(-\frac{\pi}{2}\right) + \frac{\pi}{2} = \pi.\end{aligned}$

例 3　证明反常积分 $\int_1^{+\infty} \dfrac{1}{x^p}\mathrm{d}x$，当 $p>1$ 时收敛，当 $p\leqslant1$ 时发散.

证　（1）当 $p=1$ 时，$\int_1^{+\infty} \dfrac{1}{x^p}\mathrm{d}x = \int_1^{+\infty} \dfrac{1}{x}\mathrm{d}x = [\ln x]_1^{+\infty} = +\infty.$

（2）当 $p\neq1$ 时，$\int_1^{+\infty} \dfrac{1}{x^p}\mathrm{d}x = \left[\dfrac{x^{1-p}}{1-p}\right]_1^{+\infty} = \begin{cases} +\infty, & p<1 \\ \dfrac{1}{p-1}, & p>1 \end{cases}$. 因此当 $p>1$ 时反常积分

收敛，其值为 $\dfrac{1}{p-1}$；当 $p\leqslant1$ 时反常积分发散.

二、无界函数的反常积分

定义 2　设函数 $f(x)$ 在区间 $(a,b]$ 上连续，而在点 a 的右邻域内无界. 取 $\varepsilon>0$，如果极限 $\lim\limits_{\varepsilon\to0}\int_{a+\varepsilon}^b f(x)\mathrm{d}x$ 存在，则称此极限为函数 $f(x)$ 在区间 $(a,b]$ 上的反常积分，记作 $\int_a^b f(x)\mathrm{d}x$. 即

$$\int_a^b f(x)\mathrm{d}x = \lim_{\varepsilon\to0}\int_{a+\varepsilon}^b f(x)\mathrm{d}x.$$

当极限存在时，称反常积分收敛；当极限不存在时，称反常积分发散.

类似地，可以定义函数 $f(x)$ 在区间 $[a,b)$ 上的反常积分：

$$\int_a^b f(x)\mathrm{d}x = \lim_{\varepsilon\to0}\int_a^{b-\varepsilon} f(x)\mathrm{d}x.$$

若函数 $f(x)$ 在区间 $[a,b]$ 上除点 $c(a<c<b)$ 外连续，而在点 c 的邻域内无界，如果两个反常积分 $\int_a^c f(x)\mathrm{d}x$ 和 $\int_c^b f(x)\mathrm{d}x$ 都收敛，则定义

$$\int_a^b f(x)\mathrm{d}x = \int_a^c f(x)\mathrm{d}x + \int_c^b f(x)\mathrm{d}x = \lim_{\varepsilon\to0}\int_a^{c-\varepsilon} f(x)\mathrm{d}x + \lim_{\varepsilon'\to0}\int_{c+\varepsilon'}^b f(x)\mathrm{d}x.$$

否则，就称反常积分 $\int_a^b f(x)\mathrm{d}x$ 发散.

定义中 c 为瑕点，以上积分称为瑕积分.

例 4　计算 $\int_0^1 \ln x\,\mathrm{d}x.$

解　因 $\lim\limits_{x\to0^+}\ln x=-\infty$，所以 $x=0$ 是被积函数的无穷间断点. 于是

$$\int_0^1 \ln x\,\mathrm{d}x = x\ln x\,\big|_0^1 - \int_0^1 \mathrm{d}x = 0-0-1=-1.$$

例 5　证明反常积分 $\int_1^{+\infty} \dfrac{1}{x^q}\mathrm{d}x$ 当 $q<1$ 时收敛，当 $q\geqslant1$ 时发散.

证　（1）$q=1$，$\int_0^1 \dfrac{1}{x^q}\mathrm{d}x = \int_0^1 \dfrac{1}{x}\mathrm{d}x = [\ln x]_0^1 = +\infty.$

（2）$q\neq1$，$\int_0^1 \dfrac{1}{x^q}\mathrm{d}x = \left[\dfrac{x^{1-q}}{1-q}\right]_0^1 = \begin{cases} +\infty, & q>1 \\ \dfrac{1}{1-q}, & q<1 \end{cases}$，因此当 $q<1$ 时反常积分收敛，其值

为 $\dfrac{1}{q-1}$；当 $q \geqslant 1$ 时反常积分发散.

例 6 计算 $\displaystyle\int_{-1}^{1} \dfrac{\mathrm{d}x}{x^2}$.

解 因 $\displaystyle\lim_{x \to 0} \dfrac{1}{x^2} = \infty$，所以 $x = 0$ 是被积函数的一个无穷间断点，于是

$$\int_{-1}^{1} \frac{\mathrm{d}x}{x^2} = \int_{-1}^{0} \frac{\mathrm{d}x}{x^2} + \int_{0}^{1} \frac{\mathrm{d}x}{x^2}.\ \text{而} \int_{0}^{1} \frac{\mathrm{d}x}{x^2} = -\frac{1}{x}\Big|_{0}^{1} = +\infty,\ \text{所以反常积分} \int_{-1}^{1} \frac{\mathrm{d}x}{x^2} \text{发散.}$$

*三、Γ 函数

下面讨论一个在概率论中要用到的积分区间无限且含参变量的积分.

定义 3 积分 $\Gamma(r) = \displaystyle\int_{0}^{+\infty} \mathrm{e}^{-x} x^{r-1} \mathrm{d}x\,(r > 0)$ 称为 Γ 函数.

可以证明这个积分是收敛的，且 Γ 函数有一个重要公式：

$$\Gamma(r+1) = r\Gamma(r)\,(r > 0).$$

这是由于 $\Gamma(r+1) = \displaystyle\int_{0}^{+\infty} x^r \mathrm{e}^{-x} \mathrm{d}x = -x^r \mathrm{e}^{-x}\Big|_{0}^{+\infty} + \int_{0}^{+\infty} \mathrm{e}^{-x} \mathrm{d}(x^r) = -\lim_{x \to +\infty} x^r \mathrm{e}^{-x} +$

$\displaystyle\int_{0}^{+\infty} r x^{r-1} \mathrm{e}^{-x} \mathrm{d}x = 0 + r\Gamma(r) = r\Gamma(r).$

特别地，当 r 为正整数时，$\Gamma(n+1) = n\Gamma(n) = n(n-1)\Gamma(n-1) = \cdots = n!$.

例 7 计算下列各值.

(1) $\dfrac{\Gamma(6)}{2\Gamma(3)}$；(2) $\dfrac{\Gamma\left(\dfrac{5}{2}\right)}{\Gamma\left(\dfrac{1}{2}\right)}$.

解 (1) $\dfrac{\Gamma(6)}{2\Gamma(3)} = \dfrac{(6-1)!}{2 \times (3-1)!} = \dfrac{5!}{2 \times 2!} = 30$.

(2) $\dfrac{\Gamma\left(\dfrac{5}{2}\right)}{\Gamma\left(\dfrac{1}{2}\right)} = \dfrac{\Gamma\left(\dfrac{3}{2}+1\right)}{\Gamma\left(\dfrac{1}{2}\right)} = \dfrac{3}{2} \cdot \dfrac{\Gamma\left(\dfrac{3}{2}\right)}{\Gamma\left(\dfrac{1}{2}\right)} = \dfrac{3}{2} \cdot \dfrac{\Gamma\left(\dfrac{1}{2}+1\right)}{\Gamma\left(\dfrac{1}{2}\right)} = \dfrac{3}{2} \cdot \dfrac{1}{2} \cdot \dfrac{\Gamma\left(\dfrac{1}{2}\right)}{\Gamma\left(\dfrac{1}{2}\right)} = \dfrac{3}{4}$.

例 8 计算下列积分.

(1) $\displaystyle\int_{0}^{+\infty} x^3 \mathrm{e}^{-x} \mathrm{d}x$；(2) $\displaystyle\int_{0}^{+\infty} x^{r-1} \mathrm{e}^{-\lambda x} \mathrm{d}x$.

解 (1) $\displaystyle\int_{0}^{+\infty} x^3 \mathrm{e}^{-x} \mathrm{d}x = \Gamma(4) = 3! = 6$.

(2) $\displaystyle\int_{0}^{+\infty} x^{r-1} \mathrm{e}^{-\lambda x} \mathrm{d}x = \frac{1}{\lambda} \cdot \frac{1}{\lambda^{r-1}} \int_{0}^{\infty} (\lambda x)^{r-1} \mathrm{e}^{-(\lambda x)} \mathrm{d}(\lambda x) = \frac{1}{\lambda^r} \int_{0}^{\infty} (\lambda x)^{r-1} \mathrm{e}^{-(\lambda x)} \mathrm{d}(\lambda x) = \frac{\Gamma(r)}{\lambda^r}$.

习题 5-4

1. 判断下列反常积分的敛散性，若收敛，则求其值.

(1) $\displaystyle\int_{1}^{+\infty} \dfrac{\mathrm{d}x}{x^4}$；

(2) $\displaystyle\int_{1}^{+\infty} \dfrac{\mathrm{d}x}{\sqrt{x}}$；

(3) $\displaystyle\int_{0}^{+\infty} \mathrm{e}^{-x} \mathrm{d}x$；

(4) $\int_0^{+\infty} \sin x \, \mathrm{d}x$;　　　　(5) $\int_{-1}^1 \dfrac{\mathrm{d}x}{\sqrt{1-x^2}}$;　　　　(6) $\int_{-\infty}^{+\infty} \dfrac{\mathrm{d}x}{x^2+2x+2}$;

(7) $\int_1^2 \dfrac{x\,\mathrm{d}x}{\sqrt{x-1}}$;　　　　(8) $\int_0^1 x\ln x \, \mathrm{d}x$;　　　　(9) $\int_1^e \dfrac{\mathrm{d}x}{x\sqrt{1-\ln^2 x}}$;

(10) $\int_0^2 \dfrac{\mathrm{d}x}{(1-x)^3}$.

2. 当 k 为何值时，反常积分 $\int_2^{+\infty} \dfrac{\mathrm{d}x}{x(\ln x)^k}$ 收敛？当 k 为何值时，该反常积分发散？

3. 利用递推公式计算反常积分 $I_n = \int_0^{+\infty} x^n \mathrm{e}^{-x} \, \mathrm{d}x$.

第五节　定积分的应用

定积分在实际中有着更广泛的应用，本节将应用定积分理论来分析和解决一些几何、经济和生物等方面的问题，其目的不仅在于建立解决这些实际问题的公式，更重要的是深刻体会用定积分解决实际问题的基本思想和方法——**元素法**.

在本章第一节中，我们用"分割、近似代替、求和、取极限"的方法将求曲边梯形的面积问题转化为定积分的问题，其实质是化整体为对局部的积累，在局部将变量近似为常量，再计算极限将近似转化为精确.

将上述四个步骤做一般化的处理，可以在整体所在的区间 $[a,b]$ 上任意取定一个点，譬如 x，然后在该点附近取一个微小区间 $[x,x+\mathrm{d}x]$，将区间 $[x,x+\mathrm{d}x]$ 上的任意点 ξ_i 取为区间的左端点，即 $\xi_i = x$，则区间上的窄曲边梯形的面积 ΔS 可近似等于以点 x 处的函数值 $f(x)$ 为高，$\mathrm{d}x$ 为底的矩形面积，即：$\Delta S \approx f(x)\mathrm{d}x$，这里 ΔS 与 $f(x)\mathrm{d}x$ 相差一个比 $\mathrm{d}x$ 高阶的无穷小. 称 $f(x)\,\mathrm{d}x$ 为**面积元素**，记作 $\mathrm{d}S$，即 $\mathrm{d}S = f(x)\,\mathrm{d}x$. 两边取 $[a,b]$ 上的定积分，便有 $S = \int_a^b \mathrm{d}S = \int_a^b f(x)\mathrm{d}x$.

由上述分析，我们可以将一些实际问题中有关量的计算问题归结为定积分的计算. 一般地，如果所求量 Q 符合下列条件：

(1) Q 是与一个变量 x 的变化区间 $[a,b]$ 有关的量；

(2) Q 对于区间 $[a,b]$ 具有可加性，即把区间 $[a,b]$ 分成许多部分区间，Q 相应地分成许多部分量，而 Q 等于这些部分量的和；

(3) Q 在任意子区间 $[x_{i-1},x_i]$ 上的部分量 ΔQ_i 的近似值可以表示为 $f(\xi_i)\Delta x_i$，即 $\Delta Q_i \approx f(\xi_i)\Delta x_i$.

那么就可以考虑用定积分来表示这个量 Q，其主要步骤概括为：

(1) 确定积分变量 x 和积分区间 $[a,b]$；

(2) 在 $[a,b]$ 上任取小区间 $[x,x+\mathrm{d}x]$，得到面积元素：$\mathrm{d}Q = f(x)\mathrm{d}x$；

(3) 写出 Q 的积分表达式 $Q = \int_a^b f(x)\mathrm{d}x$.

这种方法称为定积分的**元素法**. 下面应用元素法解决一些实际问题.

一、平面图形的面积

由定积分的几何意义知道，$\displaystyle\int_a^b f(x)\,\mathrm{d}x$ 是曲线 $y=f(x)$ 介于 $x=a$，$x=b$，x 轴上、下相应的曲边梯形面积的代数和，我们将从特殊到一般讨论其面积的计算方法.

（1）情形 1（以 x 为积分变量）：在区间 $[a,b]$ 上，设 $f(x)\geqslant g(x)$，求由连续曲线 $y=f(x)$，$y=g(x)$ 与直线 $x=a,x=b$ 所围成的图形面积. 如图 5-7 所示.

在 $[a,b]$ 内任取一个子区间 $[x,x+\mathrm{d}x]$，以宽为 $\mathrm{d}x$，高为 $f(x)-g(x)$ 的矩形面积近似代替对应图形的面积，得到面积微元 $\mathrm{d}S=[f(x)-g(x)]\mathrm{d}x$，则

$$S=\int_a^b [f(x)-g(x)]\mathrm{d}x.$$

（2）情形 2（以 y 为积分变量）：在区间 $[c,d]$ 上，设 $\varphi(y)\geqslant\phi(y)$，则由连续曲线 $x=\varphi(y)$，$x=\phi(y)$ 与直线 $y=c,y=d$ 所围成的图形面积（图 5-8）为

$$S=\int_c^d [\varphi(y)-\phi(y)]\mathrm{d}y.$$

例 1 求 $y=x^2$ 与 $y^2=x$ 所围平面区域的面积（图 5-9）.

解 两曲线的交点为 $(0,0)$，$(1,1)$，选 x 为积分变量，所以

$$S=\int_0^1 (\sqrt{x}-x^2)\mathrm{d}x=\left(\frac{2}{3}x^{\frac{2}{3}}-\frac{1}{3}x^3\right)\Big|_0^1=\frac{2}{3}-\frac{1}{3}=\frac{1}{3}.$$

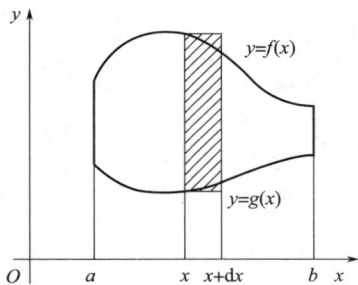

图 5-7

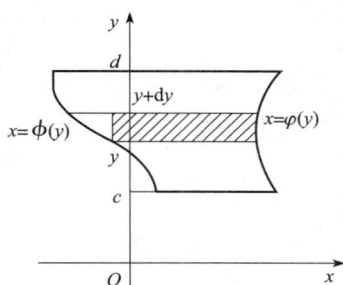

图 5-8

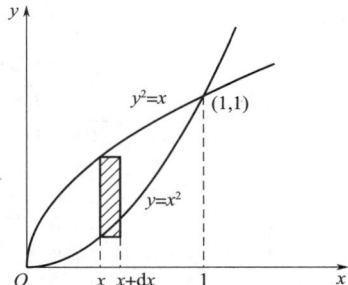

图 5-9

例 2 求 $y^2=2x$ 及直线 $y=x-4$ 所围平面图形的面积（图 5-10）.

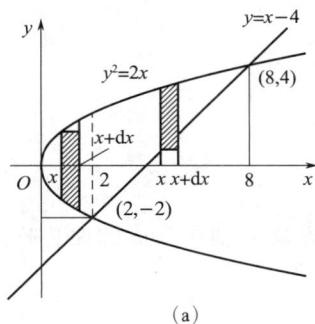

（a）

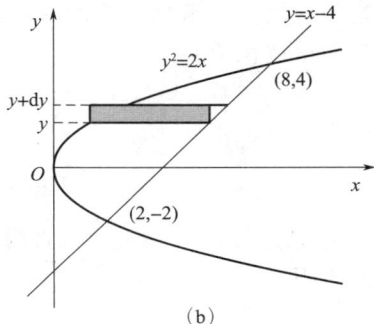

（b）

图 5-10

解 曲线和直线的交点坐标分别是 $(2,-2)$ 和 $(8,4)$，我们采用两种方法求解.

方法一（关于 x 求积分）：在区间（0,8）中作平行于 y 轴的直线 $x=x_0$，则下边界有两条曲线 $y=-\sqrt{2x}$ 和 $y=x-4$，用直线 $x=2$ 把原域分成左、右两块，则由情形 1 的讨论，有

$$S=S_1+S_2=\int_0^2(\sqrt{2x}+\sqrt{2x})\mathrm{d}x+\int_2^8[\sqrt{2x}-(x-4)]\mathrm{d}x$$

$$=2\sqrt{2}\int_0^2\sqrt{x}\,\mathrm{d}x+\int_2^8(\sqrt{2}\cdot\sqrt{x}-x+4)\mathrm{d}x$$

$$=\frac{4}{3}\sqrt{2}\cdot x^{\frac{3}{2}}\Big|_0^2+\left(\frac{2}{3}\sqrt{2}\cdot x^{\frac{3}{2}}-\frac{1}{2}x^2+4x\right)\Big|_2^8=18.$$

方法二（关于 y 求积分）：我们可以把边界曲线表示成 $x=y+4$ 和 $x=\frac{1}{2}y^2$，在区域上 y 的最小值、最大值分别是 -2 和 4，左、右边界函数分别是 $x=\frac{1}{2}y^2$ 和 $x=y+4$，于是

$$S=\int_{-2}^4\left[(y+4)-\frac{1}{2}y^2\right]\mathrm{d}y=\left(\frac{1}{2}y^2+4y-\frac{1}{6}y^3\right)\Big|_{-2}^4=18.$$

二、旋转体的体积

如图 5-11 所示，旋转体是由一个平面图形绕该平面内的一条直线旋转一周而围成的立体. 这条直线叫旋转体的轴. 球体、椭球体、圆柱体、圆台、圆锥等都是旋转体.

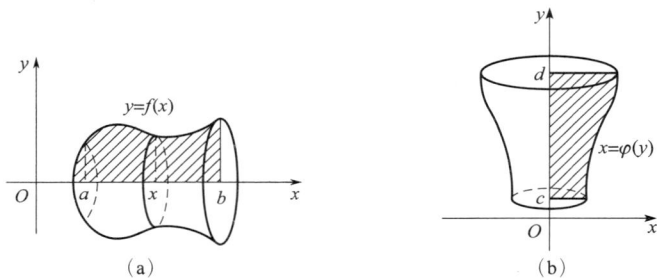

图 5-11

设一旋转体是由连续曲线 $y=f(x)$，直线 $x=a$，$x=b$ 及 x 轴所围成的曲边梯形绕 x 轴旋转一周而成，求它的体积.

取横坐标 x 为积分变量，它的变化区间为 $[a,b]$，在 $[a,b]$ 上任取一小区间 $[x,x+\mathrm{d}x]$，相应的小曲边梯形绕 x 轴旋转而成的薄片的体积近似于以 $f(x)$ 为底半径，$\mathrm{d}x$ 为高的圆柱体的体积，从而得体积微元

$$\mathrm{d}V=\pi f^2(x)\mathrm{d}x,$$

从而所求体积为

$$V=\pi\int_a^b f^2(x)\mathrm{d}x.$$

类似地，由连续曲线 $x=\varphi(y)$，直线 $y=c$，$y=d$ 及 y 轴所围成的曲边梯形绕 y 轴旋转一周而成的体积为

$$V=\pi\int_c^d\varphi^2(y)\mathrm{d}y.$$

例 3 计算由椭圆 $\frac{x^2}{a^2}+\frac{y^2}{b^2}=1$ 围成的图形绕 x 轴旋转一周所成的旋转体（即旋转椭球

体）的体积（图 5-12）.

解　这个旋转椭球体可以看作是上半椭圆 $y = \dfrac{b}{a}\sqrt{a^2 - x^2}$

与 x 轴围成的图形绕 x 轴旋转一周而成的立体，故它的体积为

$$V = \int_{-a}^{a} dV = \int_{-a}^{a} \pi \frac{b^2}{a^2}(a^2 - x^2) dx = 2\pi \frac{b^2}{a^2} \int_{0}^{a}(a^2 - x^2) dx$$

$$= 2\pi \frac{b^2}{a^2}\left(a^2 x - \frac{x^3}{3}\right)\Big|_0^a = \frac{4}{3}\pi ab^2.$$

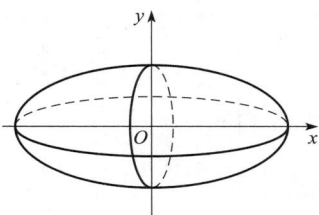

图 5-12

特别地，当 $a = b = R$ 时，可得半径为 R 的球体的体积 $V = $

$\dfrac{4}{3}\pi R^3$.

三、经济应用问题举例

由定积分的经济意义知道，已知某一经济量的边际函数为 $f(x)$，则定积分 $\int_a^b f(x) dx$
是关于 x 在区间 $[a, b]$ 上的该经济的总量.

例 4　某企业生产一种产品，每天生产 x 吨的边际成本为 $C'(x) = 0.5x + 10$（万元），
固定成本 8 万元，求总成本函数及产量从 2 吨到 12 吨时的总成本.

解　总成本函数 $C(x) = \int(0.5x + 10) dx = 0.25x^2 + 10x + C_0$，由于固定成本为 8 万元，

即 $C_0 = 8$，所以，$C(x) = 0.25x^2 + 10x + 8$（万元）；

当产量从 2 吨到 12 吨时的总成本为：

$$C = \int_2^{12}(0.5x + 10) dx = (0.25x^2 + 10x)\Big|_2^{12} = 135(万元).$$

例 5　设生产某产品的固定成本为 10 元，而当产量为 x 时的边际成本 $C'(x) = 30 + 2x$，
若此产品规定的销售单价为 50 元，且产品可以全部售出，试求：

（1）总利润函数；

（2）总利润最大的产量.

解　（1）设总利润函数为 $L(x)$，则 $L(x) = R(x) - C(x)$，且 $L'(x) = R'(x) - C'(x) = $
$50 - (30 + 2x) = 20 - 2x$，于是，总利润函数 $L(x) = \int L'(x) dx = \int(20 - 2x) dx = 20x - x^2 + C$，

由于 $x = 0$ 时，$L = -10$（固定成本），所以，$L(x) = -x^2 + 20x - 10$.

（2）令 $L'(x) = -2x + 20 = 0$，得到 $x = 10$，所以，当产量为 10 个单位时，利润最大.

习题 5-5

1. 求下列各区域的面积.

（1）由直线 $y = x, x = 2$ 及 x 轴所围的平面区域；

（2）由曲线 $y = x^2$ 与 $y = 3x$ 所围的平面区域；

（3）由曲线 $xy = 1$ 与 $y = x$ 及 $x = 2$ 所围的区域；

（4）由 $xy = 1, y = 2x$ 及 $y = 1$ 所围的区域；

（5）$y = \sin 2x$ 在 $[0, \pi]$ 上与 x 轴所围的区域；

（6）$y=x^2$ 与 $y=1-x^2$ 所围的区域.

2. 求 k 的值，使得由曲线 $y=x^2$ 与 $y=kx$ 所围图形的面积为 $\dfrac{1}{2}$.

3. 求由下列曲线围成的平面图形绕指定坐标轴旋转而成的旋转体的体积.

（1）$y=\sqrt{x}$，$x=1$，$x=3$，$y=0$，绕 x 轴；

（2）$y=x^2$，$x=1$，$y=0$，分别绕 x 轴与 y 轴；

（3）$y=x^2$，$y=\sqrt{x}$，绕 y 轴；

（4）$(x-2)^2+y^2=1$，绕 y 轴.

4. 某企业生产某产品的边际成本 $C'(x)=0.2x-10$（元/件），固定成本 1 万元，产品单价 190 元，设产销平衡，问产量多少时利润最大，并求最大利润值.

5. 设某产品的边际成本 $C'(x)=2-0.5x$（万元/台），其中 x 为产量，固定成本 $C_0=20$ 万元；边际收益 $R'(x)=20-2x$（万元/台），求：

（1）总成本和总收益函数；

（2）当产量为何值时利润最大；

（3）从最大利润时的产量开始，又生产了 5 台，求此时间段利润的总变量.

6. 设生产某产品 x 个单位的边际收益为 $R'(x)=\dfrac{ab}{x+1}$，求总收益和平均收益函数，其中 a,b 为常数.

本章思维导图

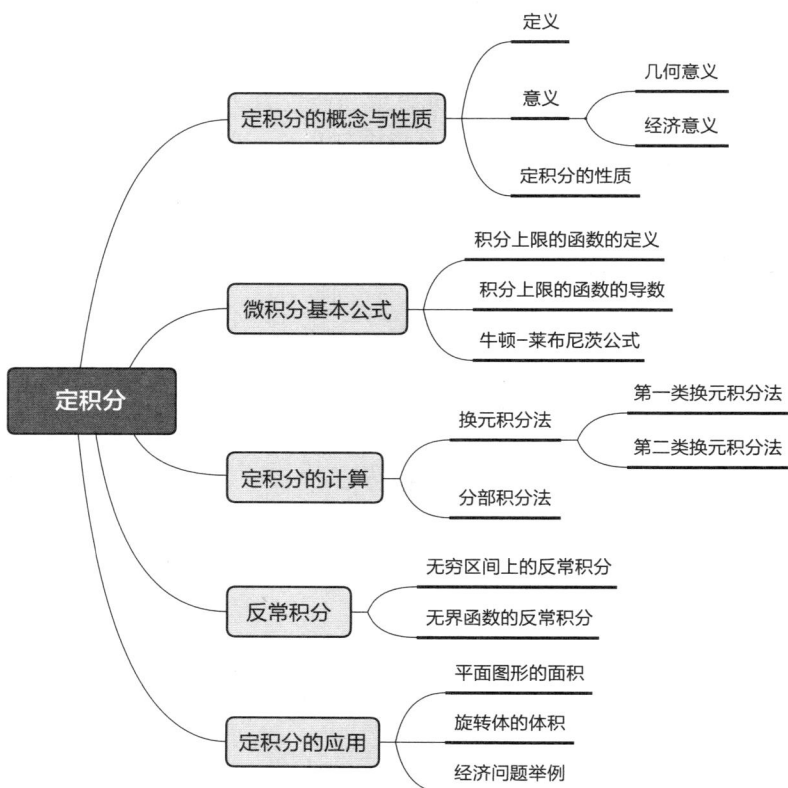

总复习题五

1. 求下列各函数的导数.

(1) $F(x) = \int_1^x \dfrac{1}{1+t^3} dt$；

(2) $F(x) = \int_x^0 t^3 \cdot \sin 2t \, dt$；

(3) $F(x) = \int_{x^3}^{x^2} e^t \, dt$；

(4) $F(x) = \int_{x^2}^{\sin x} t^3 \, dt$.

2. 求下列各极限.

(1) $\lim\limits_{x \to 0} \dfrac{\int_0^x \sin^2 t \, dt}{x^3}$；

(2) $\lim\limits_{x \to 0} \dfrac{\int_0^x (e^t - 1) dt}{\int_0^x t^2 \, dt}$.

3. 求下列各定积分.

(1) $\int_0^1 (2x^2 - x + 1) dx$；

(2) $\int_0^1 (3^x + x^2) dx$；

(3) $\int_{-2}^3 (x-1)^2 dx$；

(4) $\int_{-1}^1 \dfrac{x}{(1+x^2)^2} dx$；

(5) $\int_0^\pi \sin 2x \, dx$；

(6) $\int_0^1 e^{3x-1} dx$；

(7) $\int_{-1}^3 |2x| \, dx$；

(8) $\int_0^\pi |\cos x| \, dx$；

(9) $\int_0^a (\sqrt{a} - \sqrt{x})^2 dx$；

(10) $\int_0^1 \dfrac{x^2}{1+x^2} dx$；

(11) $\int_0^1 \dfrac{\sqrt{x}}{1+x} dx$；

(12) $\int_1^2 \dfrac{\sqrt{x^2-1}}{x} dx$；

(13) $\int_0^\pi \cos^2\left(\dfrac{x}{2}\right) dx$；

(14) $\int_0^5 \dfrac{x^3}{1+x^2} dx$；

(15) $\int_0^1 x e^{x^2} dx$；

(16) $\int_0^1 \dfrac{e^x}{1+e^{2x}} dx$；

(17) $\int_0^{e-1} x \ln(x+1) dx$；

(18) $\int_0^{2\pi} x \sin^2 x \, dx$；

(19) $\int_{\frac{1}{e}}^e |\ln x| \, dx$；

(20) $\int_0^{\frac{\pi}{2}} e^{2x} \cos x \, dx$.

4. 求 $F(x) = \int_0^x t(t-2) dt$ 在区间 $[-1, 3]$ 上的最大值与最小值.

5. 设 $\int_0^x f(t) dt = x^2(1+x^2)$，求 $f(0)$，$f'(0)$.

6. 设 $f(3x+1) = e^x$，求 $\int_1^4 f(x) dx$.

7. 若 $\int_0^2 (x+k) dx = 3$，试确定 k 的值.

8. 若 $\int_0^c (2x+1)\mathrm{d}x = 3$，试确定 c 的值.

9. 证明：$\int_x^1 \dfrac{1}{1+t^2}\mathrm{d}t = \int_1^{\frac{1}{x}} \dfrac{1}{1+t^2}\mathrm{d}t$ （提示：令 $t = \dfrac{1}{u}$）.

10. 证明：$\int_0^4 \mathrm{e}^{x(4-x)}\mathrm{d}x = 2\int_0^2 \mathrm{e}^{x(4-x)}\mathrm{d}x$.

11. 已知 $f(0)=1,f(1)=3,f'(1)=2$，求 $\int_0^1 x f''(x)\mathrm{d}x$.

12. 计算下列反常积分.

（1） $\displaystyle\int_0^{+\infty} \dfrac{\mathrm{d}x}{x^2+2x+2}$；

（2） $\displaystyle\int_1^{+\infty} \dfrac{\arctan x}{x^2}\mathrm{d}x$；

（3） $\displaystyle\int_0^1 \dfrac{1}{\sqrt{x(2-x)}}\mathrm{d}x$；

（4） $\displaystyle\int_2^{\mathrm{e}} \dfrac{\mathrm{d}x}{x\sqrt{\ln x - 1}}$.

13. 计算下列各值.

（1） $\dfrac{\Gamma(6)}{2\Gamma(3)\Gamma(2)}$；

（2） $\dfrac{\Gamma(2)\Gamma\left(\dfrac{1}{2}\right)}{\Gamma\left(\dfrac{5}{2}\right)}$.

14. 求下列曲线所围的平面区域的面积.

（1） $y=4-x^2$ 与 $y=0$.

（2） $y=x^2$，$2y=x^2$ 及 $x=1$.

（3） $y=x^3$，$y=1$ 及 $x=0$.

（4） $x=y^2$ 与 $y=x-1$.

15. 某产品在时刻 t 的变化率为 $6t+0.3t^2$（单位/小时），求从 $t=1$ 到 $t=3$ 这两个小时的产量.

16. 已知生产某产品 x 件时的边际收益 $R'(x)=50-\dfrac{x}{10}$（元/件），求：

（1） 生产此产品 500 件时的总收益；

（2） 产量从 500 件到 1000 件时所增加的收益.

17. 设某产品总成本 C（万元）的变化率是产量 x（百台）的函数 $C'(x)=2+\dfrac{x}{4}$，而边际收益 $R'(x)=8-x$，求：

（1） 产量从 100 台到 300 台时，总收益与总成本各增加多少；

（2） 已知固定成本为 $C(0)=1$（万元），分别求出总成本，总收益，总利润与 x 的关系；

（3） 当产量为多少时，利润最大，并求出最大利润值.

第六章

多元函数的微积分

第一节　空间解析几何简介

在自然科学、工程技术及经济关系等方面，微积分具有广泛的应用，而微积分的研究对象是函数，前面各章所讨论的函数都只有一个自变量，称为一元函数．实际问题中，一个变量往往依赖于多个自变量，这种由两个或两个以上自变量所确定的函数统称为多元函数．

本章将介绍多元函数的微积分，它是一元函数微积分的推广和发展．为了对多元函数的微积分有一个直观的描述，首先介绍空间解析几何的基础知识．

一、空间直角坐标系

在平面解析几何中，我们建立了平面直角坐标系，并通过平面直角坐标系，把平面上的点与有序数组 [即点的坐标 (x,y)] 对应起来．同样，为了把空间的任一点与有序数组对应起来，我们来建立**空间直角坐标系**．

1. 坐标系和坐标

坐标系：以 O 为公共原点，作三条互相垂直的数轴 Ox 轴（横轴），Oy 轴（纵轴），Oz 轴（竖轴），其中三条数轴符合右手规则，即伸出右手，拇指与其余并拢的四指垂直，当右手的四根手指从 x 轴的正向以逆时针方向旋转 $90°$ 转向 y 轴正向时，大拇指的指向就是 z 轴的正向，这样的三条坐标轴就构成了一个**空间直角坐标系**．点 O 称为**坐标原点**．数轴 Ox，Oy，Oz 统称为**坐标轴**．三条数轴中任意两条确定一个平面，分别为 xOy 面，yOz 面，zOx 面，统称为**坐标面**．三个坐标面将空间分成八个部分，每一部分称为一个**卦限**（图 6-1）．

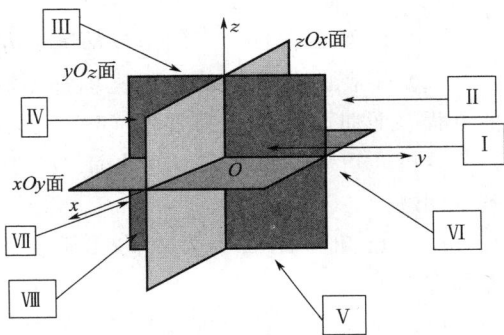

点的坐标：设 M 为空间中一点，过 M 点作

图 6-1

三个平面分别垂直于三条坐标轴,它们与 x 轴,y 轴,z 轴的交点依次为 P,Q,R(图 6-2),

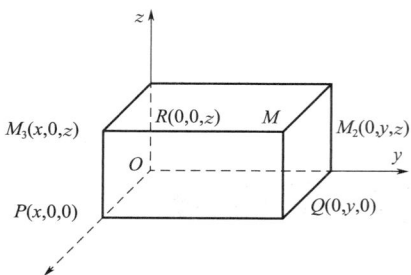

图 6-2

设 P,Q,R 三点在三个坐标轴的坐标依次为 x,y,z. 空间一点 M 就唯一地确定了一个有序数组 (x,y,z),称为点 M 的**直角坐标**,x,y,z 分别称为点 M 的**横坐标**、**纵坐标**和**竖坐标**,记为 $M(x,y,z)$.

2. 两点间的距离

设 $M_1(x_1,y_1,z_1)$,$M_2(x_2,y_2,z_2)$ 为空间中的两点,过这两点可作一条空间直线,线段 M_1M_2 的长度为空间两点 M_1,M_2 之间的距离,由此得空间任意两点间的距离公式:

$$|M_1M_2| = \sqrt{(x_2-x_1)^2+(y_2-y_1)^2+(z_2-z_1)^2}.$$

特别地,点 $M(x,y,z)$ 到原点 $O(0,0,0)$ 的距离为

$$|OM| = \sqrt{x^2+y^2+z^2}.$$

不难看出,上述两个公式是平面直角坐标系中两点间距离公式的推广.

例 1 设动点 M 与两定点 $P_1(1,-2,1)$,$P_2(2,1,-2)$ 等距离,求此动点 M 的轨迹.

解 设动点 $M(x,y,z)$,因为 $|P_1M|=|P_2M|$,所以

$$\sqrt{(x-1)^2+(y+2)^2+(z-1)^2} = \sqrt{(x-2)^2+(y-1)^2+(z+2)^2}.$$

由此得点 M 的轨迹为

$$2x+6y-6z-3=0.$$

以后我们会知道,这是一个平面方程.

二、曲面及其方程

在空间解析几何中,任何曲面都可看作是空间点的几何轨迹. 因此,曲面上的所有点都具有共同的性质,这些点的坐标必须满足一定的条件. 在这样的意义下,先建立空间曲面 S 与三元方程

$$F(x,y,z)=0 \tag{6-1}$$

之间的对应关系.

定义 1 如果三元方程 $F(x,y,z)=0$ 与空间曲面 S 有下列关系.

(1) 曲面 S 上任一点的坐标都满足方程(6-1).

(2) 不在曲面 S 上的点的坐标都不满足方程(6-1),那么,方程(6-1)就称为曲面 S 的方程,而曲面 S 就称为方程(6-1)的图形(图 6-3).

这样,可利用方程来研究曲面. 关于曲面的讨论,有下列两个基本问题.

(1) 已知一曲面作为点的几何轨迹时,如何建立该曲面的方程.

(2) 已知方程 $F(x,y,z)=0$,研究此方程所表示的曲面形状.

下面介绍几种常见的曲面.

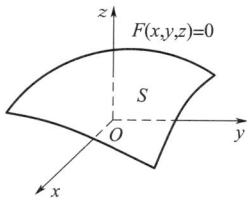

图 6-3

1. 球面

例2 求球心在点 $M_0(x_0, y_0, z_0)$，半径为 R 的球面方程.

解 设 $M(x, y, z)$ 是球面上任一点（图6-4），则有 $|M_0M| = R$，由两点间距离公式得

$$\sqrt{(x-x_0)^2 + (y-y_0)^2 + (z-z_0)^2} = R.$$

两边平方，得

$$(x-x_0)^2 + (y-y_0)^2 + (z-z_0)^2 = R^2. \tag{6-2}$$

这就是球面上的点的坐标所满足的方程，而不在球面上的点的坐标都不满足这个方程. 所以，方程（6-2）就是以点 $M_0(x_0, y_0, z_0)$ 为球心，R 为半径的球面方程.

特别地，以原点 $O(0,0,0)$ 为球心，R 为半径的球面方程为 $x^2 + y^2 + z^2 = R^2$.

一般地，设有三元二次方程

$$Ax^2 + Ay^2 + Az^2 + Dx + Ey + Fz + G = 0,$$

这个方程的特点是缺 xy, yz, zx 各项，而且平方项系数相同，只要将方程经过配方就可以化为方程（6-2）的形式，那么它的图形就是一个球面.

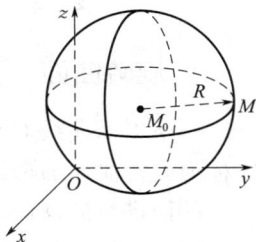

图 6-4

2. 柱面

定义2 平行于某定直线并沿定曲线 C 移动的直线 L 所形成的轨迹称为**柱面**. 这条定曲线 C 称为柱面的**准线**，动直线 L 称为柱面的**母线**.

例3 考察方程 $x^2 + y^2 = R^2$ 表示怎样的曲面.

解 方程 $x^2 + y^2 = R^2$ 在 xOy 面上表示圆心在原点 O，半径为 R 的圆，在空间直角坐标系中，此方程不含竖坐标 z，即不论空间点的竖坐标 z 怎样，只要它的横坐标 x 和纵坐标 y 能满足方程，那么这些点就在该曲面上. 这就是说，凡是通过 xOy 面内圆 $x^2 + y^2 = R^2$ 上一点 $M(x, y, 0)$，且平行于 z 轴的直线 l 都在此曲面上，因此，该曲面可以看作是由平行于 z 轴的直线 l 沿 xOy 面上的圆 $x^2 + y^2 = R^2$ 移动而形成的. 这种曲面叫作圆柱面（图6-5），xOy 面上的圆 $x^2 + y^2 = R^2$ 叫作它的准线，平行于 z 轴的直线 l 叫作它的母线.

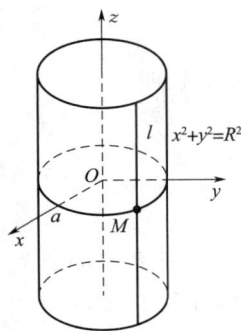

常见的柱面（除圆柱面外）还有以下几种.

椭圆柱面：$\dfrac{x^2}{a^2} + \dfrac{y^2}{b^2} = 1$（图6-6）.

双曲柱面：$\dfrac{y^2}{b^2} - \dfrac{x^2}{a^2} = 1$（图6-7）.

图 6-5

抛物面：$x^2 = 2py$（图6-8）.

一般地，只含 x, y 而缺 z 的方程 $F(x, y) = 0$ 在空间直角坐标系中表示母线平行于 z 轴的柱面，其准线是 xOy 面上的曲线 $C: F(x, y) = 0$. 类似可知，只含 x, z 而缺 y 的方程 $G(x, z) = 0$ 和只含 y, z 而缺 x 的方程 $H(y, z) = 0$ 在空间直角坐标系中表示母线平行于 y 轴和 x 轴的柱面.

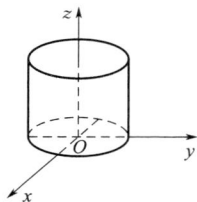
图 6-6

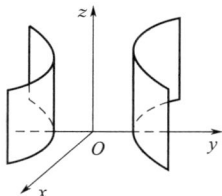
图 6-7

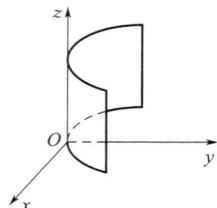
图 6-8

3. 旋转曲面

一条平面曲线 C 绕同一平面内的一条定直线 L 旋转所形成的曲面称为**旋转曲面**. 曲线 C 称为旋转曲面的**母线**,定直线 L 称为旋转曲面的**旋转轴**,简称轴.

前面讲过的球面、圆柱面等都是旋转曲面.

例 4 设母线 C 在 yOz 平面上,它的平面直角坐标方程为

$$F(y,z)=0.$$

试证:曲线 C 绕 z 轴旋转所成的旋转曲面 Σ 的方程为

$$F(\pm\sqrt{x^2+y^2},z)=0.$$

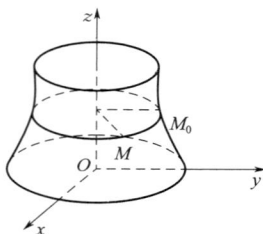
图 6-9

证 设 $M(x,y,z)$ 为旋转曲面上的任一点,并假定 M 点是由曲线 C 上的点 $M_0(0,y_0,z_0)$ 绕 z 轴旋转到一定角度而得到的(图 6-9).因而 $z=z_0$,且点 M 到 z 轴的距离与 M_0 到 z 轴的距离相等.而 M 到 z 轴的距离为 $\sqrt{x^2+y^2}$,M_0 到 z 轴的距离为 $\sqrt{y_0^2}=|y_0|$,即

$$y_0=\pm\sqrt{x^2+y^2}.$$

又因为 M_0 在 C 上,因而 $F(y_0,z_0)=0$,将上式代入得

$$F(\pm\sqrt{x^2+y^2},z)=0,$$

即旋转曲面上任一点 $M(x,y,z)$ 的坐标满足方程

$$F(\pm\sqrt{x^2+y^2},z)=0.$$

其次,若点 $M(x,y,z)$ 的坐标满足方程 $F(\pm\sqrt{x^2+y^2},z)=0$,则不难证明

$$M\in\Sigma.$$

于是,该旋转曲面的方程为

$$F(\pm\sqrt{x^2+y^2},z)=0.$$

注意 此例说明,若旋转曲面的母线 C 在 yOz 平面上,它在平面直角坐标系中的方程为 $F(y,z)=0$,则想要写出曲线 C 绕 z 轴旋转的旋转曲面的方程,只需将方程 $F(y,z)=0$ 中的 y 换成 $\pm\sqrt{x^2+y^2}$ 即可.

同理,曲线 C 绕 y 轴旋转的旋转曲面的方程为 $F(y,\pm\sqrt{x^2+z^2})=0$,即将 $F(y,z)=0$ 中的 z 换成 $\pm\sqrt{x^2+z^2}$.

反之,一个方程是否表示旋转曲面,只需看方程中是否含有两个变量的平方和.

如在 yOz 平面内的椭圆 $\dfrac{y^2}{b^2}+\dfrac{z^2}{c^2}=1$ 绕 z 轴旋转所得到的旋转曲面的方程为

$$\frac{x^2+y^2}{b^2}+\frac{z^2}{c^2}=1.$$

该曲面称为旋转椭球面.

例 5　求 xOy 平面上的双曲线 $\dfrac{x^2}{9}-\dfrac{y^2}{4}=1$ 绕 x 轴旋转形成的旋转曲面的方程.

解　由于绕 x 轴旋转，只需将方程

$$\frac{x^2}{9}-\frac{y^2}{4}=1$$

中的 y 换成 $\pm\sqrt{y^2+z^2}$ 即可，所以，所求的旋转曲面的方程为

$$\frac{x^2}{9}-\frac{y^2+z^2}{4}=1.$$

该曲面为旋转双叶双曲面.

习题 6-1

1. 在空间直角坐标系中，指出下列各点所在的卦限.
$(1,-1,2)$；$(-1,-1,2)$；$(1,1,-2)$；$(-1,1,2)$；$(-1,1,-2)$.

2. 求两点 $M_1(2,-1,3)$ 和 $M_2(-3,2,1)$ 之间的距离.

3. 求以点 $M(1,3,-2)$ 为球心且通过坐标原点的球面方程.

4. 指出下列方程在平面上和空间上分别表示什么图形.

(1) $x^2+y^2=4$；　　　　(2) $\dfrac{x^2}{4}+\dfrac{y^2}{9}=1$；

(3) $y^2=2x$；　　　　(4) $y=3x-2$.

5. 求出下列在 xOy 平面上的曲线绕指定轴旋转所形成的旋转面方程，并指出它的名称.

(1) $y=3x^2$，绕 y 轴；　　　　(2) $\dfrac{x^2}{4}+\dfrac{y^2}{9}=1$，绕 x 轴.

6. 说明下列旋转曲面是怎么形成的.

(1) $\dfrac{x^2}{4}+\dfrac{y^2}{25}+\dfrac{z^2}{25}=1$；　　　　(2) $2x^2-\dfrac{y^2}{4}+2z^2=1$.

7. 指出下列方程组在平面解析几何与空间解析几何中分别表示什么图形.

(1) $\begin{cases}y=3x+1\\y=2x-3\end{cases}$；　　　　(2) $\begin{cases}\dfrac{x^2}{4}+\dfrac{y^2}{9}=1\\y=3\end{cases}$.

第二节　多元函数的极限与连续

前面几章研究的函数 $y=f(x)$，是因变量与一个自变量之间的关系，即因变量的值只依赖于一个自变量，称为一元函数. 但在许多实际问题中往往需要研究因变量与几个自变量之间的关系，即因变量的值依赖于几个自变量. 例如，某种商品的市场需求量不仅仅与其市场价格有关，而且与消费者的收入以及这种商品的其他替代品的价格等因素有关，即决定该商品需求量的因素不止一个而是多个. 要全面研究这类问题，就需要引入多元函数的概念.

一、多元函数的概念

我们以二元函数为例，给出其定义，并讨论其相应的性质．这些结果可以推广至二元以上的函数中．

定义 1 设 D 是 R^2 的一个非空点集，若按照某对应法则 f，D 中每一点 $P(x,y)$ 总有唯一确定的实数 z 与之对应，则称 z 是变量 x，y 的二元函数，通常记作

$$z = f(x,y), \quad (x,y) \in D,$$

其中，x，y 称为自变量；z 称为因变量；点集 D 称为函数的**定义域**；函数值的全体称为函数的**值域**，记为 $f(D)$，即

$$f(D) = \{z \mid z = f(x,y), (x,y) \in D\}.$$

类似地，可以定义三元函数 $u = f(x,y,z)$ 以及一般的 n 元函数 $u = f(x_1, x_2, \cdots, x_n)$．二元以及二元以上的函数统称为多元函数．

二元函数 $z = f(x,y)$ 的定义域在几何上表示坐标平面上的平面区域．所谓平面区域，可以是整个 xOy 平面或者是 xOy 平面上由几条曲线所围成的部分，围成平面区域的曲线称为该区域的边界，边界上的点称为边界点．

平面区域可以分类如下：包括边界在内的区域称为**闭区域**；不包括边界的区域称为**开区域**；包括部分边界的区域称为**半开区域**．如果区域延伸到无穷远，则称为**无界区域**，否则称为**有界区域**．有界区域总可以包含在一个以原点为圆心的相当大的圆域内．

例 1 求下列二元函数的定义域，并绘出定义域的图形．

(1) $z = \sqrt{1 - x^2 - y^2}$；   (2) $z = \ln(x + y)$.

解 (1) 要使函数 $z = \sqrt{1 - x^2 - y^2}$ 有意义，必须有 $1 - x^2 - y^2 \geq 0$，即有 $x^2 + y^2 \leq 1$．故所求函数的定义域为 $D = \{(x,y) \mid x^2 + y^2 \leq 1\}$，图形为图 6-10．

(2) 要使函数 $z = \ln(x + y)$ 有意义，必须有 $x + y > 0$．故所有函数的定义域为 $D = \{(x,y) \mid x + y > 0\}$，图形为图 6-11．

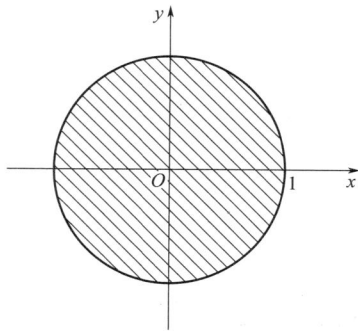

图 6-10

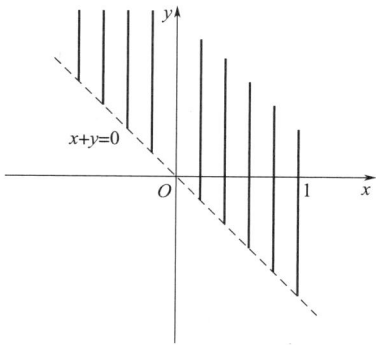

图 6-11

二、二元函数的极限与连续

在一元函数中，我们研究了当自变量趋于某一数值时函数的极限，这时动点趋于定点的各种方式总是沿着坐标轴进行的．对于二元函数 $z = f(x,y)$，同样可以讨论当自变量 x 与

y 趋向于 x_0 和 y_0 时，函数 z 的变化状态．也就是说，研究当点 (x,y) 趋向 (x_0,y_0) 时，函数 $z=f(x,y)$ 的变化趋势．但是，二元函数的情况要比一元函数复杂得多．因为在坐标平面 xOy 上，(x,y) 趋向 (x_0,y_0) 的方式是多种多样的．为了研究方便，我们先介绍邻域的概念．

设 $P_0(x_0,y_0)$ 为 xOy 平面上一点，$\delta>0$，与点 P_0 距离小于 δ 的点 $P(x,y)$ 的全体称为点 P_0 的 δ **邻域**，记作 $U(P_0,\delta)$，即

$$U(P_0,\delta)=\{P\mid|P_0P|<\delta\}=\{(x,y)\mid\sqrt{(x-x_0)^2+(y-y_0)^2}<\delta\}.$$

其中，P_0 称为邻域的**中心**；δ 称为邻域的**半径**；平面上点 $P_0(x_0,y_0)$ 的 δ 圆邻域是以点 $P_0(x_0,y_0)$ 为中心，δ 为半径的圆内所有点的集合．

点 P_0 的去心 δ 圆邻域，记作 $U°(P_0,\delta)=\{(x,y)\mid0<\sqrt{(x-x_0)^2+(y-y_0)^2}<\delta\}$．如果不需要强调邻域的半径 δ，点 P_0 的 δ 圆邻域也可记作 $U(P_0)$，点 P_0 的去心 δ 圆邻域也可记作 $U°(P_0)$．

定义 2 设函数 $z=f(x,y)$ 在点 $P_0(x_0,y_0)$ 的某个去心邻域 $U°(P_0)$ 内有定义，点 $P(x,y)$ 是 $U°(P_0)$ 内异于 P_0 的任一点，当 $P(x,y)$ 沿着任意路径无限趋近于 $P_0(x_0,y_0)$ 时，函数 $f(x,y)$ 总是无限趋近于一个确定的常数 A，则称 A 是函数 $f(x,y)$ 当 $(x,y)\to(x_0,y_0)$ 时的二重极限，记作

$$\lim_{(x,y)\to(x_0,y_0)}f(x,y)=A \quad 或 \quad \lim_{\substack{x\to x_0\\y\to y_0}}f(x,y)=A.$$

注意 对于二元函数的极限 $\lim\limits_{P\to P_0}f(x,y)=A$，由于点 $P_0(x_0,y_0)$ 的邻域是一个平面点集，点 $P(x,y)$ 可沿邻域内的任意曲线趋近于点 $P_0(x_0,y_0)$，不能因为当点 $P(x,y)$ 沿着某一条（或几条）特殊路径趋近于 $P_0(x_0,y_0)$ 时，$f(x,y)$ 趋近于某一常数，而断定它有极限．二重极限存在的充分必要条件是：当点 $P(x,y)$ 在邻域内以任何方式趋近于 $P_0(x_0,y_0)$ 时，$f(x,y)$ 都以常数 A 为极限．如果当点 $P(x,y)$ 沿着不同路径趋近于 $P_0(x_0,y_0)$ 时，$f(x,y)$ 趋近于不同的数，则可断定 $f(x,y)$ 在 $P_0(x_0,y_0)$ 处没有极限．

一元函数的极限运算法可以推广到二元函数．

例 2 求下列极限．

$(1)\ \lim\limits_{(x,y)\to(0,2)}\dfrac{\sin(xy)}{x}$；$(2)\ \lim\limits_{(x,y)\to(0,2)}\dfrac{\sqrt{9+xy}-3}{x}$．

解 $(1)\ \lim\limits_{(x,y)\to(0,2)}\dfrac{\sin(xy)}{x}=\lim\limits_{(x,y)\to(0,2)}\left[\dfrac{\sin(xy)}{xy}\cdot y\right]$，令 $u=xy$，则当 $(x,y)\to(0,2)$ 时，$u\to0$．因此，

$$\lim_{(x,y)\to(0,2)}\frac{\sin(xy)}{xy}=\lim_{u\to0}\frac{\sin u}{u}=1,$$

又因为 $\lim\limits_{(x,y)\to(0,2)}y=2$，所以

$$\lim_{(x,y)\to(0,2)}\frac{\sin(xy)}{x}=\lim_{(x,y)\to(0,2)}\frac{\sin(xy)}{xy}\cdot\lim_{(x,y)\to(0,2)}y=1\cdot2=2.$$

$(2)\ \lim\limits_{(x,y)\to(0,2)}\dfrac{\sqrt{9+xy}-3}{x}=\lim\limits_{(x,y)\to(0,2)}\dfrac{xy}{x(\sqrt{9+xy}+3)}$

$$=\lim_{(x,y)\to(0,2)}\frac{y}{\sqrt{9+xy}+3}=\frac{2}{6}=\frac{1}{3}.$$

例 3 设 $f(x,y)=\dfrac{xy}{x^2+y^2}$，讨论极限 $\lim\limits_{(x,y)\to(0,0)}f(x,y)$ 是否存在.

解 考虑 $y=kx(k\neq0)$，当动点 (x,y) 沿直线 $y=kx$ 趋近于 $(0,0)$ 时，

$$\lim_{(x,y)\to(0,0)}f(x,y)=\lim_{\substack{x\to0\\y=kx\to0}}\frac{kx^2}{x^2+k^2x^2}=\frac{k}{1+k^2},$$

此值与 k 的取值有关，即当 k 取不同的值时，函数趋近于不同的常数，故当 $(x,y)\to(0,0)$ 时，函数 $f(x,y)$ 的极限不存在.

类似于一元函数的连续性，我们可以给出二元函数在一点连续的定义.

定义 3 设二元函数 $z=f(x,y)$ 在点 $P_0(x_0,y_0)$ 的某邻域内有定义，如果

$$\lim_{(x,y)\to(x_0,y_0)}f(x,y)=f(x_0,y_0),$$

则称函数 $z=f(x,y)$ 在 $P_0(x_0,y_0)$ 处**连续**，P_0 称为 $f(x,y)$ 的**连续点**；否则，称 $f(x,y)$ 在点 P_0 处间断（不连续），P_0 称为**间断点**.

如果 $f(x,y)$ 在平面区域 D 内的每一点都连续，则称该函数在区域 D 内连续.

二元连续函数的运算法则及连续性与一元函数相同.

（1）二元连续函数经过四则运算后仍为二元连续函数.

（2）如果 $f(x,y)$ 在有界闭区域 D 上连续，则 $f(x,y)$ 必在 D 上有界，且能取得最大值和最小值.

（3）在有界闭区域 D 上连续的二元函数，必能取得介于最大值和最小值之间的任何值.

由常量及具有不同变量的一元基本初等函数经过有限次四则运算和有限次复合而得到的，可用一个分析式子表示的多元函数称为多元初等函数.

例如，e^{x+y}，$\sin\dfrac{1}{\sqrt{x^2+y^2-z}}$ 等都是多元初等函数.

一切多元初等函数在其定义区域内都是连续的. 这里所说的定义区域是指包含在定义域内的区域或闭区域.

习题 6-2

1. 求下列函数的表达式.

（1）已知 $f(x,y)=x^2y$，求 $f(x+y,x-y)$.

（2）已知 $f(x,y)=\dfrac{xy}{x^2+y^2}$，求 $f\left(\dfrac{x}{y},\dfrac{y}{x}\right)$.

2. 求下列函数的定义域，并绘出定义域的图形.

（1）$z=\sqrt{4x^2+4y^2-1}$；

（2）$z=\ln xy$；

（3）$z=\dfrac{1}{\sqrt{x+y}}-\dfrac{1}{\sqrt{x-y}}$；

（4）$z=\dfrac{\sqrt{9x-y^2}}{\ln(2-x^2-y^2)}$.

3. 求下列极限.

（1）$\lim\limits_{(x,y)\to(0,0)}\dfrac{\tan(x^2+y^2)}{x^2+y^2}$；

（2）$\lim\limits_{(x,y)\to(0,1)}\dfrac{e^{xy}\cos x}{2+x+y}$；

（3）$\lim\limits_{(x,y)\to(0,0)}\dfrac{3-\sqrt{xy+9}}{xy}$；

（4）$\lim\limits_{(x,y)\to(0,0)}\left(x\sin\dfrac{1}{y}+y\cos\dfrac{1}{x}\right)$；

(5) $\lim\limits_{(x,y)\to(2,0)}\left[\dfrac{\sin(xy)}{y}+(x^2+y^2)\right]$.

4. 证明极限 $\lim\limits_{(x,y)\to(0,0)}\dfrac{x-y}{x+y}$ 不存在.

5. 指出下列函数在何处是间断的.

(1) $z=\dfrac{x+y}{y-2x^2}$;

(2) $z=\dfrac{\sin(xy)}{(x-y)^2}$.

第三节　偏导数

在研究一元函数的变化率时曾引入导数的概念，对于多元函数同样需要研究函数关于自变量的变化率问题. 但多元函数的自变量不止一个，函数关系也比较复杂，通常的方法是只让一个变量变化，固定其他的变量（即视为常数），研究函数关于这个变量的变化率. 我们把这种变化率称为偏导数.

一、多元函数的偏导数

本节中，我们重点讨论二元函数的变化率问题. 下面先介绍关于多元函数改变量的几个概念.

设函数 $z=f(x,y)$ 在点 (x_0,y_0) 的某个邻域内有定义. 当 x 从 x_0 处有一增量 $\Delta x(\Delta x\neq0)$，而 $y=y_0$ 保持不变时，函数 z 得到一个改变量，
$$\Delta_x z=f(x_0+\Delta x,y_0)-f(x_0,y_0),$$
$\Delta_x z$ 被称为函数 $z=f(x,y)$ 在点 (x_0,y_0) 处关于 x 的**偏增量**. 类似地，可定义函数 z 关于 y 的偏增量为
$$\Delta_y z=f(x_0,y_0+\Delta y)-f(x_0,y_0).$$
若自变量分别从 x_0,y_0 取得增量 $\Delta x,\Delta y$，则函数 z 相应的改变量
$$\Delta z=f(x_0+\Delta x,y_0+\Delta y)-f(x_0,y_0),$$
Δz 被称为函数 $z=f(x,y)$ 在点 (x_0,y_0) 的**全增量**.

1. 偏导数的定义

定义　设函数 $z=f(x,y)$ 在点 (x_0,y_0) 的某一邻域内有定义，当 y 固定在 y_0，x 在 x_0 处有增量 Δx 时，相应地，函数 $f(x,y)$ 有增量 $f(x_0+\Delta x,y_0)-f(x_0,y_0)$，如果
$$\lim\limits_{\Delta x\to0}\frac{\Delta_x z}{\Delta x}=\lim\limits_{\Delta x\to0}\frac{f(x_0+\Delta x,y_0)-f(x_0,y_0)}{\Delta x}$$
存在，则称此极限为函数 $z=f(x,y)$ 在点 (x_0,y_0) 处对 x 的**偏导数**，记为
$$z_x'\Big|_{\substack{x=x_0\\y=y_0}},\quad f_x'(x_0,y_0),\quad \frac{\partial f}{\partial x}\Big|_{\substack{x=0\\y=0}}\quad\text{或}\quad \frac{\partial z}{\partial x}\Big|_{\substack{x=0\\y=0}}.$$

类似地，当 x 固定在 x_0，而 y 在 y_0 有增量 Δy，如果极限
$$\lim\limits_{\Delta y\to0}\frac{\Delta_y z}{\Delta y}=\lim\limits_{\Delta y\to0}\frac{f(x_0,y_0+\Delta y)-f(x_0,y_0)}{\Delta y}$$
存在，则称此极限为函数 $z=f(x,y)$ 在点 (x_0,y_0) 处对 y 的**偏导数**，记为

$$z'_y\Big|_{\substack{x=x_0\\y=y_0}},\quad f'_y(x_0,y_0),\quad \frac{\partial f}{\partial y}\Big|_{\substack{x=x_0\\y=y_0}}\quad \text{或}\quad \frac{\partial z}{\partial y}\Big|_{\substack{x=x_0\\y=y_0}}.$$

如果函数 $z=f(x,y)$ 在平面区域 D 内任一点 (x,y) 处都存在对 x（或 y）的偏导数，则称函数 $z=f(x,y)$ 在 D 内存在对 x（或 y）的**偏导函数**，简称函数 $f(x,y)$ 在 D 内有偏导数，记为

$$z'_x,\quad f'_x(x,y),\quad \frac{\partial f}{\partial x}\quad \text{或}\quad \frac{\partial z}{\partial x};$$

$$z'_y,\quad f'_y(x,y),\quad \frac{\partial f}{\partial y}\quad \text{或}\quad \frac{\partial z}{\partial y}.$$

$f(x,y)$ 在点 (x_0,y_0) 处的偏导数 $f'_x(x_0,y_0)$，$f'_y(x_0,y_0)$，就是偏导函数 $f'_x(x,y)$，$f'_y(x,y)$ 在 (x_0,y_0) 处的函数值.

偏导数的概念可以推广到二元以上的函数，如三元函数 $u=f(x,y,z)$ 在点 (x,y,z) 处对 x 的偏导数定义为

$$\frac{\partial u}{\partial x}=\lim_{\Delta x\to 0}\frac{f(x+\Delta x,y,z)-f(x,y,z)}{\Delta x}.$$

其中 (x,y,z) 是函数 $u=f(x,y,z)$ 的定义域内的点. 它们的求法也仍旧是一元函数的微分法.

2. 偏导数的计算

从偏导数的定义中可以看出，偏导数的实质就是把一个变量固定，将二元函数 $z=f(x,y)$ 看成另一个变量的一元函数的导数. 因此求二元函数的偏导数，不需要引进新的方法，只需用一元函数的微分法，把一个自变量暂时视为常量，而对另一个自变量进行求导即可. 即求 $\frac{\partial z}{\partial x}$ 时，把 y 视为常数而对 x 求导数；求 $\frac{\partial z}{\partial y}$ 时，把 x 视为常数而对 y 求导数.

例 1 求 $f(x,y)=3x^5-x^4y^3+y^2$ 在点 $(1,1)$ 处的偏导数.

解 将 y 看作常量，对 x 求导得

$$\frac{\partial f}{\partial x}=15x^4-4x^3y^3,\quad \frac{\partial f}{\partial x}\Big|_{\substack{x=1\\y=1}}=11;$$

将 x 看作常量，对 y 求导得

$$\frac{\partial f}{\partial y}=-3x^4y^2+2y,\quad \frac{\partial f}{\partial x}\Big|_{\substack{x=1\\y=1}}=-1.$$

例 2 设 $z=x^y\,(x>0)$，求 $\frac{\partial z}{\partial x}$，$\frac{\partial z}{\partial y}$.

解 把 y 看作常量，对 x 求导得 $\frac{\partial z}{\partial x}=yx^{y-1}$；把 x 看作常量，对 y 求导得 $\frac{\partial z}{\partial y}=x^y\ln x$.

例 3 设二元函数 $z=\ln xy$，求 $\frac{\partial z}{\partial x}$，$\frac{\partial z}{\partial y}$.

解 $\frac{\partial z}{\partial x}=\frac{1}{xy}\cdot(xy)'_x=\frac{1}{xy}\cdot y=\frac{1}{x}$，$\frac{\partial z}{\partial y}=\frac{1}{xy}\cdot(xy)'_y=\frac{1}{xy}\cdot x=\frac{1}{y}$.

例 4 求 $u=\ln(x+y+z^2)$ 的偏导数.

解 这是一个三元函数，类似于二元函数的计算，将 y，z 看作常量，对 x 求导得

$$\frac{\partial u}{\partial x}=\frac{1}{x+y+z^2},$$

同理，将 x，z 看作常量，对 y 求导得

$$\frac{\partial u}{\partial y} = \frac{1}{x+y+z^2},$$

将 x，y 看作常量，对 z 求导得

$$\frac{\partial u}{\partial z} = \frac{2z}{x+y+z^2}.$$

3. 偏导数的几何意义

偏导数本质上就是一元函数的导数，而一元函数的导数在几何上表示曲线上某点处的切线的斜率，因此，二元函数的偏导数也有类似的几何意义.

设函数 $z=f(x,y)$ 在点 (x_0,y_0) 处的偏导数存在，由于 $f'_x(x_0,y_0)$ 就是一元函数 $z=f(x,y_0)$ 在点 x_0 处的导数值，即

$$f'_x(x_0,y_0) = \frac{\mathrm{d}}{\mathrm{d}x}f(x,y_0)\bigg|_{x=x_0}$$

故只需分析清楚导数 $\dfrac{\mathrm{d}}{\mathrm{d}x}f(x,y_0)\bigg|_{x=x_0}$ 的几何意义.

注意到，$z=f(x,y)$ 在几何上表示一曲面，设点 $M_0(x_0,y_0,f(x_0,y_0))$ 是该曲面上的一点. 过点 M_0 作平面 $y=y_0$，与曲面 $z=f(x,y)$ 相截，得到截线（图 6-12），其方程为

$$\begin{cases} z=f(x,y) \\ y=y_0 \end{cases}.$$

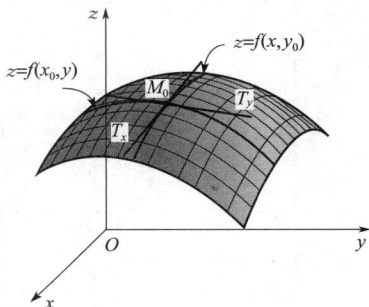

图 6-12

结合一元函数在某点处导数的几何意义可知，偏导数 $f'_x(x_0,y_0)$ 表示曲面 $z=f(x,y)$ 与平面 $y=y_0$ 的交线在空间中的点 $M_0(x_0,y_0,f(x_0,y_0))$ 处的切线 M_0T_x 对 x 轴的斜率.

同理，偏导数 $f'_y(x_0,y_0)$ 表示曲面 $z=f(x,y)$ 被平面 $x=x_0$ 所截得的曲线

$$\begin{cases} x=x_0 \\ z=f(x_0,y) \end{cases}$$

在点 M_0 处的切线 M_0T_y 对 y 轴的斜率.

二、高阶偏导数

在一元函数中，若一元函数的一阶导函数仍然可导，则其导函数的导数称为函数的二阶导数，对于多元函数也可类似地定义其二阶偏导数.

设二元函数 $z=f(x,y)$ 在区域 D 内可偏导，其偏导数 $f'_x(x,y)$，$f'_y(x,y)$ 仍然是自变量 x，y 的二元函数，若 $f'_x(x,y)$，$f'_y(x,y)$ 的偏导数也存在，则称它们为函数 $z=f(x,y)$ 的二阶偏导数. 二元函数的二阶偏导数有以下四种类型.

按照对变量的求导次序，有下列四种二阶偏导数.

$$\frac{\partial}{\partial x}\left(\frac{\partial z}{\partial x}\right) = \frac{\partial^2 z}{\partial x^2} = f''_{xx}(x,y) = z''_{xx}; \qquad \frac{\partial}{\partial y}\left(\frac{\partial z}{\partial x}\right) = \frac{\partial^2 z}{\partial x \partial y} = f''_{xy}(x,y) = z''_{xy};$$

$$\frac{\partial}{\partial x}\left(\frac{\partial z}{\partial y}\right)=\frac{\partial^2 z}{\partial y\partial x}=f''_{yx}(x,y)=z''_{yx}; \qquad \frac{\partial}{\partial y}\left(\frac{\partial z}{\partial y}\right)=\frac{\partial^2 z}{\partial y^2}=f''_{yy}(x,y)=z''_{yy}.$$

其中，$f''_{xx}(x,y)$ 称为函数 $z=f(x,y)$ 关于 x 的**二阶偏导**，$f''_{yy}(x,y)$ 称为函数 $z=f(x,y)$ 关于 y 的**二阶偏导**，$f''_{xy}(x,y)$ 和 $f''_{yx}(x,y)$ 称为函数 $z=f(x,y)$ 关于 x,y 的**二阶混合偏导数**，$\dfrac{\partial}{\partial y}\left(\dfrac{\partial z}{\partial x}\right)=\dfrac{\partial^2 z}{\partial x\partial y}$ 表示函数先对 x 后对 y 的求导次序；$\dfrac{\partial}{\partial x}\left(\dfrac{\partial z}{\partial y}\right)=\dfrac{\partial^2 z}{\partial y\partial x}$ 表示函数先对 y 后对 x 的求导次序.

类似地，有三阶、四阶和更高阶的偏导数，二阶及二阶以上的偏导数统称为**高阶偏导数**.

例 5 求函数 $z=x^3 y^2-3xy^3-xy+1$ 的二阶偏导数.

解 因为函数的一阶偏导数为

$$\frac{\partial z}{\partial x}=3x^2 y^2-3y^3-y,\quad \frac{\partial z}{\partial y}=2x^3 y-9xy^2-x,$$

故所求二阶偏导数为

$$\frac{\partial^2 z}{\partial x^2}=\frac{\partial}{\partial x}\left(\frac{\partial z}{\partial x}\right)=\frac{\partial}{\partial x}(3x^2 y^2-3y^3-y)=6xy^2,$$

$$\frac{\partial^2 z}{\partial x\partial y}=\frac{\partial}{\partial y}\left(\frac{\partial z}{\partial x}\right)=\frac{\partial}{\partial y}(3x^2 y^2-3y^3-y)=6x^2 y-9y^2-1,$$

$$\frac{\partial^2 z}{\partial y\partial x}=\frac{\partial}{\partial x}\left(\frac{\partial z}{\partial y}\right)=\frac{\partial}{\partial x}(2x^3 y-9xy^2-x)=6x^2 y-9y^2-1,$$

$$\frac{\partial^2 z}{\partial y^2}=\frac{\partial}{\partial y}\left(\frac{\partial z}{\partial y}\right)=\frac{\partial}{\partial y}(2x^3 y-9xy^2-x)=2x^3-18xy.$$

此例中的两个二阶混合偏导数相等，但这个结论并非对于任意可求二阶偏导数的二元函数都成立，我们不加证明地给出下列定理.

定理 若函数 $z=f(x,y)$ 的两个二阶混合偏导数在点 (x,y) 处连续，则在该点处有

$$\frac{\partial^2 z}{\partial x\partial y}=\frac{\partial^2 z}{\partial y\partial x}.$$

对于三元以上的函数也可以类似地定义高阶偏导数，而且在偏导数连续时，混合偏导数也与求偏导的次序无关.

例 6 验证 $u=z\arctan\dfrac{x}{y}$ 满足 Laplace 方程 $\dfrac{\partial^2 u}{\partial x^2}+\dfrac{\partial^2 u}{\partial y^2}+\dfrac{\partial^2 u}{\partial z^2}=0$.

解 $\dfrac{\partial u}{\partial x}=\dfrac{yz}{x^2+y^2}$，$\dfrac{\partial u}{\partial y}=\dfrac{-xz}{x^2+y^2}$，$\dfrac{\partial u}{\partial z}=\arctan\dfrac{x}{y}$，

$$\frac{\partial^2 u}{\partial x^2}=\frac{-2xyz}{(x^2+y^2)^2},\quad \frac{\partial^2 u}{\partial y^2}=\frac{2xyz}{(x^2+y^2)^2},\quad \frac{\partial^2 u}{\partial z^2}=0,$$

因此，$\dfrac{\partial^2 u}{\partial x^2}+\dfrac{\partial^2 u}{\partial y^2}+\dfrac{\partial^2 u}{\partial z^2}=\dfrac{-2xyz}{(x^2+y^2)^2}+\dfrac{2xyz}{(x^2+y^2)^2}+0=0.$

习题 6-3

1. 求下列函数的偏导数.

(1) $z=2xy^2-\sin x+5y^2$；

(2) $z=\dfrac{xy}{x+y}$；

(3) $z = e^x \sin xy$;

(4) $u = xy + yz + xz$;

(5) $u = x^{yz}$;

(6) $u = \ln \sqrt{x^2 + y^2 + z^2}$.

2. 求下列各函数在指定点处的偏导数.

(1) $z = x^3 - 2x^2 y + 3y^4$，$(1,1)$;

(2) $f(x, y) = (\cos x)^y$，$\left(\dfrac{\pi}{4}, 1\right)$.

3. 求下列函数的二阶偏导数.

(1) $z = x^8 e^y$;

(2) $z = e^x(\cos y + x \sin y)$;

(3) $z = x^3 + 3x^2 y + y^4 + 2$;

(4) $z = x \ln(x + y)$.

4. 设 $z = \ln \sqrt{(x-a)^2 + (y-b)^2}$ （a，b 为常数），求证：$\dfrac{\partial^2 z}{\partial x^2} + \dfrac{\partial^2 z}{\partial y^2} = 0$.

5. 设 $u = x^{\sin \frac{y}{x}}$，求 $\dfrac{\partial u}{\partial x}$，$\dfrac{\partial u}{\partial y}$，$\dfrac{\partial u}{\partial z}$.

6. 设 $u = x + \dfrac{x-y}{y-z}$，求证：$\dfrac{\partial u}{\partial x} + \dfrac{\partial u}{\partial y} + \dfrac{\partial u}{\partial z} = 1$.

7. 设某工厂的生产函数是

$$Q = 5L + 2L^2 + 3LK + 8K + 3K^2.$$

试求：当 $L = 5$，$K = 12$ 时的劳动力的边际产量和资金的边际产量.

第四节　全微分

一、全微分的概念

对于一元函数 $y = f(x)$，若它在 x 点处可微，其微分 $dy = f'(x)dx$ 是函数增量 $\Delta y = f(x + \Delta x) - f(x)$ 的线性主部，且当 $\Delta x \to 0$ 时，$\Delta y - dy$ 是比 Δx 高阶的无穷小．也就是说，在点 x 处的微分，是函数 $y = f(x)$ 的增量 Δy 在点 x 处的局部线性近似．对多元函数，也可讨论相应的这种局部线性近似，从而建立全微分的概念.

例 1　用 S 表示边长分别为 x 和 y 的矩形的面积，显然，S 是 x 和 y 的二元函数，即 $S = xy$，如果 x 和 y 分别有一个改变量 Δx 与 Δy，则面积 S 相应地发生改变．其改变量

$$\Delta S = (x + \Delta x)(y + \Delta y) - xy$$
$$= y\Delta x + x\Delta y + \Delta x \Delta y,$$

上式包含两部分：第一部分 $y\Delta x + x\Delta y$ 是 Δx，Δy 的线性函数；第二部分是 $\Delta x \Delta y$，当 $\Delta x \to 0$，$\Delta y \to 0$ 时，是比 $\rho = \sqrt{(\Delta x)^2 + (\Delta y)^2}$ 高阶的无穷小量．如果以 $y\Delta x + x\Delta y$ 近似地表示 ΔS，而将 $\Delta x \Delta y$ 略去，则其差 $\Delta S - (y\Delta x + x\Delta y)$ 是一个比 ρ 高阶的无穷小量．我们把 $y\Delta x + x\Delta y$ 称作面积 S 的微分.

定义　如果函数 $z = f(x, y)$ 在点 (x, y) 的全增量 $\Delta z = f(x + \Delta x, y + \Delta y) - f(x, y)$ 可以表示为

$$\Delta z = A\Delta x + B\Delta y + o(\rho),$$

其中 A，B 是与 Δx，Δy 无关，仅与 x，y 有关的常数，$\rho = \sqrt{(\Delta x)^2 + (\Delta y)^2}$，则称函数 $z = f(x, y)$ 在点 (x, y) **可微**，$A\Delta x + B\Delta y$ 称为函数 $z = f(x, y)$ 在点 (x, y) 的**全微分**，

记作 dz，即
$$dz = A\Delta x + B\Delta y.$$

此时也称函数 $z = f(x, y)$ 在点 (x, y) 处可微. 由定义可以看出全微分 dz 是全增量 Δz 的线性主部.

若函数 $z = f(x, y)$ 在区域 D 内处处可微，则称函数 $z = f(x, y)$ 在区域 D 内可微.

在第三节中曾指出，多元函数在某点的偏导数存在，并不能保证函数在该点处连续. 但是由上述定义可知：

若函数 $z = f(x, y)$ 在 (x, y) 处**可微**，则函数 $z = f(x, y)$ 在 (x, y) 处**连续**.

即　函数可微⇒连续.

下面讨论函数 $z = f(x, y)$ 在点 (x, y) 可微的条件.

二、函数可微的条件

定理 1（必要条件）　若函数 $z = f(x, y)$ 在 (x, y) 处可微，则函数 $z = f(x, y)$ 在该点处的偏导数 $f'_x(x, y), f'_y(x, y)$ 存在，且 $A = f'_x(x, y), B = f'_y(x, y)$，即全微分
$$dz = f'_x(x, y)\Delta x + f'_y(x, y)\Delta y.$$

证　由函数 $z = f(x, y)$ 在点 (x, y) 处可微，可得
$$\Delta z = f(x + \Delta x, y + \Delta y) - f(x, y) = A\Delta x + B\Delta y + o(\sqrt{(\Delta x)^2 + (\Delta y)^2}).$$

上式对任意 Δx，Δy 都成立. 令 $\Delta y = 0$，此时有
$$\Delta z = f(x + \Delta x, y) - f(x, y) = A\Delta x + o(|\Delta x|).$$

故
$$\lim_{\Delta x \to 0} \frac{\Delta z}{\Delta x} = \lim_{\Delta x \to 0} \frac{f(x + \Delta x, y) - f(x, y)}{\Delta x} = \lim_{\Delta x \to 0}\left(A + \frac{o(|\Delta x|)}{\Delta x}\right) = A,$$

即
$$A = f'_x(x, y);$$

同理可证
$$B = f'_y(x, y).$$

证毕.

注意　（1）与一元函数一样，记自变量的增量等于自变量的微分，即 $\Delta x = dx$，$\Delta y = dy$，因此，函数 $z = f(x, y)$ 的全微可写为
$$dz = f'_x(x, y)dx + f'_y(x, y)dy \quad \text{或} \quad dz = \frac{\partial z}{\partial x}dx + \frac{\partial z}{\partial y}dy.$$

（2）若函数 $z = f(x, y)$ 在点 (x_0, y_0) 处不连续，则函数 $z = f(x, y)$ 在点 (x_0, y_0) 处不可微.

（3）此定理只是函数在某一点处可微的必要条件，即函数在一点处连续或可偏导并不能保证其在此点可微.

二元函数全微分的概念可以推广到一般的 n 元函数 $(n \geq 2)$. 例如三元函数 $u = f(x, y, z)$ 可微，则其全微分为
$$du = \frac{\partial u}{\partial x}dx + \frac{\partial u}{\partial y}dy + \frac{\partial u}{\partial z}dz.$$

那么，函数需要满足什么条件，才能保证其在一点处一定可微呢？下面的定理给出了函数在一点处可微的充分条件.

定理 2（充分条件）　若函数 $z = f(x, y)$ 的两个偏导数 $\dfrac{\partial z}{\partial x}$，$\dfrac{\partial z}{\partial y}$ 在点 (x, y) 处连续，

则 $z=f(x,y)$ 在点 (x,y) 可微（证明从略）.

例 2 求函数 $z=\sin(x+y^2)$ 的全微分.

解 因为 $\dfrac{\partial z}{\partial x}=\cos(x+y^2)$, $\dfrac{\partial z}{\partial y}=2y\cos(x+y^2)$,

所以 $\mathrm{d}z=\dfrac{\partial z}{\partial x}\mathrm{d}x+\dfrac{\partial z}{\partial y}\mathrm{d}y=\cos(x+y^2)\mathrm{d}x+2y\cos(x+y^2)\mathrm{d}y$.

例 3 计算函数 $z=\mathrm{e}^{xy}$ 在点 $(2,1)$ 处的全微分.

解 由于 $\dfrac{\partial z}{\partial x}=y\mathrm{e}^{xy}$, $\dfrac{\partial z}{\partial y}=x\mathrm{e}^{xy}$, $\left.\dfrac{\partial z}{\partial x}\right|_{\substack{x=2\\y=1}}=\mathrm{e}^2$, $\left.\dfrac{\partial z}{\partial y}\right|_{\substack{x=2\\y=1}}=2\mathrm{e}^2$,

因此

$$\mathrm{d}z=\left.\dfrac{\partial z}{\partial x}\right|_{\substack{x=2\\y=1}}\cdot\mathrm{d}x+\left.\dfrac{\partial z}{\partial y}\right|_{\substack{x=2\\y=1}}\cdot\mathrm{d}y=\mathrm{e}^2\mathrm{d}x+2\mathrm{e}^2\mathrm{d}y$$

例 4 计算函数 $u=x+\sin\dfrac{y}{2}+\mathrm{e}^{yz}$ 的全微分.

解 因为 $\dfrac{\partial u}{\partial x}=1$, $\dfrac{\partial u}{\partial y}=\dfrac{1}{2}\cos\dfrac{y}{2}+z\mathrm{e}^{yz}$, $\dfrac{\partial u}{\partial z}=y\mathrm{e}^{yz}$,

所以 $\mathrm{d}u=\mathrm{d}x+\left(\dfrac{1}{2}\cos\dfrac{y}{2}+z\mathrm{e}^{yz}\right)\mathrm{d}y+y\mathrm{e}^{yz}\mathrm{d}z$.

多元函数的全微分在近似计算中有一定的应用. 实际上, 对于可微的二元函数 $z=f(x,y)$, 因为 $\Delta z-\mathrm{d}z=o(\rho)$ 是一个比 ρ 高阶的无穷小量, 所以有近似公式

$$\Delta z\approx\mathrm{d}z,$$

即 $$f(x+\Delta x,y+\Delta y)-f(x,y)\approx f'_x(x,y)\Delta x+f'_y(x,y)\Delta y \tag{6-3}$$

或 $$f(x+\Delta x,y+\Delta y)\approx f(x,y)+f'_x(x,y)\Delta x+f'_y(x,y)\Delta y \tag{6-4}$$

*例 5 要造一个无盖的圆柱形水槽, 其内半径为 2 米, 高为 4 米, 厚度均为 0.01, 求需用材料多少立方米.

解 因为圆柱的体积 $V=\pi r^2 h$（其中, r 为底半径, h 为高）, 由式 (6-3) 得
$$\Delta V\approx 2\pi rh\Delta r+\pi r^2\Delta h,$$
由于 $r=2$, $h=4$, $\Delta r=\Delta h=0.01$, 所以
$$\Delta V\approx 2\pi\times 2\times 4\times 0.01+\pi\times 2^2\times 0.01=0.2\pi,$$
所以需用材料约为 0.2π 立方米, 与直接计算的 ΔV 的值 0.200801π 立方米相当接近.

习题 6-4

1. 求下列函数的全微分.

(1) $z=\dfrac{x^2+y^2}{xy}$;

(2) $z=x^2\sin 2y$;

(3) $z=\arctan\dfrac{y}{x}$;

(4) $u=x^{yz}$.

2. 设 $z=\dfrac{y}{x}$, 当 $x=2$, $y=1$, $\Delta x=0.1$, $\Delta y=-0.2$ 时, 求 Δz , $\mathrm{d}z$.

3. 求下列函数在给定条件下的全微分值.

(1) 函数 $z=2x^2+3y^2$, 当 $x=10$, $y=8$, $\Delta x=0.2$, $\Delta y=0.3$ 时；

(2) 函数 $z=y\cos(x-2y)$，当 $x=\dfrac{\pi}{4}$，$y=\pi$，$\Delta x=\dfrac{\pi}{4}$，$\Delta y=\pi$ 时.

4. 计算下列各式的近似值.

(1) $(10.1)^{2.03}$；

(2) $\sqrt{1.02^3+1.97^3}$.

5. 用某种材料做一个开口长方体容器，其长为 5 米，宽为 4 米，高为 3 米，厚为 0.2 米，求所需材料的近似值与精确值.

第五节　多元复合函数与隐函数的求导法则

一、多元复合函数的求导法则

对于一元复合函数导数的计算，我们有链式求导法则，此法则同样可以推广到多元复合函数的情形. 现在我们就来介绍多元复合函数的链式求导法则.

下面按照函数的复合结构的不同形式分别进行讨论.

1. 中间变量是一元函数的情况

定理 1　若函数 $z=f(u,v)$ 在对应点 (u,v) 具有连续偏导数，函数 $u=u(t)$，$v=v(t)$ 都在点 t 可导，则复合函数 $z=f[u(t),v(t)]$ 在点 t 可导，且有

$$\frac{\mathrm{d}z}{\mathrm{d}t}=\frac{\partial z}{\partial u}\cdot\frac{\mathrm{d}u}{\mathrm{d}t}+\frac{\partial z}{\partial v}\cdot\frac{\mathrm{d}v}{\mathrm{d}t}.$$

证　设自变量 t 有一个改变量 Δt，则 $u=u(t)$，$v=v(t)$ 对应地有改变量 Δu，Δv，$z=f(u,v)$ 也相应地有改变量 Δz. 由于 $z=f(u,v)$ 在点 (u,v) 具有连续的偏导数，故 $z=f(u,v)$ 在点 (u,v) 可微，则有

$$\Delta z=\frac{\partial z}{\partial u}\cdot\Delta u+\frac{\partial z}{\partial v}\cdot\Delta v+o(\rho),\quad \text{其中}\ \rho=\sqrt{(\Delta u)^2+(\Delta v)^2},$$

所以

$$\frac{\Delta z}{\Delta t}=\frac{\partial z}{\partial u}\cdot\frac{\Delta u}{\Delta t}+\frac{\partial z}{\partial v}\cdot\frac{\Delta v}{\Delta t}+\frac{o(\rho)}{\Delta t},$$

因而

$$\lim_{\Delta t\to0}\frac{\Delta z}{\Delta t}=\lim_{\Delta t\to0}\left(\frac{\partial z}{\partial u}\cdot\frac{\Delta u}{\Delta t}+\frac{\partial z}{\partial v}\cdot\frac{\Delta v}{\Delta t}+\frac{o(\rho)}{\Delta t}\right).$$

又由于 $u=u(t)$，$v=v(t)$ 都在点 t 可导，故

$$\lim_{\Delta t\to0}\frac{\Delta u}{\Delta t}=\frac{\mathrm{d}u}{\mathrm{d}t},\quad \lim_{\Delta t\to0}\frac{\Delta v}{\Delta t}=\frac{\mathrm{d}v}{\mathrm{d}t},$$

当 $\Delta t\to0$ 时，有 $\Delta u\to0$，$\Delta v\to0$，$\rho\to0$，所以

$$\lim_{\Delta t\to0}\frac{o(\rho)}{\Delta t}=\lim_{\Delta t\to0}\left[\frac{o(\rho)}{\rho}\cdot\frac{\rho}{\Delta t}\right]=\lim_{\Delta t\to0}\left[\frac{o(\rho)}{\rho}\cdot\frac{\sqrt{(\Delta u)^2+(\Delta v)^2}}{\Delta t}\right],$$

而 $\pm\lim\limits_{\Delta t\to0}\sqrt{\left(\dfrac{\Delta u}{\Delta t}\right)^2+\left(\dfrac{\Delta v}{\Delta t}\right)^2}$ 存在，$\lim\limits_{\Delta t\to0}\rho=0$，因此 $\lim\limits_{\Delta t\to0}\dfrac{o(\rho)}{\Delta t}=0$.

故

$$\frac{\mathrm{d}z}{\mathrm{d}t}=\lim_{\Delta t\to0}\frac{\Delta z}{\Delta t}=\frac{\partial z}{\partial u}\cdot\frac{\mathrm{d}u}{\mathrm{d}t}+\frac{\partial z}{\partial v}\cdot\frac{\mathrm{d}v}{\mathrm{d}t}.$$

证毕.

上式中变量 z 对 t 的导数 $\dfrac{\mathrm{d}z}{\mathrm{d}t}$ 称为 z 对 t 的**全导数**. 这个求导法则称为**链式求导法则**.

定理 1 可推广到复合函数的中间变量多于两个的情形. 例如, 由 $z=f(u,v,w)$, $u=u(t)$, $v=v(t)$, $w=w(t)$ 复合而成的复合函数 $z=f[u(t),v(t),w(t)]$ 在类似条件下可导, 可得求导公式为

$$\frac{\mathrm{d}z}{\mathrm{d}t}=\frac{\partial z}{\partial u}\cdot\frac{\mathrm{d}u}{\mathrm{d}t}+\frac{\partial z}{\partial v}\cdot\frac{\mathrm{d}v}{\mathrm{d}t}+\frac{\partial z}{\partial w}\cdot\frac{\mathrm{d}w}{\mathrm{d}t}.$$

需要注意的是, 当某个变量既是中间变量又是自变量时, 要注意这个变量在求偏导过程中的地位. 如 $z=f(u,v,t)$, $u=u(t)$, $v=v(t)$, 故

$$\frac{\mathrm{d}z}{\mathrm{d}t}=\frac{\partial z}{\partial u}\frac{\mathrm{d}u}{\mathrm{d}t}+\frac{\partial z}{\partial v}\frac{\mathrm{d}v}{\mathrm{d}t}+\frac{\partial z}{\partial t}.$$

例 1 设 $z=u^2v$, 而 $u=\mathrm{e}^t$, $v=\sin t$, 求全导数 $\dfrac{\mathrm{d}z}{\mathrm{d}t}$.

解 由于 $\dfrac{\partial z}{\partial u}=2uv$, $\dfrac{\partial z}{\partial v}=u^2$, $\dfrac{\mathrm{d}u}{\mathrm{d}t}=\mathrm{e}^t$, $\dfrac{\mathrm{d}v}{\mathrm{d}t}=\cos t$,

因此 $\dfrac{\mathrm{d}z}{\mathrm{d}t}=\dfrac{\partial z}{\partial u}\dfrac{\mathrm{d}u}{\mathrm{d}t}+\dfrac{\partial z}{\partial v}\dfrac{\mathrm{d}v}{\mathrm{d}t}=2uv\cdot\mathrm{e}^t+u^2\cdot\cos t=(2\sin t+\cos t)\mathrm{e}^{2t}$.

例 2 设函数 $z=f(u,v,x)$, $u=x^3$, $v=\cos x$, 求全导数 $\dfrac{\mathrm{d}z}{\mathrm{d}x}$.

解 由于 $\dfrac{\mathrm{d}u}{\mathrm{d}x}=3x^2$, $\dfrac{\mathrm{d}v}{\mathrm{d}x}=-\sin x$, 故

$$\frac{\mathrm{d}z}{\mathrm{d}x}=\frac{\partial z}{\partial u}\frac{\mathrm{d}u}{\mathrm{d}x}+\frac{\partial z}{\partial v}\frac{\mathrm{d}v}{\mathrm{d}x}+\frac{\partial z}{\partial x}=3x^2f_1'-\sin xf_2'+f_3'.$$

注意 上例的结果中, 为了表达式的简洁, 我们引入了记号 $f_1'=\dfrac{\partial z}{\partial u}$, $f_2'=\dfrac{\partial z}{\partial v}$, $f_3'=\dfrac{\partial z}{\partial x}$, 即用 f_i' 表示函数 f 对其第 i 个中间变量求偏导数.

在求多元函数偏导数, 特别是抽象函数的各阶偏导数时, 经常利用下面简便记法. 如对于函数 $z=f(u,v)$, 其二阶偏导数可表示为:

$$f_{11}''=\frac{\partial^2 f(u,v)}{\partial u^2}, \quad f_{12}''=\frac{\partial^2 f(u,v)}{\partial u\partial v}, \quad f_{22}''=\frac{\partial^2 f(u,v)}{\partial v^2}.$$

2. 中间变量是多元函数的情况

定理 2 若函数 $z=f(u,v)$ 在对应点 (u,v) 处具有连续的偏导数, 函数 $u=u(x,y)$, $v=v(x,y)$ 在点 (x,y) 处的偏导数都存在, 则复合函数 $z=f[u(x,y),v(x,y)]$ 在点 (x,y) 处的两个偏导数存在, 且

$$\frac{\partial z}{\partial x}=\frac{\partial z}{\partial u}\cdot\frac{\partial u}{\partial x}+\frac{\partial z}{\partial v}\cdot\frac{\partial v}{\partial x},$$

$$\frac{\partial z}{\partial y}=\frac{\partial z}{\partial u}\cdot\frac{\partial u}{\partial y}+\frac{\partial z}{\partial v}\cdot\frac{\partial v}{\partial y}.$$

本定理与本节定理 1 证明类似, 读者可自行验证. 定理 2 也可以推广到多个中间变量的情形. 例如, 设函数 $u=u(x,y)$, $v=v(x,y)$, $w=w(x,y)$ 在点 (x,y) 处的偏导数都

存在，函数 $z=f(u,v,w)$ 在对应点 (u,v,w) 处具有连续偏导数，则复合函数 $z=f[u(x,y),v(x,y),w(x,y)]$ 在点 (x,y) 处的两个偏导数存在，且

$$\frac{\partial z}{\partial x}=\frac{\partial z}{\partial u}\frac{\partial u}{\partial x}+\frac{\partial z}{\partial v}\frac{\partial v}{\partial x}+\frac{\partial z}{\partial w}\frac{\partial w}{\partial x},$$

$$\frac{\partial z}{\partial y}=\frac{\partial z}{\partial u}\frac{\partial u}{\partial y}+\frac{\partial z}{\partial v}\frac{\partial v}{\partial y}+\frac{\partial z}{\partial w}\frac{\partial w}{\partial y}.$$

定理3 若函数 $u=u(x,y)$ 在点 (x,y) 处的两个偏导数存在，函数 $v=v(y)$ 在点 y 处可导，函数 $z=f(u,v)$ 在对应点 (u,v) 处具有连续的偏导数，则复合函数 $z=f[u(x,y),v(y)]$ 在点 (x,y) 处的两个偏导数存在，可得

$$\frac{\partial z}{\partial x}=\frac{\partial z}{\partial u}\cdot\frac{\partial u}{\partial x},\quad \frac{\partial z}{\partial y}=\frac{\partial z}{\partial u}\cdot\frac{\partial u}{\partial y}+\frac{\partial z}{\partial v}\cdot\frac{\mathrm{d}v}{\mathrm{d}y}.$$

我们还会遇到其他情形，如设 $z=f(u,x,y)$ 可微，而 $u=\varphi(x,y)$ 具有偏导数，则复合函数 $z=f[\varphi(x,y),x,y]$ 在点 (x,y) 处的两个偏导数存在，且

$$\frac{\partial z}{\partial x}=\frac{\partial f}{\partial u}\cdot\frac{\partial u}{\partial x}+\frac{\partial f}{\partial x},\quad \frac{\partial z}{\partial y}=\frac{\partial f}{\partial u}\cdot\frac{\partial u}{\partial y}+\frac{\partial f}{\partial y}.$$

注意 上式中 $\frac{\partial z}{\partial x}$ 与 $\frac{\partial f}{\partial x}$ 不同，$\frac{\partial z}{\partial x}$ 是表示复合函数 $z=f[\varphi(x,y),x,y]$ 中固定自变量 y 而对 x 求偏导数，$\frac{\partial f}{\partial x}$ 是表示函数 $z=f(u,x,y)$ 中固定 u 和 y 而对中间变量 x 求偏导数. $\frac{\partial z}{\partial y}$ 与 $\frac{\partial f}{\partial y}$ 也有类似的区别.

例3 设 $z=\mathrm{e}^u\sin v$，而 $u=xy$，$v=2x+y$，求 $\frac{\partial z}{\partial x}$ 和 $\frac{\partial z}{\partial y}$.

解 因为 $\frac{\partial z}{\partial u}=\mathrm{e}^u\sin v$，$\frac{\partial z}{\partial v}=\mathrm{e}^u\cos v$，$\frac{\partial u}{\partial x}=y$，$\frac{\partial v}{\partial x}=2$，$\frac{\partial u}{\partial y}=x$，$\frac{\partial v}{\partial y}=1$，所以

$$\frac{\partial z}{\partial x}=\frac{\partial z}{\partial u}\cdot\frac{\partial u}{\partial x}+\frac{\partial z}{\partial v}\cdot\frac{\partial v}{\partial x}=\mathrm{e}^u\sin v\cdot y+\mathrm{e}^u\cos v\cdot 2=\mathrm{e}^{xy}[y\sin(2x+y)+2\cos(2x+y)],$$

$$\frac{\partial z}{\partial y}=\frac{\partial z}{\partial u}\cdot\frac{\partial u}{\partial y}+\frac{\partial z}{\partial v}\cdot\frac{\partial v}{\partial y}=\mathrm{e}^u\sin v\cdot x+\mathrm{e}^u\cos v\cdot 1=\mathrm{e}^{xy}[x\sin(2x+y)+\cos(2x+y)].$$

例4 设 $u=f(x,y,z)=\mathrm{e}^{x^2+y^2+z^2}$，$z=x^2\sin y$，求 $\frac{\partial u}{\partial x}$ 和 $\frac{\partial u}{\partial y}$.

解
$$\frac{\partial u}{\partial x}=\frac{\partial f}{\partial x}\cdot 1+\frac{\partial u}{\partial z}\cdot\frac{\partial z}{\partial x}=2x\mathrm{e}^{x^2+y^2+z^2}+2z\mathrm{e}^{x^2+y^2+z^2}\cdot 2x\sin y$$
$$=2x\mathrm{e}^{x^2+y^2+z^2}(1+2x^2\sin^2 y).$$

$$\frac{\partial u}{\partial y}=\frac{\partial f}{\partial y}\cdot 1+\frac{\partial u}{\partial z}\cdot\frac{\partial z}{\partial y}=2y\mathrm{e}^{x^2+y^2+z^2}+2z\mathrm{e}^{x^2+y^2+z^2}\cdot x^2\cos y$$
$$=2\mathrm{e}^{x^2+y^2+z^2}(y+x^4\sin y\cos y)$$

例5 设函数 $z=f(x-y^2,xy)$，f 有二阶连续偏导数，求 $\frac{\partial^2 z}{\partial x\partial y}$.

解 令 $u=x-y^2$，$v=xy$，则 $z=f(u,v)$. 由于 $\frac{\partial u}{\partial x}=1$，$\frac{\partial v}{\partial x}=y$，所以

$$\frac{\partial z}{\partial x}=\frac{\partial z}{\partial u}\frac{\partial u}{\partial x}+\frac{\partial z}{\partial v}\frac{\partial v}{\partial x}=f_1'+yf_2'.$$

因此，$\dfrac{\partial^2 z}{\partial x \partial y} = \dfrac{\partial(f_1' + y f_2')}{\partial y} = \dfrac{\partial f_1'}{\partial y} + \dfrac{\partial(y f_2')}{\partial y}$

$$= \dfrac{\partial f_1'}{\partial u} \dfrac{\partial u}{\partial y} + \dfrac{\partial f_1'}{\partial v} \dfrac{\partial v}{\partial y} + f_2' + y\left(\dfrac{\partial f_2'}{\partial u} \dfrac{\partial u}{\partial y} + \dfrac{\partial f_2'}{\partial v} \dfrac{\partial v}{\partial y} \right)$$

$$= -2y \dfrac{\partial f_1'}{\partial u} + x \dfrac{\partial f_1'}{\partial v} + f_2' + y\left(-2y \dfrac{\partial f_2'}{\partial u} + x \dfrac{\partial f_2'}{\partial v} \right)$$

$$= -2y f_{11}'' + x f_{12}'' + f_2' + y(-2y f_{21}'' + x f_{22}'')$$

$$= -2y f_{11}'' + (x - 2y^2) f_{12}'' + xy f_{22}'' + f_2'.$$

二、全微分形式不变性

与一元函数类似，利用复合函数微分法可以得到多元函数的全微分，多元函数的全微分也具有形式不变性. 下面以二元函数为例来说明.

设函数 $z = f(u, v)$ 可微，当 u, v 为自变量时，其全微分为

$$\mathrm{d}z = \dfrac{\partial z}{\partial u} \mathrm{d}u + \dfrac{\partial z}{\partial v} \mathrm{d}v.$$

当 u, v 是中间变量时，设 $u = u(x, y)$，$v = v(x, y)$，由全微分的定义及复合函数微分法可得，复合函数 $z = f[u(x, y), v(x, y)]$ 的全微分为

$$\mathrm{d}z = \dfrac{\partial z}{\partial x} \mathrm{d}x + \dfrac{\partial z}{\partial y} \mathrm{d}y$$

$$= \left(\dfrac{\partial z}{\partial u} \cdot \dfrac{\partial u}{\partial x} + \dfrac{\partial z}{\partial v} \cdot \dfrac{\partial v}{\partial x} \right) \mathrm{d}x + \left(\dfrac{\partial z}{\partial u} \cdot \dfrac{\partial u}{\partial y} + \dfrac{\partial z}{\partial v} \cdot \dfrac{\partial v}{\partial y} \right) \mathrm{d}y$$

$$= \dfrac{\partial z}{\partial u} \left(\dfrac{\partial u}{\partial x} \mathrm{d}x + \dfrac{\partial u}{\partial y} \mathrm{d}y \right) + \dfrac{\partial z}{\partial v} \left(\dfrac{\partial v}{\partial x} \mathrm{d}x + \dfrac{\partial v}{\partial y} \mathrm{d}y \right)$$

$$= \dfrac{\partial z}{\partial u} \mathrm{d}u + \dfrac{\partial z}{\partial v} \mathrm{d}v.$$

由此可见，无论 u, v 是函数 z 的自变量还是中间变量，函数 z 的全微分形式是一样的，即 $\mathrm{d}z = \dfrac{\partial z}{\partial u} \mathrm{d}u + \dfrac{\partial z}{\partial v} \mathrm{d}v$，这种形式上的一致性称为**全微分形式不变性**.

在一些问题中合理地运用这一性质将会非常方便.

例 6 设函数 $z = \sin(x + 3y^2)$，利用全微分形式不变性，求 $\mathrm{d}z$，$\dfrac{\partial z}{\partial x}$，$\dfrac{\partial z}{\partial y}$.

解 $\mathrm{d}z = \mathrm{d}[\sin(x + 3y^2)] = \cos(x + 3y^2) \mathrm{d}(x + 3y^2)$

$\qquad = \cos(x + 3y^2)(\mathrm{d}x + 6y \mathrm{d}y) = \cos(x + 3y^2) \mathrm{d}x + 6y\cos(x + 3y^2) \mathrm{d}y.$

由此可得

$$\dfrac{\partial z}{\partial x} = \cos(x + 3y^2), \qquad \dfrac{\partial z}{\partial y} = 6y\cos(x + 3y^2).$$

三、隐函数的求导法则

我们在一元微积分中学过计算由方程 $F(x, y) = 0$ 确定的一元隐函数 $y = f(x)$ 的导数 $\dfrac{\mathrm{d}y}{\mathrm{d}x}$ 的方法，学完多元函数偏导数后，也可将 F 看成关于 x，y 的二元函数，用偏导数求 $\dfrac{\mathrm{d}y}{\mathrm{d}x}$

由 $F[x,y(x)]=0$，有 $\dfrac{\partial F}{\partial x}+\dfrac{\partial F}{\partial y}\cdot\dfrac{\mathrm{d}y}{\mathrm{d}x}=0$，可得

$$\frac{\mathrm{d}y}{\mathrm{d}x}=-\frac{\dfrac{\partial F}{\partial x}}{\dfrac{\partial F}{\partial y}}=-\frac{F'_x}{F'_y}.$$

例 7 求由方程 $x^2+y^2=3x$ 所确定的隐函数 $y=f(x)$ 的导数 $\dfrac{\mathrm{d}y}{\mathrm{d}x}$.

解 令 $F(x,y)=x^2+y^2-3x$，则有

$$F'_x=2x-3,\ F'_y=2y,$$

故
$$\frac{\mathrm{d}y}{\mathrm{d}x}=-\frac{F'_x}{F'_y}=\frac{3-2x}{2y}.$$

上述方法可以推广到三元方程 $F(x,y,z)=0$ 确定的二元隐函数 $z=f(x,y)$ 求导. 设三元方程 $F(x,y,z)=0$ 确定了 $z=f(x,y)$. 若 $\dfrac{\partial F}{\partial z}\neq0$，则由 $F[x,y,z(x,y)]=0$，得

$$\frac{\partial F}{\partial x}+\frac{\partial F}{\partial z}\cdot\frac{\partial z}{\partial x}=0\Rightarrow\frac{\partial z}{\partial x}=-\frac{\dfrac{\partial F}{\partial x}}{\dfrac{\partial F}{\partial z}}=-\frac{F'_x}{F'_z};$$

$$\frac{\partial F}{\partial y}+\frac{\partial F}{\partial z}\cdot\frac{\partial z}{\partial y}=0\Rightarrow\frac{\partial z}{\partial y}=-\frac{\dfrac{\partial F}{\partial y}}{\dfrac{\partial F}{\partial z}}=-\frac{F'_y}{F'_z}.$$

例 8 设 $x^2+y^2+z^2=5z$，求 $\dfrac{\partial z}{\partial x}$，$\dfrac{\partial z}{\partial y}$.

解 令 $F(x,y,z)=x^2+y^2+z^2-5z$，则 $F'_x=2x$，$F'_y=2y$，$F'_z=2z-5$.

故
$$\frac{\partial z}{\partial x}=-\frac{F'_x}{F'_z}=\frac{2x}{5-2z},\qquad\frac{\partial z}{\partial y}=-\frac{F'_y}{F'_z}=\frac{2y}{5-2z}.$$

例 9 设 $xyz=x\mathrm{e}^z+yz^3$，求 $\dfrac{\partial z}{\partial x}$，$\dfrac{\partial z}{\partial y}$.

解 令 $F(x,y,z)=xyz-x\mathrm{e}^z-yz^3$，因为

$$F'_x=yz-\mathrm{e}^z,\quad F'_y=xz-z^3,\quad F'_z=xy-x\mathrm{e}^z-3yz^2,$$

所以
$$\frac{\partial z}{\partial x}=-\frac{F'_x}{F'_z}=\frac{\mathrm{e}^z-yz}{xy-x\mathrm{e}^z-3yz^2},\qquad\frac{\partial z}{\partial y}=-\frac{F'_y}{F'_z}=\frac{z^3-xz}{xy-x\mathrm{e}^z-3yz^2}.$$

习题 6-5

1. 已知 $z=3u^2-2v^3$，$u=\sqrt{xy}$，$v=\mathrm{e}^{x-y}$，求 $\dfrac{\partial z}{\partial x}$ 和 $\dfrac{\partial z}{\partial y}$.

2. 已知 $z=\ln(u^2+2v^2)$，$u=xy$，$v=\dfrac{x}{y}$，求 $\dfrac{\partial z}{\partial x}$ 和 $\dfrac{\partial z}{\partial y}$.

3. 已知 $z=3x^2-2y^3$，$y=\mathrm{e}^x$，求 $\dfrac{\mathrm{d}z}{\mathrm{d}x}$.

4. 求 $w = f(x^2 + y^2 - z^2)$ 的偏导数 f_x'，f_y'，f_z'.

5. 设 $z = u^2 \ln v$，而 $u = \dfrac{y}{x}$，$v = x \sin y$，求 $\dfrac{\partial z}{\partial x}$ 和 $\dfrac{\partial z}{\partial y}$.

6. 求由方程 $\sin y^2 + 5^x - xy = 0$ 所确定的隐函数 $y = f(x)$ 的导数 $\dfrac{\mathrm{d}y}{\mathrm{d}x}$.

7. 设 $2 \sin(x + 2y - 3z) = x + 2y - 3z$，求 $\dfrac{\partial z}{\partial x}$ 和 $\dfrac{\partial z}{\partial y}$，并证明 $\dfrac{\partial z}{\partial x} + \dfrac{\partial z}{\partial y} = 1$.

8. 求由方程 $z^4 + x^2 y + xy^2 - 7 = 0$ 所确定的隐函数 $z = f(x, y)$ 的偏导数 $\dfrac{\partial z}{\partial x}$ 和 $\dfrac{\partial z}{\partial y}$.

第六节　多元函数的极值及其应用

在工程技术、管理技术、经济分析等方面存在诸多"最优化"问题，即最大最小值问题，影响这些问题的变量往往不止一个，这便涉及多元函数的极值和最值问题.

类似一元函数的极值概念，我们有多元函数的极值概念. 本节重点讨论二元函数的极值问题，进而可以类推到更多元函数的极值问题与最值问题.

一、多元函数的极值与最值

定义 1　设函数 $z = f(x, y)$ 在点 $P_0(x_0, y_0)$ 的某邻域内有定义，对于该邻域内的任意异于 $P_0(x_0, y_0)$ 的点 $P(x, y)$，都有不等式

$$f(x, y) < f(x_0, y_0),$$

则称函数在 $P_0(x_0, y_0)$ 有极大值 $f(x_0, y_0)$；如果都有不等式

$$f(x, y) > f(x_0, y_0),$$

则称函数在 $P_0(x_0, y_0)$ 有极小值 $f(x_0, y_0)$.

极大值、极小值统称为**极值**，使函数取得极值的点统称为**极值点**.

例 1　函数 $z = x^2 + y^2$ 在点 $(0, 0)$ 处有极小值 0，因为对于点 $(0, 0)$ 的任一邻域内的点，其函数值都为非负数，而点 $(0, 0)$ 处的函数值为零.

例 2　函数 $z = xy$ 在点 $(0, 0)$ 处不能取得极值，因为点 $(0, 0)$ 处的函数值为零，而在点 $(0, 0)$ 的任一邻域内总存在函数值为正的点，也存在函数值为负的点.

从极值的定义可知，若二元函数 $z = f(x, y)$ 在点 (x_0, y_0) 处取得极值，则固定 $y = y_0$ 得到的一元函数 $f(x, y_0)$ 在 $x = x_0$ 处必定取得极值；固定 $x = x_0$ 得到的一元函数 $f(x_0, y)$ 在 $y = y_0$ 处必定取得极值. 若 $f(x, y)$ 在点 (x_0, y_0) 处可偏导，由费马引理可得，

$$f_x(x_0, y_0) = 0, \quad f_y(x_0, y_0) = 0.$$

因此，我们得到了一元函数的费马引理在多元函数情形下的推广结论.

定理 1（极值的必要条件）　设函数 $z = f(x, y)$ 在点 (x_0, y_0) 处的两个一阶偏导数都存在. 如果点 (x_0, y_0) 为函数 $z = f(x, y)$ 的极值点，则 $f_x'(x_0, y_0) = 0$ 且 $f_y'(x_0, y_0) = 0$.

定义 2　使一阶偏导数同时等于 0 的点，称为函数的**驻点**.

注意　（1）定理 1 可以描述为：极值点处若偏导数都存在，则偏导数必同时为 0.

（2）驻点可能是极值点，也可能不是极值点. 例如，点 $(0, 0)$ 是函数 $z = xy$ 的驻点，

但不是极值点. 点 $(0,0)$ 是函数 $z=3x^2+4y^2$ 的驻点，且是极小值点.

（3）极值点可能是驻点，也可能是偏导数不存在的点. 例如，函数 $z=-\sqrt{x^2+y^2}$ 在点 $(0,0)$ 处偏导数不存在，但在该点有极大值.

定理 2（极值的充分条件） 若函数 $z=f(x,y)$ 在点 (x_0,y_0) 的某一邻域内有一阶及二阶连续偏导数，且 (x_0,y_0) 是它的驻点，记

$$A=f''_{xx}(x_0,y_0),\quad B=f''_{xy}(x_0,y_0),\quad C=f''_{yy}(x_0,y_0).$$

则 $f(x,y)$ 在点 (x_0,y_0) 处是否取得极值的条件如下：

（1）$AC-B^2>0$ 时具有极值，且当 $A<0$ 时有极大值，当 $A>0$ 时有极小值；

（2）$AC-B^2<0$ 时没有极值；

（3）$AC-B^2=0$ 时可能有极值，也可能没有极值，还需另作讨论.

这个定理不作证明. 利用定理 1，定理 2，我们将具有二阶连续偏导数的函数 $z=f(x,y)$ 的极值求法步骤总结如下.

（1）求出 $f(x,y)$ 的所有驻点，即解方程组 $\begin{cases} f_x(x,y)=0 \\ f_y(x,y)=0 \end{cases}$.

（2）对于每一个驻点 (x_0,y_0)，求出其二阶偏导数的值 A、B 和 C.

（3）定出 $AC-B^2$ 的符号，按照定理 2 的结论判断 $f(x_0,y_0)$ 是不是极值，是极大值还是极小值.

例 3 求函数 $f(x,y)=x^3-y^3+3x^2+3y^2-9x$ 的极值.

解 由方程组

$$\begin{cases} f'_x=3x^2+6x-9=0 \\ f'_y=-3y^2+6y=0 \end{cases},$$

得驻点：$(1,0),(1,2),(-3,0),(-3,2)$. 又

$$A=f''_{xx}=6x+6,\quad B=f''_{xy}\equiv0,\quad C=f''_{yy}=-6y+6.$$

对于驻点 $(1,0)$，由于 $AC-B^2=12\cdot6>0$，又 $A=12>0$，故函数在点 $(1,0)$ 处取得极小值 $f(1,0)=-5$.

对于驻点 $(1,2)$，由于 $AC-B^2=12\cdot(-6)<0$，故函数在点 $(1,2)$ 处不取得极值.

对于驻点 $(-3,0)$，由于 $AC-B^2=-12\cdot6<0$，故函数在点 $(-3,0)$ 处不取得极值.

对于驻点 $(-3,2)$，由于 $AC-B^2=-12\cdot(-6)>0$，又 $A=-12<0$，故函数在点 $(-3,2)$ 处取得极大值 $f(-3,2)=31$.

与一元函数相类似，对于有界闭区域 D 上连续的二元函数 $f(x,y)$，一定能在该区域上取得最大值和最小值. 使函数取得最值的点既可能在 D 的内部，也可能在 D 的边界上.

若函数的最值在区域 D 的内部取得，那么这个最值也是函数的极值，它必在函数的驻点或偏导数不存在的点处取得.

若函数的最值在区域 D 的边界上取得，往往比较复杂，在实际应用中可根据问题的具体性质来判断.

与一元函数类似，可以利用偏导数研究多元函数的最值. 在实际问题中，如果多元函数在区域 D 内只有一个驻点，而函数又必须存在最值，那么函数的最值必在驻点处取得.

例 4 要造一个容量为 2 的有盖长方体水箱，问选择怎样的尺寸，才能使用料最省？

解　设水箱的长、宽、高分别为 x，y，z，则 $z=\dfrac{2}{xy}$．设水箱的表面积为 S，则有

$$S=2(xy+yz+zx)=2\left(xy+\frac{2}{x}+\frac{2}{y}\right)(x>0,y>0).$$

由方程组 $\begin{cases}S'_x=2\left(y-\dfrac{2}{x^2}\right)=0\\[2mm]S'_y=2\left(x-\dfrac{2}{y^2}\right)=0\end{cases}$，得驻点 $(\sqrt[3]{2},\sqrt[3]{2})$．由题意知，表面积 S 的最小值一定

存在，而点 $(\sqrt[3]{2},\sqrt[3]{2})$ 是唯一的驻点，故最小值一定在该点取得．即当长方体水箱的长、宽、高均为 $\sqrt[3]{2}$ 时，用料最省．

例 5　某工厂生产两种产品甲和乙，出售单价分别为 10 元与 9 元，生产 x 单位的产品甲与生产 y 单位的产品乙的总费用是

$$400+2x+3y+0.01(3x^2+xy+3y^2),$$

问如何生产甲、乙这两种产品，可以使得工厂的利润最大，求最大利润．

解　设 $L(x,y)$ 表示工厂分别生产甲和乙两种产品为 x 和 y 单位时获得的总利润．由于总利润等于总收益减去总成本，故利润函数

$$\begin{aligned}L(x,y)&=(10x+9y)-[400+2x+3y+0.01(3x^2+xy+3y^2)]\\&=8x+6y-0.01(3x^2+xy+3y^2)-400(x>0,y>0),\end{aligned}$$

根据方程组 $\begin{cases}L'_x=8-0.01(6x+y)=0\\L'_y=6-0.01(x+6y)=0\end{cases}$，求得驻点 $(120,80)$．

由于 $A=L''_{xx}=-0.06,B=L''_{xy}=-0.01,C=L''_{yy}=-0.06$，因此

$$AC-B^2=3.5\times10^{-3}>0.$$

又 $A<0$，故当 $x=120$，$y=80$ 时得极大值，极大值为 $L(120,80)=320$．结合实际情况，此极大值就是最大值．故该工厂生产 120 单位产品甲与 80 单位产品乙时所得利润最大，最大利润为 320 元．

二、多元函数的条件极值

以上讨论的极值问题，除了自变量限制在函数的定义域内以外，没有其他约束条件，这种极值称为**无条件极值**．但在实际问题中，往往会对函数的自变量附加一定的约束条件．这类附有约束条件的极值的问题，称为**条件极值**．

例如，函数 $f(x,y)=\sqrt{x^2+y^2}$ 在无附加约束条件下有极小值点 $(0,0)$，但若加上约束条件 $x+y=2$，点 $(0,0)$ 就不可能为函数的极值了，因为 $(0,0)$ 不满足约束条件．

对于一些比较简单的条件极值，可将条件极值转化为无条件极值计算．但这种方法并非对所有的条件极值问题都可行．为此，我们介绍一种直接从约束条件出发，求解条件极值的方法——**拉格朗日乘数法**．

求函数 $z=f(x,y)$ 在约束条件 $\varphi(x,y)=0$ 下的极值，具体步骤如下．

（1）构造辅助函数（称为拉格朗日函数）．

$$F(x,y)=f(x,y)+\lambda\varphi(x,y),$$

其中，λ 为待定常数，称为**拉格朗日乘数**.

(2) 求解方程组 $\begin{cases} F'_x(x,y) = f'_x(x,y) + \lambda \varphi'_x(x,y) = 0 \\ F'_y(x,y) = f'_y(x,y) + \lambda \varphi'_y(x,y) = 0, \\ \varphi(x,y) = 0 \end{cases}$

消去 λ，得出所有可能的极值点 (x_0, y_0).

(3) 判别求出的点 (x_0, y_0) 是否为极值点，通常可以根据问题的实际意义直接判定.

例 6 将实数 12 分解成两个正数 x, y 之和，使得函数 $z = x^3 y^2$ 取得极大值.

解 由题意可知，本题为求函数 $z = x^3 y^2$ 在条件 $x + y = 12$ $(x > 0, y > 0)$ 下的极大值. 先构造拉格朗日函数

$$F(x,y) = x^3 y^2 + \lambda(x + y - 12),$$

再解方程组

$$\begin{cases} F'_x = 3x^2 y^2 + \lambda = 0 \\ F'_y = 2x^3 y + \lambda = 0, \\ x + y = 12 \end{cases}$$

消去 λ，得 $x = \dfrac{36}{5}, y = \dfrac{24}{5}$. 由于点 $\left(\dfrac{36}{5}, \dfrac{24}{5}\right)$ 是唯一可能的极值点，根据题意，函数 z 一定存在极大值，故极大值一定在该点处取得，极大值为 $\left(\dfrac{36}{5}\right)^3 \times \left(\dfrac{24}{5}\right)^2 \approx 3599.6$.

拉格朗日乘数法可推广到自变量多于两个而条件多于一个的情况. 如要求函数 $u = f(x,y,z)$ 在条件 $\varphi(x,y,z) = 0, \psi(x,y,z) = 0$ 下的极值.

先构造拉格朗日函数

$$F(x,y,z) = f(x,y,z) + \lambda_1 \varphi(x,y,z) + \lambda_2 \psi(x,y,z),$$

其中 λ_1, λ_2 为拉格朗日乘数. 建立方程组

$$\begin{cases} F'_x = f'_x + \lambda_1 \varphi'_x + \lambda_2 \psi'_x = 0 \\ F'_y = f'_y + \lambda_1 \varphi'_y + \lambda_2 \psi'_y = 0 \\ F'_z = f'_z + \lambda_1 \varphi'_z + \lambda_2 \psi'_z = 0, \\ \varphi(x,y,z) = 0, \psi(x,y,z) = 0 \end{cases}$$

消去 λ_1 和 λ_2，得出所有可能的极值点 (x_0, y_0, z_0)，最后判断点 (x_0, y_0, z_0) 是否为极值点.

例 7 求表面积为 a^2 而体积最大的长方体的体积.

解 设长方体的三条边分别为 x, y, z，体积为 V，则 $V = xyz$. 该问题即为求约束条件 $2(xy + xz + yz) = a^2$ 下体积 V 的最大值 $(x > 0, y > 0, z > 0)$. 构造拉格朗日函数

$$F(x,y,z) = xyz + \lambda(2xy + 2xz + 2yz - a^2),$$

建立并求解方程组：

$$\begin{cases} F'_x = yz + 2\lambda(y + z) = 0 \\ F'_y = xz + 2\lambda(x + z) = 0 \\ F'_z = xy + 2\lambda(x + y) = 0, \\ 2(xy + xz + yz) = a^2 \end{cases}$$

得 $x=y=z=\dfrac{\sqrt{6}}{6}a$. 由于是唯一驻点，结合实际情况，体积一定存在最大值，故必定在点 $\left(\dfrac{\sqrt{6}}{6}a,\dfrac{\sqrt{6}}{6}a,\dfrac{\sqrt{6}}{6}a\right)$ 处取得最大值，最大体积为 $V_{\max}=\dfrac{\sqrt{6}}{36}a^3$.

习题 6-6

1. 求下列函数的极值.

(1) $z=x^3+y^3-3xy$；

(2) $z=x^3+y^2-6xy-39x+18y+18$；

(3) $z=2xy-3x^2-3y^2$；

(4) $z=e^{2x}(x+y^2+2y)$；

(5) $2x^2+2y^2+z^2+8xz-z+8=0$；

(6) $z=xy+\dfrac{a}{x}+\dfrac{a}{y}\ (a>0)$.

2. 求函数 $z=\dfrac{1}{x}+\dfrac{1}{y}$ 在附加条件 $x+y=2$ 下的最小值.

3. 求内接于球（直径为 a）且有最大体积的长方体.

4. 某工厂要用铝材做一长方体容器，体积为 8 个单位，问其长、宽、高分别为多少时所用铝材最少？

5. 某工厂生产两种商品的日产量分别为 x 和 y（件），总成本函数
$$C(x,y)=8x^2-xy+12y^2（元）.$$
商品的限额为 $x+y=42$，求最小成本.

6. 某工厂生产甲种产品 x（百个）和乙种产品 y（百个）的总成本函数 $C(x,y)=x^2+2xy+y^2+100$（万元）；甲、乙两种产品的需求函数为 $x=26-P_甲$，$y=10-\dfrac{1}{4}P_乙$，其中 $P_甲$，$P_乙$ 分别为产品甲、乙相应的售价（万元/百个），求两种产品产量 x，y 各为多少时，可获得最大利润，最大利润是多少？

第七节 二重积分

本节中，我们将把一元函数定积分的概念及其基本性质推广到二元函数的定积分，即二重积分.

一、二重积分的概念与性质

1. 曲顶柱体的体积

设有一立体，它的底是 xOy 平面上的闭区域 D，它的侧面是以 D 的边界曲线为准线且母线平行于 z 轴的柱面，它的顶面是连续函数 $z=f(x,y)$ 所表示的曲面，且在 D 中 $f(x,y)\geqslant 0$，这种立体称为曲顶柱体，如图 6-13 所示.

下面用类似于求曲边梯形面积的思想方法来求曲顶柱体的体积.

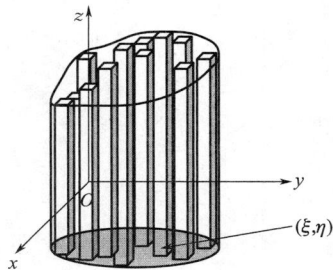

图 6-13

（1）**分割**. 用一组曲线网把 D 分成 n 个子区域 $\Delta\sigma_1, \Delta\sigma_2, \cdots, \Delta\sigma_n$，同时也用 $\Delta\sigma_i$ 表示第 i 个子区域的面积. 分别以这些子闭域的边界曲线为准线，作母线平行于 z 轴的柱面，这些小柱面把原来的曲顶柱体分成 n 个小曲顶柱体.

（2）**近似代替**. 在第 i 个子区域上任取一点 (ξ_i, η_i)，以 $f(\xi_i, \eta_i)$ 为高，而底面积为 $\Delta\sigma_i$ 的平顶柱体的体积 $f(\xi_i, \eta_i)\Delta\sigma_i (i=1,2,\cdots,n)$ 作为第 i 个小曲顶柱体体积的近似值.

（3）**近似求和**. 把 n 个平顶柱体体积之和 $\sum\limits_{i=1}^{n} f(\xi_i, \eta_i)\Delta\sigma_i$ 作为曲顶柱体体积的近似值.

即：$V \approx \sum\limits_{i=1}^{n} f(\xi_i, \eta_i)\Delta\sigma_i$.

（4）**取极限**. 为求得曲顶柱体体积的精确值，将分割无限加密，记 λ 为子区域的直径中的最大值. 显然当 $\lambda \to 0$ 时，有 $V = \lim\limits_{\lambda \to 0} \sum\limits_{i=1}^{n} f(\xi_i, \eta_i)\Delta\sigma_i$.

将求曲顶柱体体积的思想方法及计算结果，加以抽象与概括，便可得二重积分的定义.

2. 二重积分的定义

定义 设 $f(x,y)$ 是有界闭区域 D 上的有界函数，将闭区域 D 任意分成 n 个子闭区域 $\Delta\sigma_1, \Delta\sigma_2, \cdots, \Delta\sigma_n$，其中 $\Delta\sigma_i$ 表示第 i 个子闭区域，也表示它的面积. 在每个子闭域 $\Delta\sigma_i$ 上任取一点 (ξ_i, η_i)，作乘积 $f(\xi_i, \eta_i)\Delta\sigma_i (i=1,2,\cdots,n)$，作和式 $\sum\limits_{i=1}^{n} f(\xi_i, \eta_i)\Delta\sigma_i$. 如果当各子闭区域的直径中的最大值 λ 趋近于零时，该和式的极限存在，则称此极限为函数 $f(x,y)$ 在闭区域 D 上的**二重积分**，记为 $\iint\limits_{D} f(x,y)\mathrm{d}\sigma$，即

$$\iint\limits_{D} f(x,y)\mathrm{d}\sigma = \lim\limits_{\lambda \to 0} \sum\limits_{i=1}^{n} f(\xi_i, \eta_i)\Delta\sigma_i,$$

其中 D 叫作积分区域，$f(x,y)$ 叫作**被积函数**，$\mathrm{d}\sigma$ 叫作**面积元素**，$f(x,y)\mathrm{d}\sigma$ 叫作**被积表达式**，$\sum\limits_{i=1}^{n} f(\xi_i, \eta_i)\Delta\sigma_i$ 叫作**积分和**.

注意 （1）如果函数 $f(x,y)$ 在有界闭区域 D 上连续，则定义中和式的极限必存在，即二重积分存在，此时称 $f(x,y)$ 在 D 上是可积的.

（2）由于二重积分的定义中对闭区域 D 的划分是任意的. 因此，在直角坐标系中，常用平行于 x 轴和 y 轴的两组直线分割 D. 因此，面积元素

$$\mathrm{d}\sigma = \mathrm{d}x\,\mathrm{d}y,$$

所以，在直角坐标系中，二重积分可记为

$$\iint\limits_{D} f(x,y)\mathrm{d}\sigma = \iint\limits_{D} f(x,y)\mathrm{d}x\,\mathrm{d}y.$$

（3）二重积分的几何意义：二重积分在几何上表示以区域 D 为底，以曲面 $z = f(x,y) \geqslant 0$ 为顶的曲顶柱体的体积，即 $V = \iint\limits_{D} f(x,y)\mathrm{d}\sigma$.

3. 二重积分的性质

二重积分与一元函数定积分具有相应的性质（证明从略）．下面论及的函数均假定在 D 上可积．

性质 1（线性运算性） 对任意常数 k_1, k_2，有

$$\iint\limits_{D}[k_1 f(x,y) \pm k_2 g(x,y)]\mathrm{d}\sigma = k_1\iint\limits_{D} f(x,y)\mathrm{d}\sigma \pm k_2\iint\limits_{D} g(x,y)\mathrm{d}\sigma.$$

性质 2（积分区域的可加性） 如果积分区域 D 被一条曲线划分为两个闭区域 D_1 和 D_2（这里 $D = D_1 \bigcup D_2$，且 D_1 和 D_2 无公共内点），则

$$\iint\limits_{D} f(x,y)\mathrm{d}\sigma = \iint\limits_{D_1} f(x,y)\mathrm{d}\sigma + \iint\limits_{D_2} f(x,y)\mathrm{d}\sigma.$$

这一性质表明二重积分对积分区域具有可加性，并能推广到积分区域 D 被有限条曲线分为有限个部分闭区域的情形．

性质 3 如果积分区域 D 的面积为 A，则 $\iint\limits_{D}\mathrm{d}\sigma = A$．

性质 4（比较定理） 如果在 D 上有 $f(x,y) \leqslant g(x,y)$，则

$$\iint\limits_{D} f(x,y)\mathrm{d}\sigma \leqslant \iint\limits_{D} g(x,y)\mathrm{d}\sigma.$$

性质 5（估值定理） 设 m, M 分别是 $f(x,y)$ 在 D 上的最小值和最大值，A 是 D 的面积，则

$$mA \leqslant \iint\limits_{D} f(x,y)\mathrm{d}\sigma \leqslant MA.$$

性质 6（二重积分中值定理） 设 $f(x,y)$ 在闭区域 D 上连续，A 为 D 的面积，则至少存在一点 $(\xi, \eta) \in D$，使得

$$\iint\limits_{D} f(x,y)\mathrm{d}\sigma = f(\xi, \eta) \cdot A.$$

中值定理的几何意义为：在区域 D 上以曲面 $f(x,y) \geqslant 0$ 为顶的曲顶柱体的体积等于区域 D 上以某一点 (ξ, η) 的函数值 $f(\xi, \eta)$ 为高的平顶柱体的体积．

二、二重积分的计算

1. 利用直角坐标计算二重积分

二重积分的值除了与被积函数 $f(x,y)$ 有关外，还与积分区域有关．通常区域 D 的表示方式分为两种．

一种称为 X 型区域（图 6-14）．即区域 D 可表示为

$$D = \{(x,y) \mid \varphi_1(x) \leqslant y \leqslant \varphi_2(x), a \leqslant x \leqslant b\},$$

其特点是：穿过区域 D 的内部且与 y 轴平行的直线与区域 D 的边界曲线的交点不多于两个．

另一种称为 Y 型区域（图 6-15）．即区域 D 的表示形式为

$$D = \{(x,y) \mid \psi_1(y) \leqslant x \leqslant \psi_2(y), c \leqslant y \leqslant d\},$$

其特点是：穿过区域 D 的内部且与 x 轴平行的直线与区域 D 的边界曲线的交点不多于两个．

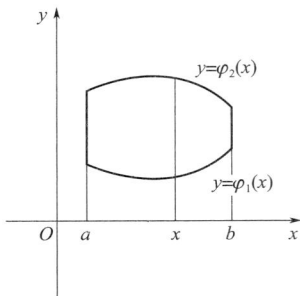

图 6-14

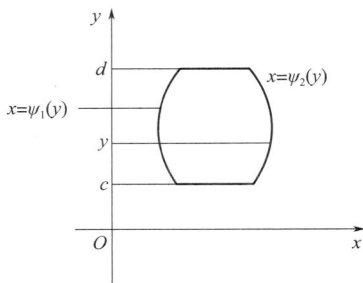

图 6-15

由二重积分的几何意义可知，当 $f(x,y) \geqslant 0$ 时，二重积分 $\iint\limits_{D} f(x,y) \mathrm{d}\sigma$ 的值就是以曲面 $z = f(x,y)$ 为顶，以 D 为底的曲顶柱体的体积. 由定积分中"平行截面面积已知的立体的体积"的计算，我们可得到二重积分的计算方法.

下面以求 X 型区域 D 上曲顶柱体体积为例，推导二重积分的计算方法.

设二元函数 $z = f(x,y)$ 在 D 上连续非负.

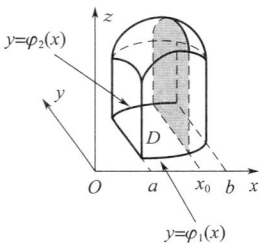

图 6-16

将区域 D 投影到 x 轴上，得 $x \in [a,b]$，则区域 D 用不等式表示为 $\varphi_1(x) \leqslant y \leqslant \varphi_2(x), a \leqslant x \leqslant b$. 在区间 $[a,b]$ 上任意取定一点 x_0，作平行于 yOz 面的平面 $x = x_0$. 该平面截曲顶柱体所得截面是一个以区间 $[\varphi_1(x_0), \varphi_2(x_0)]$ 为底，以曲线 $z = f(x_0, y)$ 为曲边的曲边梯形（见图 6-16 中阴影部分），所以曲边梯形的面积为

$$A(x_0) = \int_{\varphi_1(x_0)}^{\varphi_2(x_0)} f(x_0, y) \mathrm{d}y.$$

由 x_0 的任意性，可得 $\forall x \in [a,b]$ 时，

$$A(x) = \int_{\varphi_1(x)}^{\varphi_2(x)} f(x, y) \mathrm{d}y.$$

应用平行截面面积已知的立体体积的计算方法，得曲顶柱体的体积为

$$V = \int_a^b A(x) \mathrm{d}x = \int_a^b \left[\int_{\varphi_1(x)}^{\varphi_2(x)} f(x,y) \mathrm{d}y \right] \mathrm{d}x.$$

从而

$$\iint\limits_{D} f(x,y) \mathrm{d}\sigma = \int_a^b \left[\int_{\varphi_1(x)}^{\varphi_2(x)} f(x,y) \mathrm{d}y \right] \mathrm{d}x.$$

上式右端的积分叫作先对 y，后对 x 的**二次积分**. 它表示先将 x 看作常数，把 $f(x,y)$ 只看作 y 的函数，对 y 计算从 $\varphi_1(x)$ 到 $\varphi_2(x)$ 的定积分，得到关于 x 的一元函数，再求此函数由 a 到 b 的定积分. 为了方便，二次积分简记为 $\int_a^b \mathrm{d}x \int_{\varphi_1(x)}^{\varphi_2(x)} f(x,y) \mathrm{d}y$，即

$$\iint\limits_{D} f(x,y) \mathrm{d}\sigma = \int_a^b \mathrm{d}x \int_{\varphi_1(x)}^{\varphi_2(x)} f(x,y) \mathrm{d}y. \tag{6-5}$$

注意 若积分区域 D 为 Y 型区域，用不等式 $\psi_1(y) \leqslant x \leqslant \psi_2(y), c \leqslant y \leqslant d$ 表示. 类似式（6-5）的推导，有

$$\iint\limits_{D} f(x,y) \mathrm{d}\sigma = \int_c^d \left[\int_{\psi_1(y)}^{\psi_2(y)} f(x,y) \mathrm{d}x \right] \mathrm{d}y,$$

简记为

$$\iint\limits_{D} f(x,y)\mathrm{d}\sigma = \int_c^d \mathrm{d}y \int_{\psi_1(y)}^{\psi_2(y)} f(x,y)\mathrm{d}x. \tag{6-6}$$

例 1　计算二重积分 $\iint\limits_{D}(x^2+y)\mathrm{d}x\mathrm{d}y$，其中 D 是由抛物线 $y=x^2$ 和 $x=y^2$ 所围成的平面闭域.

解　画出积分区域，如图 6-17 所示. $D_X : \begin{cases} 0 \leqslant x \leqslant 1 \\ x^2 \leqslant y \leqslant \sqrt{x} \end{cases}$.

$$\iint\limits_{D}(x^2+y)\mathrm{d}x\mathrm{d}y = \int_0^1 \mathrm{d}x \int_{x^2}^{\sqrt{x}}(x^2+y)\mathrm{d}y = \int_0^1 \left(x^2 y + \frac{1}{2}y^2\right)\Big|_{x^2}^{\sqrt{x}} \mathrm{d}x$$

$$= \int_0^1 \left(x^{\frac{5}{2}} + \frac{1}{2}x - \frac{3}{2}x^4\right)\mathrm{d}x = \left(\frac{2}{7}x^{\frac{7}{2}} + \frac{1}{4}x^2 - \frac{3}{10}x^5\right)\Big|_0^1 = \frac{33}{140}.$$

例 2　计算二重积分 $\iint\limits_{D} xy\mathrm{d}\sigma$，其中 D 是由抛物线 $y^2=x$ 及直线 $y=x-2$ 所围成的区域.

解　画出积分区域 D，如图 6-18 所示. 根据积分区域，采用 Y 型区域计算更简单. 即 $D_Y : \begin{cases} y^2 \leqslant x \leqslant y+2 \\ -1 \leqslant y \leqslant 2 \end{cases}$.

$$\iint\limits_{D} xy\mathrm{d}\sigma = \int_{-1}^2 \mathrm{d}y \int_{y^2}^{y+2} xy\mathrm{d}x = \frac{1}{2}\int_{-1}^2 [y(y+2)^2 - y^5]\mathrm{d}y$$

$$= \frac{1}{2}\left(\frac{y^4}{4} + \frac{4}{3}y^3 + 2y^2 - \frac{y^6}{6}\right)\Big|_{-1}^2 = \frac{45}{8}.$$

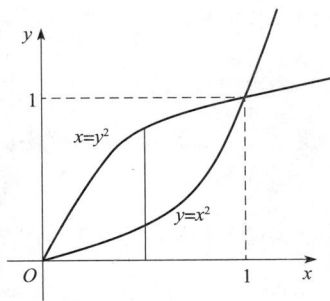

图 6-17

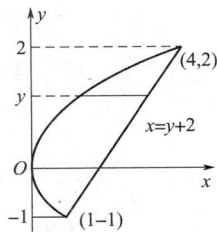

图 6-18

例 3　交换二次积分 $I = \int_0^1 \mathrm{d}x \int_0^{1-x} f(x,y)\mathrm{d}y$ 的积分次序.

解　由已知二次积分，写出积分区域 D 的不等式表示. 本题中积分区域是 X 型区域，可表示为 $D_X : \begin{cases} 0 \leqslant x \leqslant 1 \\ 0 \leqslant y \leqslant 1-x \end{cases}$，如图 6-19 所示. 将其转化成 Y 型区域 $D_Y : \begin{cases} 0 \leqslant x \leqslant 1-y \\ 0 \leqslant y \leqslant 1 \end{cases}$，

故

$$I = \int_0^1 \mathrm{d}y \int_0^{1-y} f(x,y)\mathrm{d}x.$$

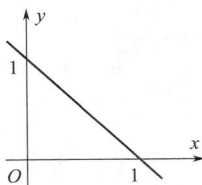

图 6-19

例 4 计算 $\int_0^1 dy \int_y^{\sqrt{y}} \frac{\cos x}{x} dx$.

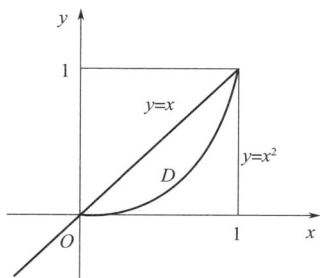

图 6-20

解 由于被积函数 $\frac{\cos x}{x}$ 的原函数不能用初等函数来表示，故按照给定的先对 x 后对 y 的二次积分无法计算，需交换积分顺序，即转化为先对 y 后对 x 的二次积分.

根据已给积分限知，积分区域 $D = \{(x,y) \mid y \leqslant x \leqslant \sqrt{y}, 0 \leqslant y \leqslant 1\}$，画出区域 D（图 6-20）. 将 D 看作 X 型区域，可得 $D = \{(x,y) \mid x^2 \leqslant y \leqslant x, 0 \leqslant x \leqslant 1\}$，所以

$$\int_0^1 dy \int_y^{\sqrt{y}} \frac{\cos x}{x} dx = \int_0^1 dx \int_{x^2}^x \frac{\cos x}{x} dy = \int_0^1 \frac{\cos x}{x}(x - x^2) dx$$
$$= \int_0^1 (\cos x - x\cos x) dx = 1 - \cos 1.$$

2. 利用极坐标计算二重积分

在有些情形下，如积分区域 D 的边界为圆、圆环或它们的一部分，且被积函数用极坐标来表示更为简便，我们考虑利用极坐标计算二重积分.

建立极坐标系，设极点与 xOy 直角坐标系的原点重合，极轴与 x 轴的正向重合，则直角坐标系下的变量与极坐标下的变量间的关系为

$$\begin{cases} x = \rho\cos\theta \\ y = \rho\sin\theta \end{cases} (0 \leqslant \rho < +\infty, 0 \leqslant \theta \leqslant 2\pi).$$

用极坐标系下的曲线网 $\rho = $ 常数，$\theta = $ 常数（如图 6-21）将区域 D 分为 n 个小闭区域. 除靠近边界曲线包含边界点的部分外，其余部分的小区域面积可看作是两个小的扇形面积的差，即

$$\Delta\sigma = \frac{1}{2}(\rho + \Delta\rho)^2 \Delta\theta - \frac{1}{2}\rho^2 \Delta\theta = \rho\Delta\rho\Delta\theta + \frac{1}{2}(\Delta\rho)^2\Delta\theta,$$

当 $\Delta\rho$ 与 $\Delta\theta$ 充分小时，$\Delta\sigma \approx \rho\Delta\rho\Delta\theta$，故极坐标系下的面积元素 $d\sigma = \rho d\rho d\theta$，从而有极坐标系下的二重积分

$$\iint\limits_D f(x,y)d\sigma = \iint\limits_D f(\rho\cos\theta, \rho\sin\theta)\rho d\rho d\theta.$$

极坐标系下的二重积分同样可以化为二次积分来计算. 一般情况下，极坐标系下二次积分次序是先对 ρ，再对 θ. 设过极点引出的射线穿过 D 的内部时，与边界曲线的交点不多于两个，根据极点与积分区域之间的关系可以分为以下三种情形.

（1）极点 O 在区域 D 外. 如图 6-22 所示，设积分区域 D 可以表示为

$$D = \{(\rho,\theta) \mid \rho_1(\theta) \leqslant \rho \leqslant \rho_2(\theta), \alpha \leqslant \theta \leqslant \beta\},$$

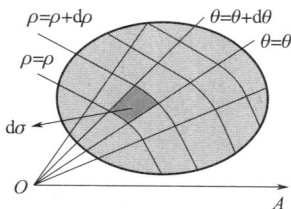

图 6-21

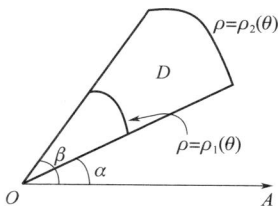

图 6-22

其中 $\rho_1(\theta)$，$\rho_2(\theta)$ 在区间 $[\alpha,\beta]$ 上连续，则

$$\iint\limits_{D} f(\rho\cos\theta,\rho\sin\theta)\rho\,\mathrm{d}\rho\,\mathrm{d}\theta=\int_{\alpha}^{\beta}\mathrm{d}\theta\int_{\rho_1(\theta)}^{\rho_2(\theta)}f(\rho\cos\theta,\rho\sin\theta)\rho\,\mathrm{d}\rho.$$

（2）极点 O 在区域 D 的边界上.

设区域 D 是如图 6-23 所示的曲边扇形，D 可以表示为

$$D=\{(\rho,\theta)\mid 0\leqslant\rho\leqslant\rho(\theta),\alpha\leqslant\theta\leqslant\beta\},$$

则

$$\iint\limits_{D} f(\rho\cos\theta,\rho\sin\theta)\rho\,\mathrm{d}\rho\,\mathrm{d}\theta=\int_{\alpha}^{\beta}\mathrm{d}\theta\int_{0}^{\rho(\theta)}f(\rho\cos\theta,\rho\sin\theta)\rho\,\mathrm{d}\rho.$$

（3）极点 O 在区域 D 内.

设区域 D 的边界曲线为 $\rho=\rho(\theta)$，如图 6-24 所示. 区域 D 可以表示为

$$D=\{(\rho,\theta)\mid 0\leqslant\rho\leqslant\rho(\theta),0\leqslant\theta\leqslant 2\pi\},$$

则

$$\iint\limits_{D} f(\rho\cos\theta,\rho\sin\theta)\rho\,\mathrm{d}\rho\,\mathrm{d}\theta=\int_{0}^{2\pi}\mathrm{d}\theta\int_{0}^{\rho(\theta)}f(\rho\cos\theta,\rho\sin\theta)\rho\,\mathrm{d}\rho.$$

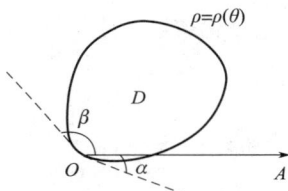

图 6-23

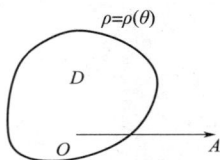

图 6-24

例 5　计算二重积分 $\iint\limits_{D}\mathrm{e}^{-x^2-y^2}\,\mathrm{d}x\,\mathrm{d}y$，其中 D 为 $x^2+y^2\leqslant a^2$.

解　在极坐标系中，积分区域 D 可表示为 $\begin{cases}0\leqslant\theta\leqslant 2\pi\\0\leqslant\rho\leqslant a\end{cases}$. 故

$$\iint\limits_{D}\mathrm{e}^{-x^2-y^2}\,\mathrm{d}x\,\mathrm{d}y=\iint\limits_{D}\mathrm{e}^{-\rho^2}\rho\,\mathrm{d}\rho\,\mathrm{d}\theta=\int_{0}^{2\pi}\mathrm{d}\theta\int_{0}^{a}\mathrm{e}^{-\rho^2}\rho\,\mathrm{d}\rho=\int_{0}^{2\pi}\left(-\frac{1}{2}\mathrm{e}^{-\rho^2}\right)\Big|_{0}^{a}\mathrm{d}\theta$$

$$=\frac{1}{2}\int_{0}^{2\pi}(1-\mathrm{e}^{-a^2})\,\mathrm{d}\theta=\frac{1}{2}(1-\mathrm{e}^{-a^2})\theta\Big|_{0}^{2\pi}=\pi(1-\mathrm{e}^{-a^2}).$$

例 6　计算二重积分 $\iint\limits_{D}\arctan\dfrac{y}{x}\,\mathrm{d}\sigma$，其中 D 为 $x^2+y^2=1,x^2+y^2=4,y=x,y=0$ 所围区域.

解　画出积分区域 D，如图 6-25 所示. 利用转换公式 $x=\rho\cos\theta$，
$y=\rho\sin\theta,x^2+y^2=\rho^2$，可将区域 D 边界的曲线方程

$$x^2+y^2=1,x^2+y^2=4,y=0,y=x$$

转化为极坐标方程，分别为：

$$\rho=1,\rho=2,\theta=0,\theta=\frac{\pi}{4}.$$

故积分区域 D 可表示为 $\begin{cases}1\leqslant\rho\leqslant 2\\0\leqslant\theta\leqslant\dfrac{\pi}{4}\end{cases}$.

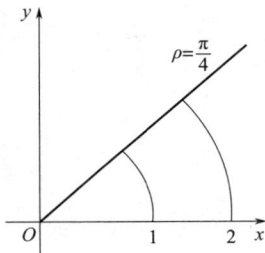

图 6-25

$$\iint\limits_{D}\arctan\frac{y}{x}d\sigma = \int_{0}^{\frac{\pi}{4}}d\theta\int_{1}^{2}\arctan\frac{\rho\sin\theta}{\rho\cos\theta}\rho d\rho = \int_{0}^{\frac{\pi}{4}}d\theta\int_{1}^{2}\theta\rho d\rho$$

$$= \int_{0}^{\frac{\pi}{4}}\theta\left[\frac{1}{2}\rho^{2}\Big|_{1}^{2}\right]d\theta = \frac{3}{2}\int_{0}^{\frac{\pi}{4}}\theta d\theta = \frac{3}{4}\theta^{2}\Big|_{0}^{\frac{\pi}{4}} = \frac{3\pi^{2}}{64}.$$

习题 6-7

1. 利用二重积分的性质，比较下列二重积分的大小.

(1) $I_1 = \iint\limits_{D}e^{xy}d\sigma$ 与 $I_2 = \iint\limits_{D}e^{2xy}d\sigma$，其中 $D = \{(x,y)\,|\,0\leqslant x\leqslant 1, 0\leqslant y\leqslant 1\}$；

(2) $I_1 = \iint\limits_{D}(x+y)^5 d\sigma$，$I_2 = \iint\limits_{D}(x+y)^4 d\sigma$，其中 $D = \{(x,y)\,|\,(x-2)^2+(y-1)^2 = 2\}$.

2. 利用二重积分的性质估计下列二重积分的值.

(1) $I = \iint\limits_{D}\sin(x^2+y^2)d\sigma$，其中 $D = \left\{(x,y)\,\Big|\,\frac{\pi}{4}\leqslant x^2+y^2\leqslant\frac{3\pi}{4}\right\}$；

(2) $I = \iint\limits_{D}(x+y+5)d\sigma$，其中 $D = \{(x,y)\,|\,0\leqslant x\leqslant 1, 0\leqslant y\leqslant 2\}$.

3. 在直角坐标系下计算下列二重积分.

(1) $\iint\limits_{D}x\sqrt{y}\,dxdy$，其中 D 为曲线 $y=x^2$，$x=y^2$ 所围的区域；

(2) $\iint\limits_{D}\frac{x^2}{y^2}d\sigma$，其中 D 由直线 $x=2$，$y=x$ 和双曲线 $xy=1$ 围成；

(3) $\iint\limits_{D}xy\,dxdy$，其中 D 由直线 $y=-x$ 及曲线 $y=\sqrt{1-x^2}$，$y=\sqrt{x-x^2}$ 围成；

(4) $\iint\limits_{D}(x^2+y^2-x)dxdy$，其中 D 由 $y=x$，$y=2x$，$y=2$ 围成；

(5) $\iint\limits_{D}e^{x^2}dxdy$，其中 D 是由曲线 $y=x^3$ 与直线 $y=x$ 在第一象限内围成的闭区域；

(6) $\iint\limits_{D}\sin\frac{\pi x}{2y}d\sigma$，其中 D 由曲线 $y=\sqrt{x}$ 和直线 $y=x$，$y=2$ 所围成.

4. 改变下列二次积分的次序.

(1) $\int_{-2}^{1}dy\int_{y^2}^{4}f(x,y)dx$；　　　　(2) $\int_{1}^{e}dx\int_{0}^{\ln x}f(x,y)dy$.

5. 将下列积分化成极坐标系形式，并计算积分值.

(1) $\int_{0}^{a}dx\int_{0}^{x}\sqrt{x^2+y^2}\,dy$；　　　　(2) $\int_{0}^{a}dy\int_{0}^{\sqrt{a^2-y^2}}(x^2+y^2)dx$.

6. 在极坐标系下计算二重积分.

(1) $\iint\limits_{D}\frac{x+y}{x^2+y^2}dxdy$，其中 $D: x^2+y^2\leqslant 1$，$x+y\geqslant 1$；

(2) $\iint\limits_{D}\cos\sqrt{x^2+y^2}\,dxdy$，其中 $D = \{(x,y)\,|\,\pi^2\leqslant x^2+y^2\leqslant 4\pi^2\}$；

（3）$\displaystyle\iint\limits_{D}xy\mathrm{d}x\mathrm{d}y$，其中 $D=\{(x,y)\,|\,x^2+y^2-2y\leqslant0,y\leqslant x\}$；

（4）$\displaystyle\iint\limits_{D}(x+y)\mathrm{d}x\mathrm{d}y$，其中 $D=\{(x,y)\,|\,x^2+y^2\leqslant x+y\}$.

本章思维导图

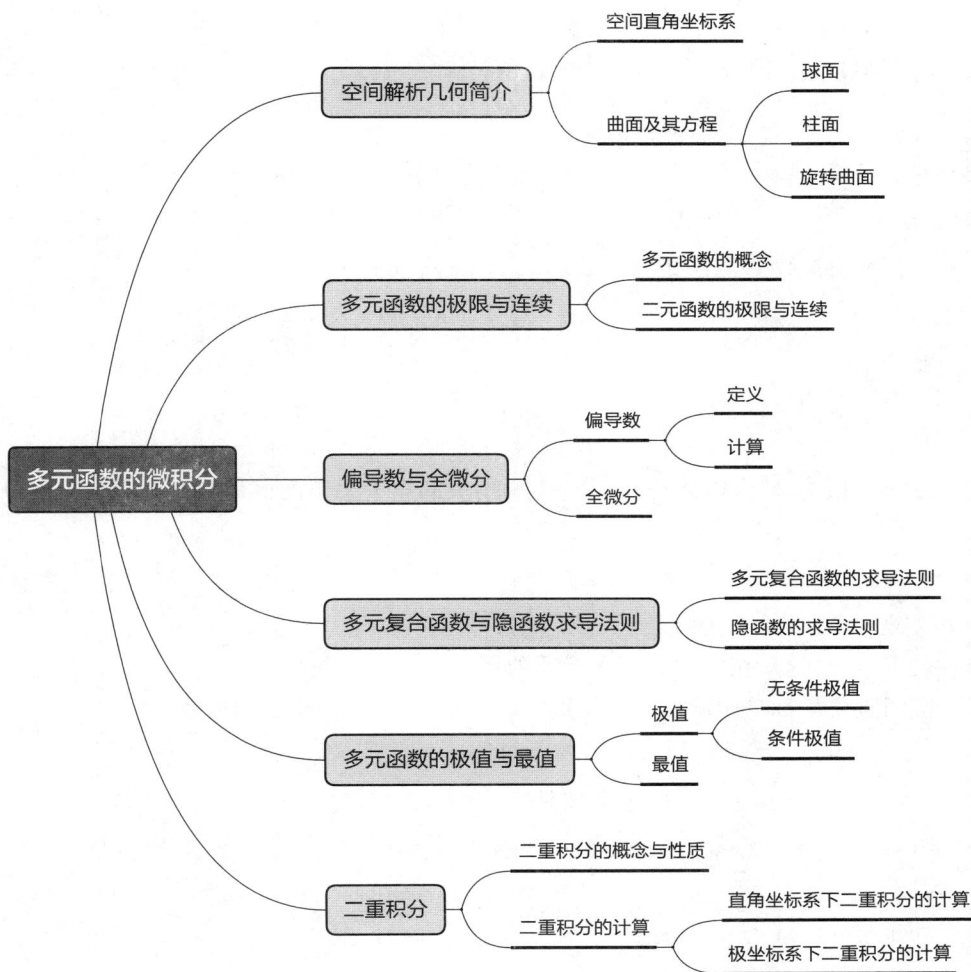

总复习题六

1. 单项选择题.

（1）设 $f(x,y)=\dfrac{x-y}{x+y}$，则 $f(x-y,x+y)=(\qquad)$.

A. $\dfrac{y}{x}$ B. $\dfrac{x}{y}$ C. $-\dfrac{y}{x}$ D. $-\dfrac{x}{y}$

(2) 设 $z = x^2 \sin y$，则 $\dfrac{\partial z}{\partial x} = ($)．

A. $2x \cos y$ B. $2x \sin y$ C. $x^2 \sin y$ D. $x^2 \cos y$

(3) 设 $z = xy + x^3$，则 $dz \big|_{\substack{x=1 \\ y=1}} = ($)．

A. $dx + 4dy$ B. $dx + dy$ C. $4dx + dy$ D. $3dx + dy$

(4) 设 $z = u^2 \ln v$，$u = x + y$，$v = xy$，则 $\dfrac{\partial z}{\partial x} \bigg|_{(1,1)} = ($)．

A. 3   B. 2   C. 0   D. 1

(5) 设 $z = e^x \cos y$，则 $\dfrac{\partial^2 z}{\partial x \partial y} = ($)．

A. $e^x \sin y$ B. $e^x + e^x \sin y$ C. $-e^x \cos y$ D. $-e^x \sin y$

(6) 函数 $f(x,y) = x^2 + y^2 - 2x - 2y + 1$ 的驻点是（   ）．

A. $(0,0)$ B. $(0,1)$ C. $(1,0)$ D. $(1,1)$

(7) 交换积分顺序，二次积分 $\displaystyle\int_0^1 dy \int_0^{1-y} f(x,y) dx = ($)．

A. $\displaystyle\int_0^1 dx \int_0^{1-x} f(x,y) dy$ B. $\displaystyle\int_0^1 dy \int_0^{1-x} f(x,y) dx$

C. $\displaystyle\int_0^{1-x} dy \int_0^1 f(x,y) dx$ D. $\displaystyle\int_0^1 dy \int_0^1 f(x,y) dx$

(8) 已知区域 D 是由椭圆 $\dfrac{x^2}{4} + y^2 = 1$ 所围成的第一象限的区域，则 $\displaystyle\iint\limits_D d\sigma = ($)．

A. 1   B. $\dfrac{1}{2}$ C. $\dfrac{\pi}{4}$ D. π

2. 填空题．

(1) 点 $(2, -1, 4)$ 在空间直角坐标系的第 _____ 卦限．

(2) 空间直角坐标系中两点 $(-3, 2, 5)$ 与 $(2, 3, 4)$ 之间的距离为 _____ ．

(3) 已知 $f(u, v) = u^v$，则 $f(xy, x + y) = $ _____ ．

(4) 函数 $z = \sqrt{1 - x^2 - y^2}$ 的定义域是 _____ ．

(5) 函数 $f(x, y)$ 在点 (x_0, y_0) 处的偏导数存在，且在该点有极值，则
$$f'_x(x_0, y_0) = \underline{\qquad}, \quad f'_y(x_0, y_0) = \underline{\qquad}.$$

(6) 已知积分区域 $D = \{(x, y) \mid x^2 + (y-2)^2 \leqslant 4\}$，则 $\displaystyle\iint\limits_D d\sigma = $ _____ ．

(7) 交换积分次序：$\displaystyle\int_1^2 dx \int_{2-x}^1 f(x,y) dy = $ _____ ．

3. 求下列函数的偏导数．

(1) $z = x^2 + \sin xy$；   (2) $z = (1 + xy)^y$；

(3) $z = (x + y)^{xy}$；   (4) $z = f(x^2 + y^2, xy)$．

4. 求下列函数的全微分．

(1) $z = x^y$；   (2) $z = x^2 y^3 + e^{xy}$ 在点 $(1, 1)$ 处．

5. 求下列函数的二阶偏导数.

(1) $z = x^3 - 2xy^2 - y^3$；

(2) $z = e^{2x} \sin y^2$.

6. 已知 $z = 5u^2 - 9v^3$，$u = \sqrt{x+y}$，$v = \sin xy$，求 $\dfrac{\partial z}{\partial x}$ 和 $\dfrac{\partial z}{\partial y}$.

7. 已知 $z = 12x^5 + 7y^2$，$y = \ln x$，求 $\dfrac{dz}{dx}$.

8. 已知函数 $u = f(x^2 + y^3 - z^5)$，求其偏导数 f'_x，f'_y，f'_z.

9. 求由方程 $\cos y^3 - 10^x + xy = 0$ 所确定的隐函数 $y = f(x)$ 的导数 $\dfrac{dy}{dx}$.

10. 计算下列二重积分的值.

(1) 计算 $\displaystyle\iint\limits_{D} x^2 y \, dx \, dy$，$D$ 是由直线 $y = x$ 及曲线 $y = x^2$ 所围成的闭区域.

(2) 计算 $\displaystyle\iint\limits_{D} e^{-y^2} \, d\sigma$，$D$ 是以 $(0,0)$，$(1,1)$，$(0,1)$ 为顶点的三角形闭区域.

(3) 计算 $\displaystyle\iint\limits_{D} y \sin x \, d\sigma$，$D$ 是矩形区域，$0 \leqslant x \leqslant \dfrac{\pi}{2}$，$1 \leqslant y \leqslant 2$.

(4) 用极坐标计算积分 $\displaystyle\iint\limits_{D} \ln(100 + x^2 + y^2) \, d\sigma$，其中 $D = \{(x,y) \mid x^2 + y^2 \leqslant 1\}$.

11. 要造一个容积等于 10 立方米的长方体无盖水池，应如何选择水池尺寸，方可使它的表面积最小.

12. 某工厂生产某产品需要两种原料 A 和 B，且产品的产量 z 与所需 A 原料数 x 及 B 原料数 y 的关系式为 $z = x^2 + 8xy + 7y^2$. 已知 A 原料数的单价为 1 万元/吨，B 原料数的单价为 2 万元/吨，现有 100 万元，如何购买原料才能使该产品的产量最大.

第七章

微分方程与差分方程

本章将介绍微分方程的基本概念，并研究常见的一阶微分方程与二阶常系数线性微分方程的解法，最后列举几个微分方程在经济领域中的应用例子.

第一节　微分方程的基本概念

我们在研究科学技术和管理中某些现象的变化过程时，往往需要寻求有关变量之间的函数关系. 但是，有时这种函数关系不容易直接建立起来，却可能建立起含有待求函数的导数或微分的关系式. 这种关系式称为微分方程. 通过解微分方程才能得到所求的函数. 微分方程除了在几何学、天文物理学、生物学、化学等数理学科中有重要的应用之外，还广泛应用于许多当代社会科学问题中，如人口统计学，经济模型等领域.

下面通过几个具体例子引入微分方程的相关概念.

例 1　已知一曲线 $y=f(x)$ 上任意一点 (x,y) 处的切线斜率为 $2x^2$，且此曲线经过点 $(1,2)$，求此曲线的方程.

解　由导数的几何意义可得 $\dfrac{\mathrm{d}y}{\mathrm{d}x}=2x^2$，又因曲线过点 $(1,2)$，故 $f(1)=2$. 对 $\dfrac{\mathrm{d}y}{\mathrm{d}x}=2x^2$ 两边积分，可得满足条件的函数为 $y=\dfrac{2}{3}x^3+C$，其中 C 为任意常数.

代入得 $f(1)=2$ 可得 $C=\dfrac{4}{3}$，故所求曲线方程为 $y=\dfrac{2}{3}x^3+\dfrac{4}{3}$.

例 2　设质量为 m 的物体只受重力的作用由静止开始自由下落，试确定物体下落的距离 s 与时间 t 的函数关系.

解　设物体在任意时间 t 下落的距离为 $s=s(t)$. 根据牛顿运动定律知，所求未知函数 $s=s(t)$ 应满足方程

$$\frac{\mathrm{d}^2 s}{\mathrm{d}t^2}=g. \tag{7-1}$$

其中，g 是重力加速度. 此外，未知函数还应满足下列条件：

$$s\big|_{t=0}=0, \quad v\big|_{t=0}=\frac{\mathrm{d}s}{\mathrm{d}t}\bigg|_{t=0}=0.$$

将式（7-1）两边积分，得

$$v = \frac{\mathrm{d}s}{\mathrm{d}t} = \int g\,\mathrm{d}t = gt + C_1. \tag{7-2}$$

再积分一次，得

$$s = \int (gt + C_1)\,\mathrm{d}t = \frac{1}{2}gt^2 + C_1 t + C_2. \tag{7-3}$$

其中，C_1, C_2 都是任意常数.

将条件 $v\big|_{t=0} = 0$ 代入式（7-2），得 $C_1 = 0$；再将条件 $s\big|_{t=0} = 0$ 代入式（7-3），得 $C_2 = 0$. 将 C_1, C_2 的值代入式（7-3），得物体下落距离 s 和时间 t 的关系为

$$s = s(t) = \frac{1}{2}gt^2.$$

定义 1　含有未知函数的导数或微分的方程，称为**微分方程**. 微分方程中出现的各阶导数的最高阶数，称为**微分方程的阶**. 未知函数是一元函数的微分方程称为常微分方程. 未知函数是多元函数的微分方程称为偏微分方程.

如例 1 中，方程 $\dfrac{\mathrm{d}y}{\mathrm{d}x} = 2x^2$ 是一阶常微分方程，方程 $y'' + 2xy^4 = 3$ 为二阶常微分方程.

方程 $z''_{xy} + xz'_x = 0$ 是二阶偏微分方程. 再如，$xy' + y = 3x$，$y'' + 3y' + 2y = \mathrm{e}^{-x}$，$\dfrac{\mathrm{d}^3 y}{\mathrm{d}x^3} + 2\dfrac{\mathrm{d}y}{\mathrm{d}x} + y = 0$ 等也都是常微分方程，分别为一阶、二阶、三阶常微分方程.

本书只讨论常微分方程，凡不特殊说明，常微分方程就简称为微分方程或方程.

定义 2　如果一个函数代入微分方程能使方程成为恒等式，则称这个函数为**微分方程的解**. 如果微分方程的解中含有相互独立的任意常数，且任意常数的个数与方程的阶数相同，则称此解为微分方程的**通解**. 确定了微分方程通解中的任意常数后，所得微分方程的解称为微分方程的**特解**.

例如，一阶微分方程 $\dfrac{\mathrm{d}y}{\mathrm{d}x} = 2x^2$ 的通解为 $y = \dfrac{2}{3}x^3 + C$，函数 $y = \dfrac{2}{3}x^3 + \dfrac{4}{3}$，$y = \dfrac{2}{3}x^3 + 1$ 都是该方程的特解.

为了得到合乎要求的特解，必须根据要求对微分方程附加一定的条件. 此时，这类附加条件可以用来确定通解中的任意常数，称这类附加条件为**初始条件**.

例 3　验证一阶微分方程 $\dfrac{\mathrm{d}y}{\mathrm{d}x} = \dfrac{2y}{x}$ 的通解为 $y = Cx^2$（C 为任意常数），并求满足初始条件 $y(1) = 2$ 的特解.

解　由 $y = Cx^2$ 得方程的左边为 $\dfrac{\mathrm{d}y}{\mathrm{d}x} = 2Cx$，而方程的右边为 $\dfrac{2y}{x} = \dfrac{2Cx^2}{x} = 2Cx$，故方程两边恒等，且函数 $y = Cx^2$ 含有一个任意常数，因此该函数为方程的通解.

将初始条件 $y(1) = 2$ 代入通解，得 $C = 2$，故所要求的特解为 $y = 2x^2$.

实际上，并非任意的微分方程都有解，即使有解存在也不一定能用有效的方法求出其解，以下各节将对一些特定类型的微分方程如何求解进行讨论.

1. 试指出下列微分方程的阶数.

(1) $y'-x^3y'+2y=0$；
(2) $y''-3y'+2y=e^{5x}$；

(3) $x(y')^3-5yy'+2x=0$；
(4) $2x\,dx+y^5\,dy=0$；

(5) $\dfrac{d^2y}{dx^2}-4\dfrac{dy}{dx}=2x^2+5$；
(6) $y^{(7)}-13y'=5x$.

2. 指出下列各题中的函数是否为所给微分方程的解，如果是，是否为通解.

(1) $y''+4y=0$，$y=C_1\cos 2x+C_2\sin 2x$；

(2) $3y-xy'=0$，$y=Cx^3$；

(3) $y''-\dfrac{2}{x}y'+\dfrac{2}{x^2}y=0$，$y=C_1x+C_2x^2$；

(4) $y''-(\lambda_1+\lambda_2)y'+\lambda_1\lambda_2 y=0$，$y=C_1e^{\lambda_1 x}+C_2e^{\lambda_2 x}$.

3. 验证函数 $y=(C_1+C_2x)e^{-x}$（C_1，C_2 为任意常数）是微分方程 $y''+2y'+y=0$ 的通解，并求满足初始条件 $y|_{x=0}=4$，$y'|_{x=0}=-2$ 的特解.

4. 写出由下列条件确定的曲线所满足的微分方程.

（1）曲线上任一点 $M(x,y)$ 处切线的斜率等于该点横坐标的平方；

（2）曲线上任一点 $P(x,y)$ 处的法线与 x 轴的交点为 Q，且线段 PQ 被 y 轴平分.

5. 已知某种生物群体在时刻 t 时的增长率与当时群体数 $N=N(t)$ 成正比（比例系数为常数 k，$k>0$），试写出该生物群体数所满足的微分方程.

6. 镭元素的衰变满足如下规律：其衰变的速度与它的现存量成正比，经验得知镭经过 1600 年后，只剩下原始量的一半，试写出镭现存量与时间 t 所满足的微分方程.

第二节　一阶微分方程

本节我们讨论简单的一阶微分方程的解法，其一般形式为 $F(x,y,y')=0$，其中 x 为自变量，y 为未知函数，y' 为 y 的一阶导数. 本节主要讨论三种常见类型的一阶微分方程：可分离变量的微分方程、齐次微分方程及一阶线性微分方程.

一、可分离变量的微分方程

如果一个一阶微分方程可化为

$$g(y)dy=f(x)dx \tag{7-4}$$

的形式，则称原微分方程为**可分离变量的微分方程**.

上述定义表明，如果能将一个微分方程写成一端只含有 y 的函数和 dy，另一端只含 x 的函数和 dx，那么该方程即可称为可分离变量的微分方程. 该特点也是这类方程被称为可分离变量的原因.

将方程（7-4）两边同时积分，得

$$\int g(y)dy=\int f(x)dx+C.$$

上式将任意常数 C 明确写出来了，而 $\int g(y)\mathrm{d}y$，$\int f(x)\mathrm{d}x$ 可分别理解为 $g(y)$ 与 $f(x)$ 的一个原函数. 设 $G(y)$ 与 $F(x)$ 依次是 $g(y)$ 与 $f(x)$ 的原函数，于是有

$$G(y)=F(x)+C. \tag{7-5}$$

因此，方程（7-4）的解满足关系式（7-5），可以验证由方程（7-5）所确定的函数（或隐函数）是微分方程（7-4）的通解.

一般地，常见的可分离变量的微分方程具有以下形式：

$$\frac{\mathrm{d}y}{\mathrm{d}x}=f(x)g(y) \tag{7-6}$$

或

$$M_1(x)M_2(y)\mathrm{d}x=N_1(x)N_2(y)\mathrm{d}y. \tag{7-7}$$

上述微分方程（7-6）或方程（7-7）经过简单的代数运算，可化为方程（7-4）的形式. 对方程（7-6）或方程（7-7），此处以方程（7-6）为例来说明，通常采用以下步骤计算其通解.

（1）分离变量，得 $\dfrac{1}{g(y)}\mathrm{d}y=f(x)\mathrm{d}x\ [g(y)\neq 0]$.

（2）两边积分 $\displaystyle\int\frac{1}{g(y)}\mathrm{d}y=\int f(x)\mathrm{d}x$（式中左边对 y 积分，右边对 x 积分）.

（3）求出不定积分，化简结果.

如此可得方程（7-6）的通解，这种求解方法被称为**分离变量法**.

例 1 求微分方程 $\dfrac{\mathrm{d}y}{\mathrm{d}x}=-\dfrac{x}{y}$ 的通解及满足初始条件 $y(0)=2$ 的特解.

解 分离变量，得 $\quad y\mathrm{d}y=-x\mathrm{d}x$，

两边积分，得 $\displaystyle\int y\mathrm{d}y=\int -x\mathrm{d}x$，

即

$$\frac{1}{2}y^2=-\frac{1}{2}x^2+C_1,$$

故原方程的通解为 $\quad x^2+y^2=C(C=2C_1$ 是任意常数$)$.

将初始条件 $y(0)=2$ 代入以上通解，得 $C=4$，故所要求的特解为 $x^2+y^2=4$.

例 2 求微分方程 $\dfrac{\mathrm{d}y}{\mathrm{d}x}=-\dfrac{y}{x}$ 的通解.

解 分离变量，得 $\displaystyle\frac{1}{y}\mathrm{d}y=-\frac{1}{x}\mathrm{d}x$，

两边积分，得 $\displaystyle\int\frac{1}{y}\mathrm{d}y=-\int\frac{1}{x}\mathrm{d}x$，

即 $\ln|y|=-\ln|x|+C_1$，其中 C_1 为任意常数.

即

$$|xy|=\mathrm{e}^{C_1}\ \text{或}\ xy=\pm\mathrm{e}^{C_1},$$

其中 e^{C_1} 为任意正常数. 记 $C=\pm\mathrm{e}^{C_1}$，因此原方程的通解为 $xy=C$（C 为任意常数）.

例 3 求微分方程 $\dfrac{\mathrm{d}N}{\mathrm{d}t}=kN\left(1-\dfrac{N}{K}\right)$ （K，$k>0$，为常数）的解.

解 该方程为可分离变量的微分方程，所以可用分离变量法求解.

分离变量，得 $\displaystyle\frac{K\mathrm{d}N}{N(K-N)}=k\mathrm{d}t$ （$N\neq 0, N\neq K$），

两边积分，得
$$\int \frac{K\,\mathrm{d}N}{N(K-N)} = \int k\,\mathrm{d}t,$$

即
$$\int \left(\frac{1}{N}+\frac{1}{(K-N)}\right)\mathrm{d}N = \int k\,\mathrm{d}t,$$

然后求出积分，得
$$\ln|N| - \ln|N-K| = kt + C_1,$$

故方程的通解为
$$N = \frac{CK\,\mathrm{e}^{kt}}{C\mathrm{e}^{kt}-1} \quad (C\ \text{为任意常数}).$$

这个方程称为**逻辑斯谛（Logistic）曲线方程**，其中 k 为比例常数，K 为种群承载能力（即表示自然环境条件下所能容许的最大种群数）。它是荷兰数学生物学家韦尔胡斯特在 19 世纪 40 年代提出的世界人口增长模型．

二、齐次微分方程

形如
$$\frac{\mathrm{d}y}{\mathrm{d}x} = \varphi\left(\frac{y}{x}\right) \tag{7-8}$$

的一阶微分方程，称为**齐次微分方程**，简称**齐次方程**．

例如，$\dfrac{\mathrm{d}y}{\mathrm{d}x} = \dfrac{xy}{x^2-y^2}$ 是齐次方程，因为它可化为方程（7-8）的形式 $\dfrac{\mathrm{d}y}{\mathrm{d}x} = \dfrac{\frac{y}{x}}{1-\left(\frac{y}{x}\right)^2}$．

齐次方程（7-8）通过变量替换，可化为可分离变量的微分方程．事实上，在方程（7-8）中，令 $u=\dfrac{y}{x}$，这里 u 是新的未知函数，则 $y=ux$，$\dfrac{\mathrm{d}y}{\mathrm{d}x} = u + x\dfrac{\mathrm{d}u}{\mathrm{d}x}$．代入方程（7-8），得
$$u + x\frac{\mathrm{d}u}{\mathrm{d}x} = \varphi(u),$$

分离变量，得
$$\frac{\mathrm{d}u}{\varphi(u)-u} = \frac{1}{x}\mathrm{d}x.$$

两端积分，得
$$\int \frac{\mathrm{d}u}{\varphi(u)-u} = \int \frac{\mathrm{d}x}{x},$$

求出积分后，再以 $u=\dfrac{y}{x}$ 代回原变量，便可得齐次方程（7-8）的通解．

例 4 求微分方程 $y' = \dfrac{y}{x} + \tan\dfrac{y}{x}$ 的通解．

解 作变量代换，令 $u=\dfrac{y}{x}$，则 $y=ux$，故有 $\dfrac{\mathrm{d}y}{\mathrm{d}x} = u + x\dfrac{\mathrm{d}u}{\mathrm{d}x}$．代入原方程，得
$$x\frac{\mathrm{d}u}{\mathrm{d}x} = \tan u$$

分离变量并积分，得 $\int \dfrac{\mathrm{d}u}{\tan u} = \int \dfrac{\mathrm{d}x}{x}$，有 $\ln|\sin u| = \ln|x| + \ln|C|$，

即 $\sin u = Cx$．将 $u=\dfrac{y}{x}$ 代回上式，即得原方程的通解

$$\sin\frac{y}{x}=Cx \ (C \text{ 为任意常数}).$$

例 5 求微分方程$\dfrac{\mathrm{d}y}{\mathrm{d}x}=\dfrac{xy}{x^2-y^2}$的通解.

解 原方程可写为
$$\frac{\mathrm{d}y}{\mathrm{d}x}=\frac{\dfrac{y}{x}}{1-\left(\dfrac{y}{x}\right)^2}. \tag{7-9}$$

这是齐次方程. 令$u=\dfrac{y}{x}$, 结合$\dfrac{\mathrm{d}y}{\mathrm{d}x}=u+x\dfrac{\mathrm{d}u}{\mathrm{d}x}$, 得$u+x\dfrac{\mathrm{d}u}{\mathrm{d}x}=\dfrac{u}{1-u^2}$,

即
$$x\,\mathrm{d}u=\frac{u^3}{1-u^2}\mathrm{d}x,$$

分离变量, 得
$$\frac{(1-u^2)\,\mathrm{d}u}{u^3}=\frac{\mathrm{d}x}{x},$$

两边积分后, 得
$$-\frac{1}{2u^2}-\ln|u|=\ln|x|+C_1,$$

将$u=\dfrac{y}{x}$代回上式, 得原方程的通解
$$y=C\mathrm{e}^{-\frac{x^2}{2y^2}} \ (C \text{ 为任意常数}).$$

三、一阶线性微分方程

形如
$$y'+P(x)y=Q(x) \tag{7-10}$$
的微分方程, 称为**一阶线性微分方程**, 其中$P(x)$, $Q(x)$都是x的连续函数.

如果$Q(x)\equiv0$, 则方程 (7-10) 为
$$y'+P(x)y=0. \tag{7-11}$$
这时, 称方程 (7-11) 为**一阶线性齐次微分方程**, 如果$Q(x)$不恒为零, 则称方程 (7-10) 为**一阶线性非齐次微分方程**.

例如, 方程$\dfrac{\mathrm{d}y}{\mathrm{d}x}+\dfrac{1}{x}y=\sin x$是一阶线性非齐次微分方程, 它对应的一阶线性齐次微分方程是$\dfrac{\mathrm{d}y}{\mathrm{d}x}+\dfrac{1}{x}y=0$.

1. 一阶线性齐次微分方程 $y'+P(x)y=0$ 的通解

一阶线性齐次微分方程$y'+P(x)y=0$的求解步骤为 (即分离变量法):

分离变量, 得
$$\frac{\mathrm{d}y}{y}=-P(x)\mathrm{d}x,$$

两边积分, 有
$$\ln|y|=-\int P(x)\mathrm{d}x+C_1,$$

因此, 一阶线性齐次微分方程的通解为:
$$y=C\mathrm{e}^{-\int P(x)\mathrm{d}x}, \tag{7-12}$$

其中 $C=\pm e^{C_1}$，由于 $y=0$ 也是方程的解，所以式中 C 可为任意常数.

2. 一阶线性非齐次微分方程 $y' + P(x)y = Q(x)$ 的通解

方程（7-10）的通解可用"**常数变易法**"求得. 将与方程（7-10）对应的齐次方程（7-11）的通解（7-12）中的任意常数 C 换为待定的函数 $u=u(x)$，即设

$$y=u(x)e^{-\int P(x)dx},\tag{7-13}$$

式（7-13）就是方程（7-10）的解. 求导得

$$y'=\frac{dy}{dx}=u'(x)e^{-\int P(x)dx}-u(x)P(x)e^{-\int P(x)dx},$$

代入方程（7-10），得 $\qquad u'(x)e^{-\int P(x)dx}=Q(x),$

即 $\qquad u(x)=\int Q(x)e^{\int P(x)dx}dx+C,$

因此，一阶线性非齐次微分方程的通解为：

$$y=e^{-\int P(x)dx}\left[\int Q(x)e^{\int P(x)dx}dx+C\right](C\text{ 为任意常数}).\tag{7-14}$$

概括起来，利用常数变易法求解一阶线性非齐次微分方程的通解步骤如下.

第一步，先求出其对应的齐次微分方程的通解：$y=Ce^{-\int P(x)dx}$.

第二步，将通解中的常数 C 换成待定函数 $u(x)$，即设 $y=u(x)e^{-\int P(x)dx}$，求出 $u(x)$，最后写出非齐次微分方程的通解.

例 6 求一阶线性非齐次微分方程 $y'+y\tan x=\cos x$ 的通解.

解 方法一：常数变易法.

第一步，先求原方程所对应的齐次方程 $y'+y\tan x=0$ 的通解.

分离变量，得 $\qquad\dfrac{1}{y}dy=-\dfrac{\sin x}{\cos x}dx,$

两端积分，得 $\qquad\ln|y|=\ln|\cos x|+C_1,$

则该齐次方程的通解为：$y=C\cos x$.

第二步，设 $y=u(x)\cos x$，则 $y'=u'(x)\cos x-u(x)\sin x$. 代入原方程得 $u'(x)=1$，

故 $\quad u(x)=x+C$，于是原方程的通解为

$$y=(x+C)\cos x=x\cos x+C\cos x.$$

方法二：公式法.

根据一阶线性非齐次微分方程的一般形式（7-10）可知，$P(x)=\tan x$，$Q(x)=\cos x$. 代入通解式（7-14）得

$$y=e^{-\int\tan xdx}\left(\int\cos xe^{\int\tan xdx}dx+C\right)$$
$$=\cos x\cdot\left(\int dx+C\right)$$
$$=\cos x(x+C)=x\cos x+C\cos x.$$

例 7 求一阶线性非齐次微分方程 $\dfrac{dy}{dx}-\dfrac{2}{x+1}y=(x+1)^3$ 满足 $y(0)=1$ 的特解.

解 先求原方程所对应的齐次方程 $\dfrac{dy}{dx}-\dfrac{2}{x+1}y=0$ 的通解.

分离变量，得
$$\frac{\mathrm{d}y}{y} = \frac{2}{x+1}\mathrm{d}x,$$

两边积分，有
$$\ln|y| = 2\ln|x+1| + C_1,$$

则该齐次方程的通解为
$$y = C_2(x+1)^2.$$

设 $y = u(x)(x+1)^2$，则 $y' = u'(x)(x+1)^2 + 2u(x)(x+1)$. 代入原方程，得
$$u'(x) = x+1,$$

积分可得
$$u(x) = \frac{1}{2}x^2 + x + C,$$

故原方程的通解为
$$y = \left(\frac{1}{2}x^2 + x + C\right)(x+1)^2.$$

将条件 $y(0) = 1$ 代入，得 $C = 1$，因此所求特解为 $y = \left(\frac{1}{2}x^2 + x + 1\right)(x+1)^2$.

例 8　求微分方程 $y\mathrm{d}x + (x - y^3)\mathrm{d}y = 0 (y > 0)$ 的通解.

解　如果将上式改写为 $y' + \dfrac{y}{x - y^3} = 0$，显然不是线性微分方程.

如果将原方程改写为 $\dfrac{\mathrm{d}x}{\mathrm{d}y} + \dfrac{x - y^3}{y} = 0$，即 $\dfrac{\mathrm{d}x}{\mathrm{d}y} + \dfrac{1}{y}x = y^2$. 将 x 看作 y 的函数，则它是形如
$$x' + P(y)x = Q(y)$$

的线性微分方程. 套用式（7-14）可得通解为
$$x = \mathrm{e}^{-\int P(y)\mathrm{d}y}\left[\int Q(y)\mathrm{e}^{\int P(y)\mathrm{d}y}\mathrm{d}y + C\right]$$
$$= \mathrm{e}^{-\int \frac{1}{y}\mathrm{d}y}\left(\int y^2 \mathrm{e}^{\int \frac{1}{y}\mathrm{d}y}\mathrm{d}y + C\right) = \frac{1}{4}y^3 + \frac{C}{y}.$$

现将一阶微分方程的几种常见类型及解法归纳如下（表 7-1）.

表 7-1　一阶微分方程的几种常见类型及解法

方程类型		方程	解法
可分离变量的微分方程		$\dfrac{\mathrm{d}y}{\mathrm{d}x} = f(x)g(y)$	先分离变量，后两边积分（即分离变量法）
齐次型的微分方程		$\dfrac{\mathrm{d}y}{\mathrm{d}x} = \varphi\left(\dfrac{y}{x}\right)$	先变量代换 $u = \dfrac{y}{x}$，把原方程化为可分离变量的方程，然后用分离变量法解出方程，最后换回原变量
一阶线性微分方程	齐次的方程	$\dfrac{\mathrm{d}y}{\mathrm{d}x} + P(x)y = 0$	分离变量法或直接用公式 $y = C\mathrm{e}^{-\int P(x)\mathrm{d}x}$
	非齐次的方程	$\dfrac{\mathrm{d}y}{\mathrm{d}x} + P(x)y = Q(x)$	常数变易法或直接用公式 $y = \mathrm{e}^{-\int P(x)\mathrm{d}x}\left[\int Q(x)\mathrm{e}^{\int P(x)\mathrm{d}x}\mathrm{d}x + C\right]$

习题 7-2

1. 用分离变量法求下列微分方程的通解或特解.

（1）$xy' - y\ln y = 0$；

（2）$\sqrt{1 - x^2}\,y' = \sqrt{1 - y^2}$；

（3）$x\mathrm{d}y + \mathrm{d}x = \mathrm{e}^y \mathrm{d}x$；

（4）$\dfrac{\mathrm{d}y}{\mathrm{d}x} = -2y(y - 2)$；

(5) $\tan x \dfrac{\mathrm{d}y}{\mathrm{d}x}-y=1$;

(6) $\mathrm{d}x+x\mathrm{d}y=\mathrm{e}^y\mathrm{d}x$;

(7) $\dfrac{\mathrm{d}y}{\mathrm{d}x}=-\dfrac{y}{x}$, $y(1)=1$;

(8) $y(1+x^2)\mathrm{d}y+x(1+y^2)\mathrm{d}x=0$, $y(0)=0$.

2. 求下列齐次微分方程的通解或特解.

(1) $\dfrac{\mathrm{d}y}{\mathrm{d}x}=\dfrac{2xy}{x^2+y^2}$;

(2) $\dfrac{\mathrm{d}y}{\mathrm{d}x}=\dfrac{y}{x}(1+\ln y-\ln x)$;

(3) $(y^2-3x^2)\mathrm{d}y+2xy\mathrm{d}x=0$, $y\big|_{x=2}=1$;

(4) $y'=\dfrac{x}{y}+\dfrac{y}{x}$, $y\big|_{x=1}=2$.

3. 求下列一阶线性微分方程的通解或特解.

(1) $\dfrac{\mathrm{d}y}{\mathrm{d}x}+y=\mathrm{e}^{-x}$;

(2) $\dfrac{\mathrm{d}y}{\mathrm{d}x}+2xy-4x=0$;

(3) $y'+y\cos x=\mathrm{e}^{-\sin x}$;

(4) $y'+y\tan x=\sin 2x$;

(5) $\dfrac{\mathrm{d}y}{\mathrm{d}x}+\dfrac{y}{x}=\dfrac{\sin x}{x}$, $y\big|_{x=\pi}=1$;

(6) $\dfrac{\mathrm{d}x}{\mathrm{d}y}=\dfrac{3x+y^4}{y}$, $y(1)=1$.

4. 作适当变量代换, 求下列微分方程的解.

(1) $\dfrac{\mathrm{d}y}{\mathrm{d}x}=\dfrac{1}{x-y}+1$;

(2) $xy'+y=y(\ln x+\ln y)$;

(3) $(x+y)\mathrm{d}x+(3x+3y-4)\mathrm{d}y=0$.

5. 设曲线 $y=f(x)$ 上任一点处的切线斜率为 $\dfrac{2y}{x}+2$, 且经过点 $(1,2)$, 求该曲线方程.

6. 从冰箱中取出一杯 $5\,℃$ 的饮料, 把它放在室温 $20\,℃$ 的房间内, 20 秒后饮料温度升高到 $10\,℃$, 试问: (1) 50 秒后饮料的温度是多少? (2) 需要多长时间饮料的温度升高到 $15\,℃$.

7. 根据资料统计, 某汽车公司发现每辆汽车的总维修成本 y 随汽车大修时间间隔 x 的变化率满足关系式

$$\frac{\mathrm{d}y}{\mathrm{d}x}=\frac{2y}{x}-\frac{81}{x^2},$$

且当 $x=1$ (年) 时, $y=27.5$ (百元), 试求函数关系 $y=y(x)$, 并问汽车多少年大修一次, 可以使每辆汽车的维修成本最低?

第三节 高阶微分方程

二阶以上的微分方程称为**高阶微分方程**. 本节只介绍几种特殊形式的高阶微分方程的求解问题.

一、几类可降阶的高阶微分方程

这里介绍几个简单的、经过适当变换可将高阶降为一阶的微分方程.

1. $y^{(n)}=f(x)$ 型的微分方程

这种微分方程的右端仅含有自变量 x, 容易看出, 只要把 $y^{(n-1)}$ 作为新的未知函数, 两边积分, 就得到一个 $n-1$ 阶的微分方程

$$y^{(n-1)} = \int f(x)\mathrm{d}x + C_1,$$

再对上式积分一次，得

$$y^{(n-2)} = \int \left[\int f(x)\mathrm{d}x + C_1 \right] \mathrm{d}x + C_2.$$

依此法继续进行，积分 n 次即可求得通解.

例 1　求微分方程 $y'' = \mathrm{e}^{2x} - \cos x$ 的通解.

解　积分一次，得　$y' = \int (\mathrm{e}^{2x} - \cos x)\mathrm{d}x = \dfrac{1}{2}\mathrm{e}^{2x} - \sin x + C_1,$

再积分一次，得　　$y = \dfrac{1}{4}\mathrm{e}^{2x} + \cos x + C_1 x + C_2 (C_1, C_2$ 为任意常数$).$

2. $y'' = f(x, y')$ 型的微分方程

这种方程的特点是不显含未知函数 y. 如果设 $y' = p(x)$，那么 $y'' = p' = \dfrac{\mathrm{d}p}{\mathrm{d}x}$，原方程可

化为 $$F(x, p, p') = 0,$$

这是关于未知函数 p 的一阶微分方程. 如能求出它的通解为

$$p = \varphi(x, C_1),$$

又因 $p = y' = \dfrac{\mathrm{d}y}{\mathrm{d}x}$，因此又得到一个一阶微分方程

$$\frac{\mathrm{d}y}{\mathrm{d}x} = \varphi(x, C_1),$$

将上式分离变量并积分，可得原方程的通解为

$$y = \int \varphi(x, C_1)\mathrm{d}x + C_2 (C_1, C_2 \text{ 为任意常数}).$$

例 2　求方程 $y'' - y' = \mathrm{e}^x$ 的通解.

解　令 $y' = p(x)$，则 $y'' = p' = \dfrac{\mathrm{d}p}{\mathrm{d}x}$. 原方程可化为

$$\frac{\mathrm{d}p}{\mathrm{d}x} - p = \mathrm{e}^x,$$

这是一阶线性微分方程，可由一阶微分方程的解法得出通解

$$p(x) = \mathrm{e}^x (x + C_1)$$

故原方程的通解为　　$y = \int \mathrm{e}^x (x + C_1)\mathrm{d}x = (x - 1 + C_1)\mathrm{e}^x + C_2.$

3. $y'' = f(y, y')$ 型的微分方程

方程 $y'' = f(y, y')$ 的特点是不明显地含自变量 x. 将方程中的 y' 看作 y 的函数，即令 $y' = p(y)$，利用复合函数求导法则，有 $y'' = \dfrac{\mathrm{d}p}{\mathrm{d}x} = \dfrac{\mathrm{d}p}{\mathrm{d}y} \cdot \dfrac{\mathrm{d}y}{\mathrm{d}x} = p \cdot \dfrac{\mathrm{d}p}{\mathrm{d}y},$

于是原方程化为 $p \cdot \dfrac{\mathrm{d}p}{\mathrm{d}y} = f(y, p)$，这是一个关于 y, p 的微分方程. 如果我们求出它的通解

为 $y' = p = \varphi(y, C_1)$，那么分离变量并两端积分，便得原方程的通解为

$$\int \frac{\mathrm{d}y}{\varphi(y,C_1)}=x+C_2.$$

例 3 求方程 $yy''-(y')^2=0$ 的通解.

解 令 $y'=p(y)$，则 $y''=\dfrac{\mathrm{d}p}{\mathrm{d}y}p$，原方程可化为 $yp\dfrac{\mathrm{d}p}{\mathrm{d}y}-p^2=0$，

分离变量得 $$\frac{\mathrm{d}p}{p}=\frac{\mathrm{d}y}{y},$$

两边积分得 $$p=C_1 y,$$

即 $$\frac{\mathrm{d}y}{\mathrm{d}x}=C_1 y$$

再分离变量 $$\frac{1}{y}\mathrm{d}y=C_1\mathrm{d}x,$$

两边积分得方程通解 $$y=C_2\mathrm{e}^{C_1 x}(C_1,C_2\text{ 为任意常数}).$$

二、二阶常系数线性微分方程

二阶常系数线性微分方程的一般形式是
$$y''+py'+qy=f(x), \tag{7-15}$$
其中 p,q 为常数，$f(x)$ 为 x 的连续函数.

如果 $f(x)\equiv 0$，则方程（7-15）为
$$y''+py'+qy=0, \tag{7-16}$$
这时称方程（7-16）为**二阶常系数线性齐次微分方程**，如果 $f(x)$ 不恒为零，则方程（7-15）称为**二阶常系数线性非齐次微分方程**.

例如，方程 $y''-4y'+3y=\sin 2x$ 是二阶常系数线性非齐次微分方程，它对应的二阶常系数线性齐次微分方程是 $y''-4y'+3y=0$. 下面分别讨论二阶常系数线性齐次与非齐次微分方程的解的结构及解法.

1. 二阶常系数线性齐次微分方程

定义 设 $y_1(x)$，$y_2(x)$ 是定义在区间 I 内的两个函数，如果存在两个不全为零的常数 k_1,k_2，使得在区间 I 内恒有
$$k_1 y_1(x)+k_2 y_2(x)\equiv 0$$
则称这两个函数在区间 I 内**线性相关**，否则称为**线性无关**.

由定义可知，要判断两个函数是否线性相关，只需看它们的比值是否为常数. 如果比值是常数，则它们是线性相关的，否则是线性无关的. 例如，函数 $y_1=\tan x$ 与 $y_2=5\tan x$ 是线性相关的，因为 $\dfrac{y_1}{y_2}=\dfrac{\tan x}{5\tan x}=\dfrac{1}{5}$；而函数 $y_1=\mathrm{e}^x$ 与 $y_2=\sin x$ 是线性无关的，因为 $\dfrac{y_1}{y_2}=\dfrac{\mathrm{e}^x}{\sin x}\neq C$.

定理 1（叠加原理） 如果函数 $y_1(x)$ 和 $y_2(x)$ 是齐次方程（7-16）的两个特解，则
$$y=C_1 y_1(x)+C_2 y_2(x) \tag{7-17}$$
也是齐次方程（7-16）的解，其中 C_1,C_2 为任意常数；且当 $y_1(x)$ 与 $y_2(x)$ 线性无关时，式（7-17）就是齐次方程（7-16）的通解.

例如，容易验证，$y_1=\sin x$ 与 $y_2=\cos x$ 是二阶齐次线性微分方程 $y''+y=0$ 的两个线

性无关的特解，因此方程的通解为 $y=C_1\sin x+C_2\cos x$.

至于定理 1 的证明，利用导数运算性质很容易得到验证，请读者自行完成.

由定理 1 可知，求齐次方程（7-16）的通解，可归结为求它的两个线性无关的特解.

从齐次方程（7-16）的结构来看，它的解 y 必须与其一阶导数、二阶导数只差一个常数因子，而具有此特征的最简单的函数就是指数函数 e^{rx}（其中 r 为常数）.

因此，可设 $y=e^{rx}$ 为齐次方程（7-16）的解（r 为待定常数），则 $y'=re^{rx}$，$y''=r^2e^{rx}$. 将它们代入齐次方程（7-16）得 $e^{rx}(r^2+pr+q)=0$，由于 $e^{rx}\neq0$，所以有

$$r^2+pr+q=0. \tag{7-18}$$

由此可见，只要 r 满足方程（7-18），函数 $y=e^{rx}$ 就是齐次方程（7-16）的解，我们称方程（7-18）为齐次方程（7-16）的**特征方程**，满足方程（7-18）的根称为**特征根**.

由于特征方程（7-18）是一个一元二次方程，它的两个根 r_1 与 r_2 可用求根公式

$$r_{1,2}=\frac{-p\pm\sqrt{p^2-4q}}{2}$$

求出. 因此，求微分方程（7-16）的通解时，要根据方程（7-18）的特征根 r_1 与 r_2 是相异实根、重根和共轭复根三种情形分别讨论.

（1）相异实根：此时 $p^2-4q>0$，且方程有两个相异实根 r_1，r_2. 易验证 $y_1=e^{r_1x}$ 与 $y_2=e^{r_2x}$ 是齐次方程（7-16）两个线性无关的特解，因此齐次方程（7-16）的通解为

$$y=C_1e^{r_1x}+C_2e^{r_2x},$$

其中，C_1,C_2 为任意常数.

（2）重根：此时 $p^2-4q=0$，且方程有两个相等的实根 $r_1=r_2=r$. 这时同样可以验证 $y_1=e^{rx}$ 与 $y_2=xe^{rx}$ 是齐次方程（7-16）两个线性无关的特解，因此该齐次方程的通解为

$$y=(C_1+C_2x)e^{rx}，其中 C_1,C_2 为任意常数.$$

（3）共轭复根：此时 $p^2-4q<0$，而特征方程（7-18）有一对共轭复根 $r_1=\alpha+i\beta$ 与 $r_2=\alpha-i\beta$（$\beta\neq0$），这时可以验证 $y_1=e^{\alpha x}\cos\beta x$ 与 $y_2=e^{\alpha x}\sin\beta x$ 是齐次方程（7-16）两个线性无关的解，因此齐次方程（7-16）的通解为

$$y=(C_1\cos\beta x+C_2\sin\beta x)e^{\alpha x}，其中 C_1,C_2 为任意常数.$$

例 4　求微分方程 $y''-2y'-3y=0$ 的通解.

解　所给方程的特征方程为　$r^2-2r-3=0$，
求得其特征根为　$r_1=-1$ 与 $r_2=3$，
故所给方程的通解为 $y=C_1e^{-x}+C_2e^{3x}$（C_1，C_2 为任意常数）.

例 5　求微分方程 $y''-4y'+4y=0$ 满足条件 $y(0)=0$，$y'(0)=1$ 的特解.

解　所给方程的特征方程为 $r^2-4r+4=0$，
求得其特征根为　$r_1=r_2=2$，
故所给方程的通解为　$y=(C_1+C_2x)e^{2x}$.
将初始条件 $y(0)=0$，$y'(0)=1$ 代入，得 $C_1=0$，$C_2=1$，
故所给方程的特解为　$y=xe^{2x}$.

例 6　求微分方程 $y''+6y'+25y=0$ 的通解.

解　所给方程的特征方程为 $r^2+6r+25=0$，其特征根 $r_{1,2}=-3\pm4i$.

因此所求微分方程的通解为 $y=\mathrm{e}^{-3x}(C_1\cos 4x+C_2\sin 4x)$.

现将二阶常系数线性齐次方程 $y''+py'+qy=0$ 求通解的步骤总结如下：

第一步，写出齐次方程的特征方程 $r^2+pr+q=0$；

第二步，求出特征根 r_1 与 r_2；

第三步，根据特征根的不同情形，按照表 7-2 写出齐次方程（7-16）的通解.

表 7-2   二阶常系数线性齐次微分方程 $y''+py'+qy=0$ 的通解

特征方程 $r^2+pr+q=0$ 的两个特征根 r_1,r_2	齐次方程 $y''+py'+qy=0$ 的通解
两个不相等的实根 r_1 与 r_2	$y=C_1\mathrm{e}^{r_1 x}+C_2\mathrm{e}^{r_2 x}$
两个相等的实根 $r_1=r_2=r$	$y=(C_1+C_2 x)\mathrm{e}^{rx}$
一对共轭复根 $r_1=\alpha+\mathrm{i}\beta$ 与 $r_2=\alpha-\mathrm{i}\beta$	$y=(C_1\cos\beta x+C_2\sin\beta x)\mathrm{e}^{\alpha x}$

2. 二阶常系数线性非齐次微分方程

定理 2   如果函数 y^* 是非齐次方程（7-15），即方程 $y''+py'+qy=f(x)$ 的一个特解，$\overline{y}$ 是对应的齐次方程 $y''+py'+qy=0$ 的通解，那么

$$y=\overline{y}+y^* \tag{7-19}$$

就是该非齐次方程（7-15）的通解.

定理 3   如果函数 y_1^* 与 y_2^* 分别是非齐次方程 $y''+py'+qy=f_1(x)$ 与 $y''+py'+qy=f_2(x)$ 的一个特解，那么 $y_1^*+y_2^*$ 就是非齐次方程

$$y''+py'+qy=f_1(x)+f_2(x)$$

的一个特解.

定理 2 与定理 3 的正确性，都可由方程解的定义直接验证，请读者自行验证.

由定理 2 可知，求非齐次方程 $y''+py'+qy=f(x)$ 通解的步骤为：

第一步，求出对应齐次方程 $y''+py'+qy=0$ 的通解 $\overline{y}$；

第二步，求出非齐次方程 $y''+py'+qy=f(x)$ 的一个特解 y^*；

第三步，写出所求非齐次方程的通解为 $y=\overline{y}+y^*$.

可以看出，第一步中对应的齐次方程的通解总能求得，故关键是第二步中求非齐次方程 $y''+py'+qy=f(x)$ 的一个特解. 下面介绍一种求二阶常系数非齐次线性微分方程的特解的方法——**待定系数法**. 这种方法的特点是不用积分就可以求出特解，此方法的推导从略.

定理 4   设 $f(x)=P_m(x)\mathrm{e}^{\lambda x}$，$P_m(x)$ 是一个已知的 m 次多项式，λ 是常数，则方程（7-15）具有形如

$$y^*=x^k Q_m(x)\mathrm{e}^{\lambda x} \tag{7-20}$$

的特解，其中 $Q_m(x)$ 是与 $P_m(x)$ 同次（m 次）的多项式，而 k 按照 λ 不是特征方程的根、是特征方程的单根或是特征方程的重根依次取值为 $0,1$ 或 2.

例如，微分方程 $y''-3y'+2y=x\mathrm{e}^x$ 中的 $f(x)=x\mathrm{e}^x$，属于 $P_m(x)\mathrm{e}^{\lambda x}$ 型［其中 $P_m(x)=x,\lambda=1$］，因为 $\lambda=1$ 是特征方程 $r^2-3r+2=0$ 的单根，根据定理 4 可设特解形式为 $y^*=x(ax+b)\mathrm{e}^x$，代入微分方程，用比较系数法得 $a=-\dfrac{1}{2},b=-1$，于是 $y^*=-\left(\dfrac{1}{2}x^2+x\right)\mathrm{e}^x$.

例 7   求微分方程 $y''-6y'+9y=\mathrm{e}^{3x}$ 的通解.

解 原方程对应的特征方程为 $r^2-6r+9=0$，故其特征根为 $r_1=r_2=3$（重根），对应齐次方程的通解为

$$\overline{y}=(C_1+C_2x)e^{3x}.$$

由于这里 $f(x)=e^{3x}$ 属于 $P_m(x)e^{\lambda x}$ 型 $[P_m(x)=1,m=0,\lambda=3]$，因为 $\lambda=3$ 是特征方程的重根，可设原方程的特解形式为 $y^*=ax^2e^{3x}$，其中 a 为待定系数，则

$$(y^*)'=(2ax+3ax^2)e^{3x},\quad (y^*)''=(2a+12ax+9ax^2)e^{3x},$$

代入原方程，得

$$2ae^{3x}=e^{3x},$$

比较等式两边，可解得 $a=\dfrac{1}{2}$，故原方程的一个特解为

$$y^*=\frac{1}{2}x^2e^{3x}.$$

因此，原方程的通解为

$$y=(C_1+C_2x)e^{3x}+\frac{1}{2}x^2e^{3x}.$$

定理 5 设 $f(x)=e^{\alpha x}(A\cos\beta x+B\sin\beta x)$，这里 A,B,α,β 为已知实常数，则方程（7-15）具有形如

$$y^*=x^ke^{\alpha x}(a\cos\beta x+b\sin\beta x) \tag{7-21}$$

的特解，其中 a,b 为待定系数，且当 $\alpha\pm\beta i$ 是特征方程的单根时，取 $k=1$；当 $\alpha\pm\beta i$ 不是特征方程的单根时，取 $k=0$.

例 8 求方程 $y''+y=\sin x$ 的一个特解 y^*.

解 由于 $f(x)=e^0\sin x$ 中的 $\alpha+i\beta=i$（其中 $\alpha=0,\beta=1$）恰是特征方程的单根，从而可设特解为 $y^*=x(a\cos x+b\sin x)$，代入原方程，可解得

$$a=-\frac{1}{2},\quad b=0.$$

故原方程的一个特解为

$$y^*=-\frac{1}{2}x\cos x.$$

习题 7-3

1. 求下列微分方程的通解.

(1) $y''=2x+\sin 3x$；

(2) $y'''=e^{3x}$；

(3) $y''=\dfrac{1}{1+x^2}$；

(4) $y''=1+(y')^2$；

(5) $y''=x+y'$；

(6) $xy''+y'=0$；

(7) $yy''+(1-y)(y')^2=0$；

(8) $y''=y'+(y')^3$.

2. 判断下列各组函数在其定义域内是否线性相关.

(1) $5x,9x$；

(2) $e^{5x},3xe^{5x}$；

(3) $\sin 2x,\cos 2x$；

(4) $e^{ax},4e^{bx}$.

3. 验证 $y_1=\sin kx$，$y_2=\cos kx$ 是微分方程 $y''+k^2y=0$ 的两个线性无关的解，并写出这个微分方程的通解.

4. 求下列二阶常系数线性齐次微分方程的通解或特解.

(1) $y'' - 4y' = 0$；

(2) $y'' - 2y' + y = 0$；

(3) $y'' + 8y' + 25y = 0$；

(4) $y'' - 5y' + 6y = 0$；

(5) $y'' - 4y' + 3y = 0$，$y|_{x=0} = 6$，$y'|_{x=0} = 10$；

(6) $4y'' + 4y' + y = 0$，$y|_{x=0} = 2$，$y'|_{x=0} = 0$.

5. 求出下列二阶常系数线性非齐次微分方程的通解.

(1) $y'' - 2y' - 3y = x + 1$；

(2) $2y'' + y' - y = 2e^x$；

(3) $y'' - 2y' + 2y = 4e^x \cos x$；

(4) $y'' + y = e^x + \cos x$.

6. 求微分方程 $y'' - y = 4xe^x$ 满足初始条件 $y(0) = 0$，$y'(0) = 1$ 的特解.

7. 有一个底半径为 10 厘米，质量分布均匀的圆柱形浮筒浮在水面上，它的轴与水面垂直，今沿轴的方向把浮筒轻轻地按一下再放开，浮筒便开始作以 2 秒为周期的上下振动（浮筒始终有一部分露在水面上），设水的密度 $\rho = 10^3$ 千克/米^3，试求浮筒的质量.

第四节　微分方程在经济领域中的应用举例

一、商品需求问题

例 1　某商品的需求量 Q 是价格 P 的函数，已知它的需求价格弹性为 $\eta = -P\ln 3$，若该商品的最大需求量为 1500 千克（P 的单位为元）.

(1) 试求需求量 Q 与价格 P 的函数关系式；

(2) 求当价格为 1 元时，市场对该商品的需求量；

(3) 当 $P \to +\infty$ 时，需求量的变化趋势如何？

解　(1) 由需求价格弹性的定义可知 $\dfrac{P}{Q}\dfrac{dQ}{dP} = -P\ln 3$

分离变量得
$$\frac{dQ}{Q} = -\ln 3\, dP$$

两边积分
$$\int \frac{dQ}{Q} = -\ln 3 \int dP$$

计算化简，得
$$Q = C3^{-P}$$

由初始条件 $Q(0) = 1500$ 得，$C = 1500$，于是需求量 Q 与价格 P 的函数关系式为：
$$Q = 1500 \times 3^{-P}$$

(2) 当 $P = 1$ 时，$Q = 1500 \times 3^{-1} = 500$（千克）；

(3) 当 $P \to +\infty$ 时，$Q \to 0$，即随着价格的无限增大，需求量将趋于零.

二、连续复利问题

例 2　某银行账户，以连续复利方式计息，年利率为 5%，希望连续 20 年以每年 12 万元人民币的速率用这一账户支付职工工资，若 t 以年为单位，试写出余额 $B = B(t)$ 所满足的微分方程，且问当初始存入的数额 B_0 为多少时，才能使 20 年后账户中的余额精确地减至 0.

解　显然，银行余额的变化速率＝利息盈取速率－工资支付速率，而银行余额的变化速

率为 $\dfrac{\mathrm{d}B}{\mathrm{d}t}$，利息盈取速率为每年 $0.05B$，工资支付的速率为每年 12 万元，于是有

$$\frac{\mathrm{d}B}{\mathrm{d}t}=0.05B-12$$

分离变量并积分，得

$$\int \frac{\mathrm{d}B}{0.05B-12}=\int \mathrm{d}t$$

计算化简，可得通解为

$$B=240+C\cdot \mathrm{e}^{0.05t}$$

再由初始条件 $B(0)=B_0$，得 $C=B_0-240$，故余额函数为：

$$B=240+(B_0-240)\mathrm{e}^{0.05t}$$

由题意，令 $t=20$，$B=0$，即

$$0=240+(B_0-240)\mathrm{e}^{0.05\times 20}$$

由此得当初始存入的数额 $B_0=240\left(1-\dfrac{1}{\mathrm{e}}\right)\approx 151.71$（万元）时，$20$ 年后银行账户中的余额几乎为 0.

三、预测问题

例 3　在某池塘内养鱼，该池塘内最多能养 1000 尾鱼，设在 t 时刻该池塘内的鱼数 $y(t)$ 是时间 t（月）的函数，其变化率与鱼数 y 及（$1000-y$）的乘积成正比（比例常数为 $k>0$）. 已知在池塘内放养鱼 100 尾，2 个月后池塘内有鱼 200 尾，试求：

（1）在 t 时刻池塘内鱼数 $y(t)$ 的计算公式；

（2）放养 4 个月后，池塘内有多少尾鱼？

解　（1）由题意可知，在 t 时刻池塘内的鱼数 $y(t)$ 应满足如下关系式：

$$\frac{\mathrm{d}y}{\mathrm{d}t}=ky(1000-y)$$

这就是我们熟悉的逻辑斯谛（Logistic）模型. 分离变量并积分，可得

$$\int \frac{1}{y(1000-y)}\mathrm{d}y=k\int \mathrm{d}t$$

计算化简得方程通解：

$$y(t)=\frac{1000}{1+C\cdot \mathrm{e}^{-1000k\cdot t}}.$$

本题中初始条件为：$y(0)=100$，$y(2)=200$. 代入通解，得 $C=9$，$k=\dfrac{\ln \dfrac{9}{4}}{2000}$. 因此，$t$ 时刻池塘内鱼数 $y(t)$ 的计算式为：

$$y(t)=\frac{1000}{1+9\mathrm{e}^{-\frac{1}{2}\ln \frac{9}{4}\cdot t}}$$

（2）取 $t=4$，可得放养 4 个月后池塘内鱼的数量为：

$$y(4)=360（尾）$$

习题 7-4

1. 某银行提供一种连续复利储蓄账户，年利率为 5%. 假设某客户初始存入 10000 元，且存款金额 $A(t)$ 随时间 t（年）的变化率与当前金额成正比. 试求：

（1）建立微分方程并求存款金额 $A(t)$ 的表达式；

（2）计算 5 年后的账户余额；

（3）需要多少年才能使账户余额达到 20000 元？（结果保留到一位小数.）

2. 设某商品的需求价格弹性 $\eta=-K$（K 为常数），求该商品的需求函数 $Q=Q(P)$.

$\left(\text{提示：需求弹性 } \eta=\dfrac{P}{Q}\dfrac{\mathrm{d}Q}{\mathrm{d}P}.\right)$

3. 某林区实行封山育林，现有木材 5 万立方米. 如果在每一时刻 t 木材的变化率与当时木材数均成正比，5 年后该林区的木材为 10 万立方米. 若规定该林区的木材量达到 20 万立方米时才可砍伐，问至少多少年后才能砍伐？

4. 某生物实验室培养一种细菌，其数量 $N(t)$ 是时间 t（分钟）的函数. 细菌的初始数量为 $N_0=1000$ 个. 实验观察发现，细菌数量的增长率与当前数量成正比，且比例系数为 $k=0.02$.

（1）建立微分方程并求出细菌数量 $N(t)$ 的表达式.

（2）计算 30 分钟后的细菌数量.

（3）若细菌数量达到 10000 个，需要多少分钟？（结果保留整数）

第五节　差分方程的基本概念

在前面的研究中，我们所讨论的变量基本属于连续变化的类型，然而，在经济与管理的实际问题中，经济数据绝大多数是以等间隔时间周期进行统计的，也就是所研究的变量是离散变化的，例如国家财政预算按年制定等. 基于这一原因，我们需要用离散化的方法描述各离散变量之间的关系，以此得到其运行规律. 本节将介绍最常见的一种离散型经济数学模型——**差分方程**. 差分方程是描述离散系统动态行为的数学工具，适用于时间或空间离散的场景（如经济学、生物学、计算机科学中的递推关系），弥补了微分方程在连续模型中的局限性.

一、差分的概念与性质

一般地，连续变化的时间范围内变量 y 的变化速度是由 $\dfrac{\mathrm{d}y}{\mathrm{d}t}$ 来刻画的. 对离散型的变量 y，常取在规定时间区间内的差商 $\dfrac{\Delta y}{\Delta t}$ 来刻画变化速度. 如果选择 $\Delta t=1$，则

$$\Delta y=y(t+1)-y(t)$$

可以近似表示变量的变化速度. 由此给出差分的定义.

定义 1　设函数 $y=y(t)$，记为 y_t. 称改变量 $y_{t+1}-y_t$ 为函数 y_t 的**差分**，也称为函数 y_t 的**一阶差分**，记为 Δy_t，即

$$\Delta y_t=y_{t+1}-y_t \quad [\text{或 } \Delta y(t)=y(t+1)-y(t)].$$

一阶差分的差分称为**二阶差分**，记为 $\Delta^2 y_t$，即

$$\Delta^2 y_t=\Delta(\Delta y_t)=\Delta y_{t+1}-\Delta y_t=(y_{t+2}-y_{t+1})-(y_{t+1}-y_t)$$
$$=y_{t+2}-2y_{t+1}+y_t$$

类似地可定义**三阶差分，四阶差分**，…，即

$$\Delta^3 y_t=\Delta(\Delta^2 y_t),\quad \Delta^4 y_t=\Delta(\Delta^3 y_t),\cdots.$$

一般地，函数 y_t 的 $n-1$ 阶差分的差分称为 **n 阶差分**，记为 $\Delta^n y_t$，即

$$\Delta^n y_t = \Delta^{n-1} y_{t+1} - \Delta^{n-1} y_t = \sum_{i=0}^{n} (-1)^i C_n^i y_{t+n-i}.$$

二阶及二阶以上的差分统称为**高阶差分**.

由定义可知，差分作为一种运算，具有以下性质.

(1) $\Delta(Cy_t) = C\Delta y_t$（$C$ 为常数）；

(2) $\Delta(y_t \pm z_t) = \Delta y_t \pm \Delta z_t$；

(3) $\Delta(y_t z_t) = z_t \Delta y_t + y_{t+1} \Delta z_t$；

(4) $\Delta\left(\dfrac{y_t}{z_t}\right) = \dfrac{z_t \Delta y_t - y_t \Delta z_t}{z_{t+1} z_t}$ $(z_t \neq 0)$.

例 1　设函数 $y_t = t^2$，求 Δy_t，$\Delta^2 y_t$，$\Delta^3 y_t$.

解　$\Delta y_t = \Delta(t^2) = (t+1)^2 - t^2 = 2t + 1$；

$\Delta^2 y_t = \Delta^2(t^2) = \Delta(2t+1) = [2(t+1)+1] - (2t+1) = 2$；

$\Delta^3 y_t = \Delta^3(t^2) = \Delta(2) = 2 - 2 = 0$.

例 2　求 $\Delta(e^t), \Delta^2(e^t), \cdots, \Delta^n(e^t)$.

解　设函数 $y_t = e^t$，那么

$$\Delta y_t = \Delta(e^t) = e^{t+1} - e^t = e^t(e-1),$$

$$\Delta^2 y_t = \Delta^2(e^t) = \Delta[e^t(e-1)] = (e-1)\Delta(e^t)$$

$$= (e-1)(e-1)e^t = (e-1)^2 e^t,$$

$$\cdots$$

$$\Delta^n y_t = \Delta^n(e^t) = \Delta[e^t(e-1)^{n-1}] = (e-1)^n e^t.$$

二、差分方程的概念

定义 2　含有未知函数 y_t 的差分的方程称为**差分方程**. 差分方程中所含未知函数差分的最高阶数（或差分方程中所含未知函数下标的最大值与最小值的差）称为该**差分方程的阶**.

例如，$y_{t+2} + 5y_{t+1} - y_t = 3^t$ 是二阶差分方程；$\Delta^5 y_t - 2\Delta^3 y_t = 0$ 是五阶差分方程.

n 阶差分方程的一般形式为

$$F(t, y_t, \Delta y_t, \Delta^2 y_t, \cdots, \Delta^n y_t) = 0 \tag{7-22}$$

或

$$G(t, y_t, y_{t+1}, y_{t+2}, \cdots, y_{t+n}) = 0. \tag{7-23}$$

差分方程的不同形式之间可以互相转化.

例如，二阶差分方程 $y_{t+2} - 2y_{t+1} - y_t = 2^t$ 可化为 $\Delta^2 y_t - 2y_t = 2^t$；又如，对于三阶差分方程 $\Delta^3 y_t - \Delta^2 y_t = 0$，因为

$$\Delta^2 y_t = y_{t+2} - 2y_{t+1} + y_t, \Delta^3 y_t = y_{t+3} - 3y_{t+2} + 3y_{t+1} - y_t,$$

所以原方程可改写为 $y_{t+3} - 4y_{t+2} + 5y_{t+1} - 2y_t = 0$.

经济学和管理科学中涉及的差分方程通常具有式（7-23）的形式，因此，本书只讨论这一形式的差分方程.

定义 3　如果一个函数代入差分方程后，方程两边恒等，则称此函数为**差分方程的解**.

例如，对于一阶差分方程 $y_{t+1} - y_t = 2$，因为 $y_t = 2t$ 满足差分方程，事实上，

$$y_{t+1} - y_t = 2(t+1) - 2t = 2,$$

因此，$y_t = 2t$ 是该方程的解．易见对任意常数 C，

$$y_t = 2t + C$$

都是差分方程 $y_{t+1} - y_t = 2$ 的解．

如果差分方程的解中含有相互独立的任意常数的个数恰好等于方程的阶数，则称这个解为该差分方程的**通解**．例如，容易验证 $y_t = kt + C$ 是一阶差分方程 $y_{t+1} - y_t = k$ 的通解；$y = C_1(-3)^t + C_2 2^t$ 是二阶差分方程 $y_{t+2} + y_{t+1} - 6y_t = 0$ 的通解．

我们往往要根据系统在初始时刻所处的状态，对差分方程附加一定的条件，这种附加条件称为**初始条件**，满足初始条件的解称为**特解**．

习题 7-5

1. 求下列函数的一阶与二阶差分.

(1) $y = 2t^2 - 3t + 1$;

(2) $y = \dfrac{1}{t+1}$;

(3) $y = t(3t^2 - 1)$;

(4) $y = e^{3t}$.

2. 确定下列差分方程的阶.

(1) $\Delta^4 y_t + 5y_t = 3^t$;

(2) $y_{t-1} - y_{t+4} = y_{t+3}$;

(3) $y_{t+3} - t^2 y_{t-1} + 5y_t = 3$;

(4) $\Delta^3 y_t - t^5 \Delta^4 y_t = 0$.

3. 证明下列各式.

(1) $\Delta(u_t v_t) = u_{t+1} \Delta v_t + v_t \Delta u_t$;

(2) $\Delta\left(\dfrac{u_t}{v_t}\right) = \dfrac{v_t \Delta u_t - u_t \Delta v_t}{v_t v_{t+1}}$.

4. 设 Y_t, Z_t, U_t 分别是下列差分方程的解：

$$y_{t+1} + ay_t = f_1(t), \quad y_{t+1} + ay_t = f_2(t), \quad y_{t+1} + ay_t = f_3(t).$$

求证：$X_t = Y_t + Z_t + U_t$ 是差分方程 $y_{t+1} + ay_t = f_1(t) + f_2(t) + f_3(t)$ 的解.

第六节　一阶和二阶常系数线性差分方程

一、一阶常系数线性差分方程

形如

$$y_{t+1} - py_t = f(t) \tag{7-24}$$

的方程称为**一阶常系数线性差分方程**．其中，p 为非零常数，$f(t)$ 为已知函数．

当 $f(t) \equiv 0$ 时，方程（7-24）变为

$$y_{t+1} - py_t = 0, \tag{7-25}$$

称方程（7-25）为**一阶常系数齐次线性差分方程**．当 $f(t) \neq 0$ 时，称方程（7-24）为**一阶常系数非齐次线性差分方程**．

类似于线性微分方程，一阶常系数线性差分方程具有以下解的性质.

(1) 若 y_t 为方程（7-25）的一个解，则 Cy_t 都是方程（7-25）的解（C 是任意常数）．

(2) 设 Y_t 为方程（7-25）的通解，y_t^* 为方程（7-24）的一个特解，则 $y_t = Y_t + y_t^*$ 为

方程（7-24）的通解.

（3）若函数 y_t^1, y_t^2 为方程（7-24）的两个解，则 $y_t = y_t^1 - y_t^2$ 是方程（7-25）的一个解.

（4）叠加原理：若 y_t^{1*}, y_t^{2*} 分别为方程 $y_{t+1} - py_t = f_1(t)$ 与 $y_{t+1} - py_t = f_2(t)$ 的特解，则 $y_t^* = y_t^{1*} + y_t^{2*}$ 是方程 $y_{t+1} - py_t = f_1(t) + f_2(t)$ 的特解.

下面介绍这两种差分方程的解法.

1. 一阶常系数齐次线性差分方程（$y_{t+1} - py_t = 0$）的解法

设 y_0 已知，将 $t=0, 1, \cdots$ 代入方程 $y_{t+1} - py_t = 0$，得

$$y_1 = py_0, y_2 = py_1 = p^2 y_0, \cdots, y_t = py_{t-1} = p^t y_0,$$

则 $y_t = p^t y_0$ 为方程（7-25）的解. 由解的性质（1）易知

$$y_t = C \cdot p^t \tag{7-26}$$

是方程（7-25）的通解，其中 C 是任意常数.

这种解法称为**迭代法**.

根据差分的特点，也可对方程（7-25）试探形如 $y_t = r^t$ 的解. 将函数 $y_t = r^t$ 代入方程（7-25），得

$$r^t(r-p) = 0.$$

当 $r=0$ 时，$y_t = 0$ 显然是一个解；当 $r \neq 0$ 时，由上式得

$$r - p = 0.$$

称 $r-p=0$ 为方程（7-25）的**特征方程**，特征根为 $r=p$，则 $y_t = p^t$ 为方程（7-25）的解，故 $y_t = C \cdot p^t$ 是方程（7-25）的通解，其中 C 为任意常数.

例1 求差分方程 $y_{t+1} + 2y_t = 0$ 的通解.

解 方法一：利用公式（7-26），得 $y_t = C \cdot (-2)^t$ 是该方程的通解.

方法二：该方程对应的特征方程为 $r+2=0$，特征根 $r=-2$. 故原方程的通解为

$$y_t = C \cdot (-2)^t \quad (C \text{ 为任意常数}).$$

2. 一阶常系数非齐次线性差分方程 [$y_{t+1} - py_t = f(t)$] 的解法

非齐次线性方程（7-24）的特解 y_t^* 加上对应齐次线性方程（7-25）的通解 Y_t，便得方程（7-24）的通解，故问题转化为求非齐次方程（7-24）一个特解 y_t^*. 以下给出当函数 $f(t)$ 为常见形式时，求特解的方法.

若 $f(t) = b^t h_m(t)$，$b \neq 0$，其中 $h_m(t)$ 是已知 t 的 m 次多项式，可以证明方程（7-24）具有以下特解形式.

若 b 不是特征根，则特解形式为：$y_t^* = b^t Q_m(t)$；若 b 是特征根，则特解形式为 $y_t^* = tb^t Q_m(t)$. 其中，$Q_m(t)$ 是 m 次多项式，将 y_t^* 代入方程（7-24），用比较系数法可待定出 $Q_m(t)$ 的 $m+1$ 个系数.

例2 求差分方程 $y_{t+1} - 2y_t = 3t^2$ 的通解.

解 利用式（7-26）得 $Y_t = C \cdot 2^t$ 是对应齐次线性方程的通解.

特征方程是 $r-2=0$，特征根为 $r=2$. 因为 $f(t) = 3t^2 = 1^t \cdot 3t^2$，所以 $b=1$ 不是特征根，$h_2(t) = 3t^2$ 是二次多项式，设原方程的特解为

$$y_t^* = 1^t \cdot (A_0 + A_1 t + A_2 t^2) = A_0 + A_1 t + A_2 t^2.$$

代入原方程，比较系数得

$$[A_0 + A_1(t+1) + A_2(t+1)^2] - 2(A_0 + A_1 t + A_2 t^2) = 3t^2,$$

有

$$\begin{cases} -A_0 + A_1 + A_2 = 0 \\ -A_1 + 2A_2 = 0 \\ -A_2 = 3 \end{cases},$$

解得

$$\begin{cases} A_0 = -9 \\ A_1 = -6 \\ A_2 = -3 \end{cases},$$

即原方程的特解为

$$y_t^* = -9 - 6t - 3t^2.$$

故原方程的通解为 $y_t = Y_t + y_t^* = C \cdot 2^t - 9 - 6t - 3t^2$，其中 C 是任意常数.

例 3 求差分方程 $y_{t+1} - 5y_t = t \cdot 2^t$ 满足初始条件 $y|_{t=0} = 3$ 的特解.

解 对应的齐次方程为 $y_{t+1} - 5y_t = 0$，特征方程为 $r - 5 = 0$，特征根是 $r = 5$，故齐次方程的通解为 $C \cdot 5^t$. 由于 $f(t) = t \cdot 2^t$，所以 $b = 2$ 不是特征根，$h_1(t) = t$ 是一次多项式. 由特解形式可设原方程的特解为

$$y_t^* = (mt + n)2^t.$$

代入原方程，比较系数得

$$\begin{cases} -3m = 1 \\ 2m - 3n = 0 \end{cases}.$$

解得

$$\begin{cases} m = -\dfrac{1}{3} \\ n = -\dfrac{2}{9} \end{cases},$$

即原方程的一个特解为

$$y_t^* = -2^t \cdot \left(\frac{t}{3} + \frac{2}{9}\right).$$

从而原方程的通解为 $y_t = C \cdot 5^t - 2^t \cdot \left(\dfrac{t}{3} + \dfrac{2}{9}\right)$. 代入条件 $y|_{t=0} = 3$，得 $C = \dfrac{29}{9}$. 故所求特解为

$$y_t = \frac{29}{9} \cdot 5^t - 2^t \cdot \left(\frac{t}{3} + \frac{2}{9}\right).$$

采用与微分方程完全类似的方法，可以建立经济学中的差分方程模型，下面举例说明其应用.

例 4（创业启动资金储备计划） 一位年轻人计划从现在开始，每月从收入中拿出一部分资金存入银行，用于未来创业. 他计划在 20 年后开始从投资账户中每月支取 5000 元，作为创业初期的运营资金，持续 5 年（即 60 个月），直到用完所有资金. 假设投资的月利率为 0.5%，要实现这个目标，他 20 年内总共要筹措多少资金？从现在开始，每个月需要存入银行多少钱？

解 设投资 20 年后，第 t 个月投资账户资金为 y_t，于是关于 y_t 的差分方程模型为

$$y_{t+1} = 1.005 y_t - 5000,$$

且 $y_{300} = 0$. 解上述一阶常系数线性差分方程，得通解为

$$y_t = 1.005^t C_1 + 1000000.$$

因为

$$y_{300} = (1.005)^{300} C_1 + 1000000 = 0,$$

故 $C_1 = -1000000 \cdot (1.005)^{-300}$. 所以，这位年轻人在 20 年内总共要筹措的资金为

$$y_{240} = (1.005)^{240} \cdot (-1000000) \cdot (1.005)^{-300} + 1000000 \approx 258600 (\text{元}).$$

又设每月需存资金为 x 元，投资开始第 t 个月投资账户资金为 y_t，于是 y_t 满足差分方程

$$y_{t+1} = 1.005 y_t + x,$$

且 $y_0 = 0$，$y_{240} = 258600$. 再解上述方程，得通解为

$$y_t = 1.005^t C_2 - \frac{x}{0.005} = 1.005^t C_2 - 200 x,$$

将上述两个初始条件代入通解，得

$$x = 559.69 (\text{元}).$$

那么要实现投资目标，每月要在银行存入 559.69 元（约 560 元），20 年内总共要筹措资金 258600 元.

二、二阶常系数线性差分方程

在经济研究或者其他问题中，也会遇到以下形式的方程：

$$y_{t+2} + a y_{t+1} + b y_t = f(t). \tag{7-27}$$

其中，a, b 均为常数，且 $b \neq 0$，$f(t)$ 是已知函数.

当 $f(t) \equiv 0$ 时，方程（7-27）变为

$$y_{t+2} + a y_{t+1} + b y_t = 0, \tag{7-28}$$

则称方程（7-28）为**二阶常系数齐次线性差分方程**. 相应地，$f(t) \neq 0$，称方程（7-27）为**二阶常系数非齐次线性差分方程**.

二阶常系数线性差分方程具有类似于一阶常系数线性差分方程的解的性质. 例如，若 Y_t 为方程（7-28）的通解，y_t^* 为方程（7-27）的一个特解，则 $y_t = Y_t + y_t^*$ 为方程（7-27）的通解.

下面先讨论齐次线性差分方程. 设 $y_t = r^t$ 是方程（7-28）的解，代入该方程，得其特征方程

$$r^2 + a r + b = 0. \tag{7-29}$$

与二阶常系数齐次线性微分方程解的情况类似，分下列三种情况给出方程（7-28）的通解.

第一种情形：$a^2 - 4b > 0$. 特征方程（7-29）有两个不相等的实根 $r_1 \neq r_2$，方程（7-28）的通解为

$$y_t = C_1 r_1^t + C_2 r_2^t \quad (C_1, C_2 \text{ 为任意常数}).$$

第二种情形：$a^2 - 4b = 0$. 特征方程（7-29）有两个相等的实根 $r_1 = r_2 = -\dfrac{a}{2}$，这时，方程（7-28）的通解为

$$y_t = (C_1 + C_2 t) \left(-\frac{a}{2} \right)^t \quad (C_1, C_2 \text{ 为任意常数}).$$

第三种情形：$a^2-4b<0$. 特征方程（7-29）有一对共轭复根 $r_1=\alpha+i\beta,r_2=\alpha-i\beta$. 将它们化成三角形式为

$$r_1=r(\cos\theta+i\sin\theta),$$
$$r_2=r(\cos\theta-i\sin\theta).$$

其中，$r=\sqrt{\alpha^2+\beta^2}$，$\tan\theta=\dfrac{\beta}{\alpha}$，则方程（7-28）的通解为

$$y_t=r^t(C_1\cos\theta t+C_2\sin\theta t) \quad (C_1,C_2 \text{ 为任意常数}).$$

例 5 求下列差分方程的通解.

(1) $y_{t+2}-y_{t+1}-2y_t=0$；

(2) $y_{t+2}+2y_{t+1}+2y_t=0$.

解 （1）由特征方程 $r^2-r-2=0$，解得特征根 $r_1=-1,r_2=2$，故原方程的通解为
$$y_t=C_1(-1)^t+C_2 2^t.$$

（2）由特征方程 $r^2+2r+2=0$，解得特征根 $r_{1,2}=-1\pm i$，它们的三角形式为

$$r_1=\sqrt{2}\left(\cos\frac{3\pi}{4}+i\sin\frac{3\pi}{4}\right),$$

$$r_2=\sqrt{2}\left(\cos\frac{3\pi}{4}-i\sin\frac{3\pi}{4}\right).$$

则原方程的通解为

$$y_t=(\sqrt{2})^t\left(C_1\cos\frac{3\pi}{4}t+C_2\sin\frac{3\pi}{4}t\right).$$

下面讨论方程（7-27）的解法，类似于一阶线性差分方程，求其通解的关键是求它的一个特解 y_t^*. 以下给出 $f(t)$ 为特定形式时特解的求法.

若 $f(t)=k^t R_m(t)$，$k\neq 0$，其中 $R_m(t)$ 是已知 t 的 m 次多项式，可以证明：方程（7-27）的特解形式是

$$y_t^*=t^i k^t Q_m(t), \tag{7-30}$$

其中，i 根据 k 不是特征根、是特征单根、是特征重根分别取值为 $0,1,2$. $Q_m(t)$ 是 m 次多项式. 将 y_t^* 代入方程（7-27），用比较系数法可待定出 $Q_m(t)$ 的 $m+1$ 个系数.

例 6 求差分方程 $y_{t+2}-4y_{t+1}+4y_t=3\cdot 2^t$ 的通解.

解 特征方程是 $r^2-4r+4=0$，特征根是 $r_1=r_2=2$，所以对应的齐次方程的通解为
$$Y_t=(C_1+C_2 t)2^t.$$

因为 $f(t)=3\cdot 2^t$，所以 $k=2$ 是特征重根，$R_0(t)=3$ 是零次多项式，那么由式（7-30），原方程有特解
$$y_t^*=A_0 t^2 2^t.$$

代入原方程，得
$$A_0(t+2)^2\cdot 2^{t+2}-4A_0(t+1)^2\cdot 2^{t+1}+4A_0 t^2\cdot 2^t=3\cdot 2^t,$$

比较系数，得 $A_0=\dfrac{3}{8}$，即原方程的特解为 $y_t^*=\dfrac{3}{8}t^2\cdot 2^t$，故原方程的通解为

$$y_t=\frac{3}{8}t^2\cdot 2^t+(C_1+C_2 t)2^t.$$

习题 7-6

1. 求下列差分方程的通解与特解.

(1) $3y_{t+1}+y_t=4$；

(2) $2y_{t+1}+y_t=3+t$；

(3) $y_{t+1}+y_t=2^t$；

(4) $y_{t+1}-5y_t=3\left(y_0=\dfrac{7}{3}\right)$；

(5) $y_{t+1}+y_t=2^t(y_0=2)$；

(6) $y_{t+1}+4y_t=2t^2+t-1(y_0=1)$.

2. 求下列二阶齐次线性差分方程的解.

(1) $y_{t+2}+\dfrac{1}{2}y_{t+1}-\dfrac{1}{2}y_t=0$；

(2) $y_{t+2}+2y_{t+1}+3y_t=0$；

(3) $y_{t+2}-8y_{t+1}+16y_t=0$；

(4) $y_{t+2}=y_{t+1}-y_t$；

(5) $y_{t+2}=y_t$；

(6) $y_{t+2}+7y_{t+1}+6y_t=0$；

(7) $y_{t+2}+6y_{t+1}+9y_t=0$；

(8) $y_{t+2}-2y_{t+1}+2y_t=0(y_0=2,\ y_1=2)$.

3. 求下列二阶非齐次线性差分方程的解.

(1) $y_{t+2}-5y_{t+1}+2y_t=2$；

(2) $y_{t+2}-3y_{t+1}+2y_t=3\cdot5^t$；

(3) $y_{t+2}+5y_{t+1}+4y_t=t$；

(4) $y_{t+2}+3y_{t+1}-\dfrac{7}{4}y_t=9(y_0=6,\ y_1=3)$.

4. 设某产品在时期 t 的价格、总供给与总需要分别为 P_t，S_t 与 D_t，并且设对于 $t=0$，$1,\cdots$，有

(1) $S_t=2P_t+1$；　　　(2) $D_t=-4P_{t-1}+5$；　　　(3) $S_t=D_t$.

求证：由式 (1)，式 (2)，式 (3) 可推出差分方程 $P_{t+1}+2P_t=2$，并求其解，设 P_0 已知.

本章思维导图

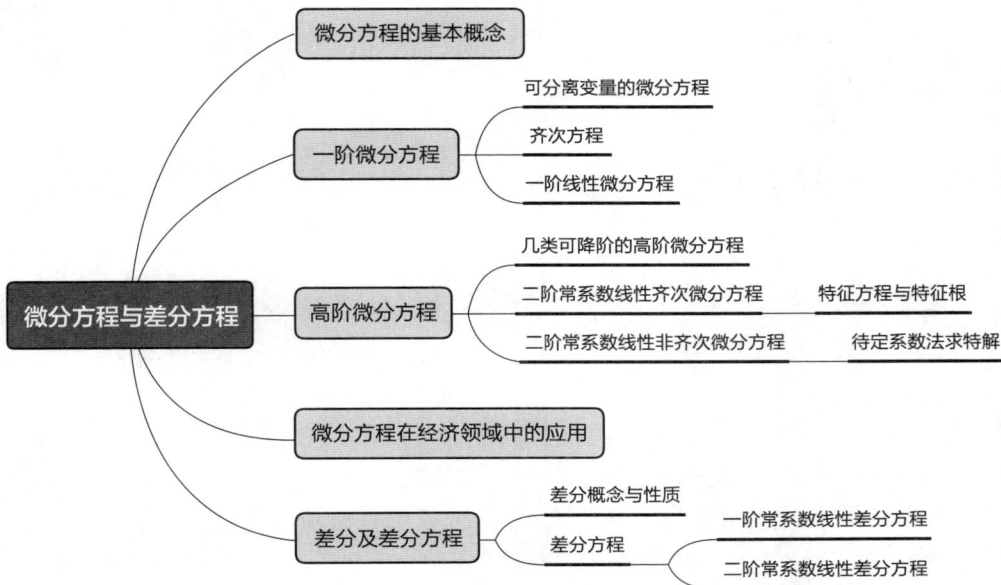

总复习题七

1. 单项选择题.

(1) 微分方程 $(x+y)\mathrm{d}y=(x-y)\mathrm{d}x$ 是（　　）.

A. 线性微分方程 　　　　　　　　B. 可分离变量方程

C. 齐次微分方程 　　　　　　　　D. 一阶线性非齐次方程

(2) 微分方程 $y'=2xy+x^3$ 是（　　）.

A. 齐次微分方程 　　　　　　　　B. 可分离变量方程

C. 线性齐次方程 　　　　　　　　D. 线性非齐次方程

(3) 下列微分方程不是可分离变量的为（　　）.

A. $\sin x\cos y\mathrm{d}x+\sin y\cos x\mathrm{d}y=0$ 　　B. $x\mathrm{d}x+2y\mathrm{d}y+x^2y\mathrm{d}y=0$

C. $(x+y)\mathrm{d}x+xy\mathrm{d}y=0$ 　　　　　D. $y'+xy=x$

(4) 某二阶常微分方程，下列解中为其通解的是（　　）.

A. $y=C\sin x$ 　　　　　　　　B. $y=C_1\sin x+C_2\cos x$

C. $y=\sin x+\cos x$ 　　　　　　D. $y=(C_1+C_2)\cos x$

(5) 某种气体的气压 P 对于温度 T 的变化率与气压成正比，与温度的平方成反比，将此问题用微分方程可表示为（　　）.

A. $\dfrac{\mathrm{d}P}{\mathrm{d}T}=PT^2$ 　　B. $\dfrac{\mathrm{d}P}{\mathrm{d}T}=\dfrac{P}{T^2}$ 　　C. $\dfrac{\mathrm{d}P}{\mathrm{d}T}=\kappa\dfrac{P}{T^2}$ 　　D. $\dfrac{\mathrm{d}P}{\mathrm{d}T}=-\dfrac{P}{T^2}$

(6) 微分方程 $y''+3y=0$ 的特征方程是（　　）.

A. $r^2+3r=0$ 　　B. $r^2+3=0$ 　　C. $r^2-3=0$ 　　D. $r^2-3r=0$

(7) 微分方程 $y''+2y'+y=0$ 的通解为（　　）.

A. $y=c_1\cos x+c_2\sin x$ 　　　　B. $y=c_1\mathrm{e}^x+c_2\mathrm{e}^{2x}$

C. $y=(c_1+c_2x)\mathrm{e}^{-x}$ 　　　　D. $y=c_1\mathrm{e}^x+c_2\mathrm{e}^{-x}$

(8) 微分方程 $\dfrac{\mathrm{d}^2y}{\mathrm{d}x^2}+2y=1$ 的通解为（　　）.

A. $\dfrac{1}{2}+c_1\cos\sqrt{2}\,x+c_2\sin\sqrt{2}\,x$ 　　B. $\dfrac{1}{2}+c_1\mathrm{e}^{\sqrt{2}\,x}+c_2\mathrm{e}^{-\sqrt{2}\,x}$

C. $c_1\cos\sqrt{2}\,x+c_2\sin\sqrt{2}\,x$ 　　　　D. $c_1\mathrm{e}^{\sqrt{2}\,x}+c_2\mathrm{e}^{-\sqrt{2}\,x}$

(9) 设可微函数 $f(x)$ 满足 $\int_0^x f(t)\mathrm{d}t=x^2+f(x)$，则（　　）.

A. $f(x)=2\mathrm{e}^{-x}-2x-2$ 　　　　B. $f(x)=2\mathrm{e}^2+2x-2$

C. $f(x)=\mathrm{e}^x-x-1$ 　　　　　D. $f(x)=2x+2-2\mathrm{e}^x$

2. 填空题.

(1) 微分方程 $(y'')^5-2y'''+3y^4+x^3y=0$ 的阶数是_____.

(2) 微分方程 $x\mathrm{d}x+y\mathrm{d}y+xy\mathrm{d}y=0$，$y|_{x=0}=1$ 的特解是_____.

(3) 微分方程 $y'-y=\mathrm{e}^x$ 的解是_____.

(4) 微分方程 $y''=\mathrm{e}^{-x}$ 满足 $y|_{x=0}=1$；$y'|_{x=0}=0$ 的解是_____.

(5) 微分方程 $y'=5x^2y^3$ 的通解是_____.

(6) 微分方程 $y''-3y'+2y=0$ 的通解是_____.

(7) 微分方程 $y''+4y'+3y=e^x$ 的通解是_____，满足条件 $y|_{x=0}=1$；$y'|_{x=0}=-1$ 的特解是_____.

3．求解下列微分方程.

(1) $y'\sin x=y\ln y,y|_{x=\frac{\pi}{2}}=e$；

(2) $xy'=y\ln\dfrac{y}{x}$；

(3) $(1+x^2)dy+2xydx=\cot xdx$；

(4) $(1+e^x)\sin y\dfrac{dy}{dx}+e^x\cos y=0$；

(5) $y''-5y'+6y=0$；

(6) $2y''+y'-y=0$；

(7) $y''-2y'+y=0$；

(8) $y'-2xy=x-x^3$；

(9) $y\ln ydx+(x-\ln y)dy=0$；

(10) $y''+3y'+2y=3xe^{-x}$；

(11) $xy^2dy=(x^3+y^3)dx,y|_{x=1}=0$；

(12) $2y''-\sin 2y=0,y|_{x=0}=\dfrac{\pi}{2},y'|_{x=0}=1$；

(13) $y''+2y'+y=\cos x,y|_{x=0}=0,y'|_{x=0}=\dfrac{3}{2}$.

4．已知某曲线经过点 $(1,1)$，且任意点处的切线在纵坐标轴上的截距等于切点的横坐标，求它的方程.

5．一杯刚泡好的咖啡初始温度为 $90\ ℃$，放置在室温为 $20\ ℃$ 的室内冷却. 假设咖啡的温度变化遵循牛顿冷却定律（物体温度的变化率与该物体和周围环境的温度差成正比）. 已知两小时后咖啡温度降至 $60\ ℃$. 试求：

(1) 咖啡温度 T 随时间 t（以小时为单位）变化的函数表达式 $T(t)$；

(2) 预测长时间放置后咖啡的温度将趋近于多少？

6．假设某产品的销售量 $x(t)$ 是时间 t 的可导函数，如果商品的销售量对时间的增长率 $\dfrac{dx}{dt}$ 与销售量 $x(t)$ 及销售量接近于饱和水平的程度 $[N-x(t)]$ 之积成正比（N 为饱和水平，比例常数为 $k>0$），且当 $t=0$ 时，$x=\dfrac{N}{4}$.

(1) 求销售量 $x(t)$；

(2) 求 $x(t)$ 增长最快的时刻 T.

7．某投资基金管理一笔资产，该资产以年利率 5% 的连续复利增长（类似银行存款利息）. 同时，基金需要每年支付 200 万元的管理费用（包括运营成本和员工薪酬）.

(1) 建立描述基金净资产 $W(t)$（单位：百万元）的微分方程；

(2) 若初始净资产为 W_0 百万元，求净资产 $W(t)$ 的表达式.

8．某商场的销售成本 y 和存贮费用 S 均是时间 t 的函数，随时间 t 的延长，销售成本的变化率等于存贮费用的倒数与常数 2 的和，而存贮费用的变化率为存贮费用的 $\left(-\dfrac{1}{5}\right)$ 倍. 若当 $t=0$，销售成本 $y=0$ 时，存贮费用 $S=5$. 试求销售成本及存贮费用与时间 t 的函数关系 $y(t)$ 及 $S(t)$.

第八章

无穷级数

第一节　常数项级数

人们认识事物数量方面的特征，往往有一个由近似到精确的逼近过程．在这个认识过程中，常会遇到由有限个数量相加转到无限个数量相加的问题．

例如，我国古代重要典籍《庄子》一书中有"一尺之棰，日取其半，万世不竭"的说法．从数学的角度上看，这就是：

$$\frac{1}{2}+\frac{1}{4}+\frac{1}{8}+\cdots+\frac{1}{2^n}+\cdots=1.$$

其前 n 项和 $\frac{1}{2}+\frac{1}{4}+\frac{1}{8}+\cdots+\frac{1}{2^n}$ 是有限项相加，是 1 的近似值．n 越大，这个值越精确．当 $n\to\infty$ 时，和式中的项数无限增多，这就出现了"无穷和"的问题．"无穷和"问题是通过"有限项和"的极限来解决的．这个极限值就是无穷项和式的精确值．

定义 1　设有一个无穷数列 $u_1,u_2,\cdots,u_n,\cdots$ 则称

$$u_1+u_2+\cdots+u_n+\cdots \tag{8-1}$$

为**常数项级数**或**无穷级数**（也常简称**级数**），其中 u_n 称为常数项级数（8-1）的**通项**．常数项级数（8-1）也常写作 $\sum\limits_{n=1}^{\infty}u_n$ 或简单写作 $\sum u_n$．

作常数项级数（8-1）的前 n 项之和

$$S_n=u_1+u_2+\cdots+u_n=\sum_{k=1}^{n}u_k,$$

S_n 称为级数（8-1）的**前 n 项部分和**，也简称**部分和**．当 n 依次取 $1,2,3,\cdots$ 时，它们构成一个新的数列：

$$S_1=u_1,S_2=u_1+u_2,S_3=u_1+u_2+u_3,\cdots,S_n=u_1+u_2+\cdots+u_n,\cdots.$$

定义 2　若常数项级数（8-1）的部分和数列 $\{S_n\}$ 收敛于 S（即 $\lim\limits_{n\to\infty}S_n=S$），则称常数项级数（8-1）收敛，称 S 为常数项级数（8-1）的和，即

$$S=u_1+u_2+\cdots+u_n+\cdots \text{或} \sum u_n;$$

若部分和数列 $\{S_n\}$ 是发散的，则称常数项级数（8-1）发散．

例 1　判断以下级数是否收敛，若收敛求出其和.

（1）$1+2+3+\cdots+n+\cdots$；

（2）$\dfrac{1}{1\cdot2}+\dfrac{1}{2\cdot3}+\cdots+\dfrac{1}{n(n+1)}+\cdots$.

解　（1）这个级数的部分和为 $S_n=1+2+3+\cdots+n=\dfrac{n(n+1)}{2}$，显然有 $\lim\limits_{n\to\infty}S_n=+\infty$，因此所给级数是发散的.

（2）由于这个级数的部分和为

$$S_n=\frac{1}{1\cdot2}+\frac{1}{2\cdot3}+\cdots+\frac{1}{n(n+1)}=\left(1-\frac{1}{2}\right)+\left(\frac{1}{2}-\frac{1}{3}\right)+\cdots+\left(\frac{1}{n}-\frac{1}{n+1}\right)=1-\frac{1}{n+1},$$

从而 $\lim\limits_{n\to\infty}S_n=\lim\limits_{n\to\infty}\left(1-\dfrac{1}{n+1}\right)=1$.

故这个级数是收敛的，它的和是 1.

例 2　讨论几何级数（又称为等比级数）：

$$\sum_{n=0}^{\infty}aq^n=a+aq+aq^2+\cdots+aq^n+\cdots(a\neq0)\text{的敛散性.}$$

解　部分和 $S_n=\sum\limits_{i=0}^{n-1}aq^i=a+aq+aq^2+\cdots+aq^{n-1}$，若 $q\neq1$，则 $S_n=\dfrac{a(1-q^n)}{1-q}=\dfrac{a}{1-q}-\dfrac{aq^n}{1-q}$.

下面考虑 $\lim\limits_{n\to\infty}S_n$ 的问题：

若 $|q|<1$，即当 $n\to\infty$ 时，$q^n\to0$，则 $\lim\limits_{n\to\infty}S_n=\lim\limits_{n\to\infty}\left(\dfrac{a}{1-q}-\dfrac{aq^n}{1-q}\right)=\dfrac{a}{1-q}$，因此该级数收敛；

若 $|q|>1$，即当 $n\to\infty$ 时，$q^n\to\infty$，故 $\lim\limits_{n\to\infty}S_n$ 不存在，因此该级数发散；

若 $q=1$，当 $n\to\infty$ 时，$S_n=na\to\infty$，故 $\lim\limits_{n\to\infty}S_n$ 不存在，因此该级数发散；

若 $q=-1$，当 $n\to\infty$ 时，$S_n=\begin{cases}0,&n\text{ 为偶数}\\a,&n\text{ 为奇数}\end{cases}$，故 $\lim\limits_{n\to\infty}S_n$ 不存在，因此该级数发散.

综上所述，等比级数 $\sum\limits_{n=0}^{\infty}aq^n$ $(a\neq0)$ 当 $|q|<1$ 时收敛，其和为 $\dfrac{a}{1-q}$，当 $|q|\geqslant1$ 时发散.

注意　（1）当级数收敛时，其部分和 S_n 是级数的和 S 的近似值，它们之间的误差

$$r_n=S-S_n=u_{n+1}+u_{n+2}+\cdots$$

叫作级数（8-1）的余项.

（2）级数与数列极限有着紧密的联系. 给定级数 $\sum\limits_{n=1}^{\infty}u_n$，就有部分和数列 $\left\{S_n=\sum\limits_{k=1}^{n}u_k\right\}$；反之，给定数列 $\{S_n\}$，就有以 $\{S_n\}$ 为部分和数列的级数

$$S_1+(S_2-S_1)+\cdots+(S_n-S_{n-1})+\cdots=S_1+\sum_{n=2}^{\infty}(S_n-S_{n-1})=\sum_{n=1}^{\infty}u_n,$$

其中 $u_1=S_1,u_n=S_n-S_{n-1}(n\geqslant2)$. 因此，级数 $\sum\limits_{n=1}^{\infty}u_n$ 与数列 $\{S_n\}$ 同时收敛或同时发

散，且在收敛时，有 $\displaystyle\sum_{n=1}^{\infty}u_n=\lim_{n\to\infty}S_n$，即 $\displaystyle\sum_{n=1}^{\infty}u_n=\lim_{n\to\infty}\sum_{k=1}^{n}u_k$．

基于级数与数列极限的这种关系，我们不难根据数列极限的性质推出下面有关级数的一些性质．

性质 1 若级数 $\sum u_n$ 与 $\sum v_n$ 分别收敛于 u 和 v，且 c,d 为常数，则由它们的项的线性组合所得到的级数 $\sum(cu_n+dv_n)$ 也收敛，且

$$\sum(cu_n+dv_n)=c\sum u_n\pm d\sum v_n=cu\pm dv，即其和为 cu\pm dv．$$

性质 2 去掉、增加或改变级数的有限项并不改变级数的敛散性．

注意 一个级数是否收敛与级数前面有限项的取值无关．但是对于收敛级数来说，去掉或增加有限项后，级数的和一般是发生了变化的．

性质 3 在收敛级数的项中任意加括号，既不改变级数的收敛性，也不改变它的和．

注意 从级数加括号后的收敛性，不能推断它在未加括号前也收敛．例如，$(1-1)+(1-1)+\cdots+(1-1)+\cdots=0+0+\cdots+0+\cdots=0$ 收敛，但级数 $1-1+1-1+\cdots$ 却是发散的．

性质 4（收敛级数的必要条件） 若级数 $\sum u_n$ 收敛，则有 $\displaystyle\lim_{n\to\infty}u_n=0$．

证 设级数 $\sum u_n$ 收敛，其和为 u，显然 $u_n=S_n-S_{n-1}(n\geqslant 2)$，

于是 $$\lim_{n\to\infty}u_n=\lim_{n\to\infty}(S_n-S_{n-1})=u-u=0．$$

注意 性质 4 的逆命题是不成立的．即有些级数虽然通项趋于零，但仍然是发散的．

例 3 证明调和级数 $1+\dfrac{1}{2}+\dfrac{1}{3}+\cdots+\dfrac{1}{n}+\cdots$ 是发散的．

证 根据不等式 $\ln(1+x)<x(x>0)$，得调和级数的部分和

$$S_n=\sum_{k=1}^{n}\frac{1}{k}=1+\frac{1}{2}+\frac{1}{3}+\cdots+\frac{1}{n}$$

$$>\ln(1+1)+\ln\left(1+\frac{1}{2}\right)+\ln\left(1+\frac{1}{3}\right)+\cdots+\ln\left(1+\frac{1}{n}\right)$$

$$=\ln 2+\ln\frac{3}{2}+\ln\frac{4}{3}+\cdots+\ln\frac{n+1}{n}$$

$$=\ln(1+n)，$$

即 $S_n>\ln(1+n)$，则 $\displaystyle\lim_{n\to\infty}S_n$ 不存在，因此调和级数 $\displaystyle\sum_{n=1}^{\infty}\frac{1}{n}$ 必定发散．

注意 性质 4 的逆否命题是成立的．即如果 $\displaystyle\lim_{n\to\infty}u_n\neq 0$，则 $\displaystyle\sum_{n=1}^{\infty}u_n$ 必定发散．例如，级数 $\displaystyle\sum_{n=1}^{\infty}\frac{n}{n+1}$，它的通项 $\dfrac{n}{n+1}\to 1\neq 0(n\to\infty)$，因此该级数发散．

习题 8-1

1．填空题．

（1）若级数 $\displaystyle\sum_{n=1}^{\infty}u_n=\frac{\sqrt{x}}{2}+\frac{x}{2\cdot 3}+\frac{x\sqrt{x}}{2\cdot 3\cdot 4}+\cdots$，则 $u_n=$ _____．

（2）若级数为 $\dfrac{a^2}{2}-\dfrac{a^3}{4}+\dfrac{a^4}{6}-\dfrac{a^5}{8}+\cdots$，则 $u_n=$ _____.

（3）等比级数 $\sum\limits_{n=0}^{\infty}aq^n$，当 _____ 时收敛；当 _____ 时发散.

（4）级数 $\sum\limits_{n=1}^{\infty}(-1)^n\left(\dfrac{1}{4}\right)^n$ 的和为 _____.

（5）填收敛或发散，$\sum\limits_{n=1}^{\infty}\dfrac{1}{3^n}$ _____，$\sum\limits_{n=1}^{\infty}\dfrac{(-1)^n}{4^n}$ _____，$\sum\limits_{n=1}^{\infty}\dfrac{1}{n^2}$ _____，

$\sum\limits_{n=1}^{\infty}\dfrac{1}{\sqrt[3]{n^2}}$ _____.

（6）填收敛或发散，$\sum\limits_{n=1}^{\infty}\dfrac{1}{5n}$ _____，$\sum\limits_{n=1}^{\infty}\dfrac{2n}{3n-1}$ _____，$\sum\limits_{n=1}^{\infty}\dfrac{2}{5^n}$ _____，

$\sum\limits_{n=1}^{\infty}\left(\dfrac{1}{\sqrt[2]{n^3}}+\dfrac{1}{4^n}\right)$ _____.

2. 根据级数收敛的定义，判定级数 $\sum\limits_{n=2}^{\infty}\dfrac{1}{n(n+3)}$ 的收敛性.

第二节　正项级数

一般的常数项级数，它的各项可以是正数、负数或者零. 现在我们先讨论各项都是正数或零的级数，这种级数称为**正项级数**.

下面我们讨论正项级数

$$\sum_{n=1}^{\infty}u_n=u_1+u_2+\cdots+u_n+\cdots,\ \text{其中}\ u_n\geq 0. \tag{8-2}$$

设其部分和为 S_n，显然部分和数列 $\{S_n\}$ 是单调增加的，也就是

$$S_1\leq S_2\leq\cdots\leq S_n\leq\cdots(n=1,2,\cdots).$$

从而 S_n 只有两种变化情况：

（1）S_n 无限增大，于是 $\lim\limits_{n\to\infty}S_n$ 不存在；

（2）存在一个正数 M，使得 $|S_n|<M$. 此时，根据数列极限存在准则，$\lim\limits_{n\to\infty}S_n$ 存在.

对于情况（1）表明级数（8-2）发散，情况（2）表明该级数是收敛的.

下面我们介绍几种正项级数敛散性的判别法.

定理 1　正项级数 $\sum\limits_{n=1}^{\infty}u_n$ 收敛的充分必要条件是：它的部分和数列 $\{S_n\}$ 有界.

定理 2（比较判别法）　设 $\sum\limits_{n=1}^{\infty}u_n$ 和 $\sum\limits_{n=1}^{\infty}v_n$ 是两个正项级数，如果存在某正数 N，对一切 $n>N$，都有 $u_n\leq v_n$，那么

（1）若级数 $\sum\limits_{n=1}^{\infty}v_n$ 收敛，则级数 $\sum\limits_{n=1}^{\infty}u_n$ 也收敛；

（2）若级数 $\sum\limits_{n=1}^{\infty}u_n$ 发散，则级数 $\sum\limits_{n=1}^{\infty}v_n$ 也发散.

例 1 判断以下正项级数的敛散性.

(1) $\sum\limits_{n=1}^{\infty}\dfrac{1}{2^n+5}$；（2）$\sum\limits_{n=2}^{\infty}\dfrac{1}{\sqrt{n}-1}$.

解 （1）由于 $\dfrac{1}{2^n+5}<\dfrac{1}{2^n}$，而几何级数 $\sum\limits_{n=1}^{\infty}\dfrac{1}{2^n}$ 是收敛的，则由比较判别法知 $\sum\limits_{n=1}^{\infty}\dfrac{1}{2^n+5}$ 收敛.

（2）由于当 $n\geqslant 2$ 时，$\dfrac{1}{\sqrt{n}-1}>\dfrac{1}{\sqrt{n}}$，而 $\sum\limits_{n=2}^{\infty}\dfrac{1}{\sqrt{n}}$ 是发散的，则 $\sum\limits_{n=2}^{\infty}\dfrac{1}{\sqrt{n}-1}$ 也发散.

例 2 讨论 p -级数 $1+\dfrac{1}{2^p}+\dfrac{1}{3^p}+\cdots+\dfrac{1}{n^p}+\cdots$（常数 $p>0$）的敛散性.

解 当 $p\leqslant 1$ 时，$\dfrac{1}{n^p}\geqslant\dfrac{1}{n}$，由于调和级数 $\sum\limits_{n=1}^{\infty}\dfrac{1}{n}$ 发散. 由比较判别法，当 $p\leqslant 1$ 时，该级数是发散的.

当 $p>1$ 时，

$$1+\left(\dfrac{1}{2^p}+\dfrac{1}{3^p}\right)+\left(\dfrac{1}{4^p}+\dfrac{1}{5^p}+\dfrac{1}{6^p}+\dfrac{1}{7^p}\right)+\left(\dfrac{1}{8^p}+\cdots+\dfrac{1}{15^p}\right)+\cdots,\qquad(8\text{-}3)$$

它的各项显然小于下列级数的各项

$$1+\left(\dfrac{1}{2^p}+\dfrac{1}{2^p}\right)+\left(\dfrac{1}{4^p}+\dfrac{1}{4^p}+\dfrac{1}{4^p}+\dfrac{1}{4^p}\right)+\left(\dfrac{1}{8^p}+\cdots+\dfrac{1}{8^p}\right)+\cdots,$$

即 $1+\dfrac{1}{2^{p-1}}+\dfrac{1}{4^{p-1}}+\dfrac{1}{8^{p-1}}+\cdots,\qquad(8\text{-}4)$

而级数（8-4）是等比级数，其公比 $q=\left(\dfrac{1}{2}\right)^{p-1}<1$，所以级数（8-4）收敛.

于是根据级数收敛的比较判别法，当 $p>1$ 时，级数（8-3）收敛，而级数（8-3）是正项级数，所以加括号不影响其敛散性，故原 p -级数收敛.

综上所述，p -级数当 $p\leqslant 1$ 时发散；当 $p>1$ 时收敛.

推论（比较判别法的极限形式） 设 $\sum\limits_{n=1}^{\infty}u_n$ 和 $\sum\limits_{n=1}^{\infty}v_n$ 是两个正项级数，且 $\lim\limits_{n\to\infty}\dfrac{u_n}{v_n}=l$，

(1) 若 $0<l<+\infty$，则级数 $\sum\limits_{n=1}^{\infty}u_n$ 和 $\sum\limits_{n=1}^{\infty}v_n$ 同时收敛或同时发散；

(2) 若 $l=0$，且 $\sum\limits_{n=1}^{\infty}v_n$ 收敛，则 $\sum\limits_{n=1}^{\infty}u_n$ 也收敛；

(3) 若 $l=+\infty$，且 $\sum\limits_{n=1}^{\infty}v_n$ 发散，则 $\sum\limits_{n=1}^{\infty}u_n$ 也发散.

例 3 判断级数 $\sum\limits_{n=1}^{\infty}\sin\dfrac{1}{3^n}$ 的敛散性.

解 因为 $\lim\limits_{n\to\infty}\dfrac{\sin\dfrac{1}{3^n}}{\dfrac{1}{3^n}}=1$，而级数 $\sum\limits_{n=1}^{\infty}\dfrac{1}{3^n}$ 收敛，根据比较判别法的极限形式，级数 $\sum\limits_{n=1}^{\infty}\sin\dfrac{1}{3^n}$

收敛.

定理 3（达朗贝尔比值判别法） 若 $\sum\limits_{n=1}^{\infty} u_n$ 为正项级数，且 $\lim\limits_{n\to\infty} \dfrac{u_{n+1}}{u_n} = q$，则：

(1) 当 $q<1$ 时，级数 $\sum\limits_{n=1}^{\infty} u_n$ 收敛；

(2) 当 $q>1$ 或 $q=+\infty$ 时，级数 $\sum\limits_{n=1}^{\infty} u_n$ 发散；

(3) 当 $q=1$ 时，级数 $\sum\limits_{n=1}^{\infty} u_n$ 可能收敛也可能发散.

例 4 判断下列级数的敛散性.

(1) $\sum\limits_{n=1}^{\infty} \dfrac{n^2}{5^n}$；(2) $\sum\limits_{n=1}^{\infty} na^{n-1}(a>0)$；(3) $\sum\limits_{n=1}^{\infty} \dfrac{3^n n!}{n^n}$.

解 (1) 由于 $\lim\limits_{n\to\infty} \dfrac{u_{n+1}}{u_n} = \lim\limits_{n\to\infty} \dfrac{(n+1)^2}{5n^2} = \dfrac{1}{5}<1$，由比值判别法知，原级数收敛.

(2) 由于 $\lim\limits_{n\to\infty} \dfrac{u_{n+1}}{u_n} = \lim\limits_{n\to\infty} \dfrac{(n+1)a^n}{na^{n-1}} = \lim\limits_{n\to\infty} a \cdot \dfrac{n+1}{n} = a$，根据比值判别法，

当 $0<a<1$ 时，$\sum\limits_{n=1}^{\infty} na^{n-1}$ 收敛；当 $a>1$ 时，$\sum\limits_{n=1}^{\infty} na^{n-1}$ 发散；当 $a=1$ 时，$\sum\limits_{n=1}^{\infty} na^{n-1} = \sum\limits_{n=1}^{\infty} n$ 发散.

(3) 由于

$$\lim_{n\to\infty} \frac{u_{n+1}}{u_n} = \lim_{n\to\infty} \frac{\dfrac{3^{n+1}(n+1)!}{(n+1)^{n+1}}}{\dfrac{3^n \cdot n!}{n^n}} = \lim_{n\to\infty} 3 \cdot \left(\frac{n}{n+1}\right)^n = \lim_{n\to\infty} 3 \cdot \left[\frac{1}{\left(1+\dfrac{1}{n}\right)^n}\right] = \frac{3}{e} > 1.$$

故原级数发散.

定理 4（柯西根值判别法） 设 $\sum\limits_{n=1}^{\infty} u_n$ 是正项级数，如果 $\lim\limits_{n\to\infty} \sqrt[n]{u_n} = \rho$，则

(1) 当 $\rho<1$ 时，级数收敛；
(2) 当 $\rho>1$（包括 $\rho=+\infty$）时，级数发散；
(3) 当 $\rho=1$ 时，级数可能收敛也可能发散.

例 5 讨论级数 $\sum \dfrac{3+(-1)^n}{2^n}$ 的敛散性.

解 由于 $\lim\limits_{n\to\infty} \sqrt[n]{u_n} = \lim\limits_{n\to\infty} \sqrt[n]{\dfrac{3+(-1)^n}{2^n}} = \dfrac{1}{2}<1$，故原级数收敛.

习题 8-2

1. 填空题

(1) 设 $\sum\limits_{n=1}^{\infty} u_n$ 和 $\sum\limits_{n=1}^{\infty} v_n$ 均为正项级数，且 $u_n \leqslant v_n (n=1,2,\cdots)$，若 $\sum\limits_{n=1}^{\infty} v_n$ 收敛，则

$\sum\limits_{n=1}^{\infty} u_n$ _____；若 $\sum\limits_{n=1}^{\infty} u_n$ 发散，则 $\sum\limits_{n=1}^{\infty} v_n$ _____.

（2）设正项级数 $\sum\limits_{n=1}^{\infty} u_n$，若 $\lim\limits_{n\to\infty}\dfrac{u_{n+1}}{u_n}<1$，则级数 _____；若 $\lim\limits_{n\to\infty}\dfrac{u_{n+1}}{u_n}>1$，则级数

_____；若 $\lim\limits_{n\to\infty}\dfrac{u_{n+1}}{u_n}=1$，则级数的敛散性 _____.

2．用比较判别法或极限形式的比较判别法判断下列级数的敛散性.

（1）$\sum\limits_{n=1}^{\infty}\dfrac{1}{3n^2+1}$；
  （2）$\sum\limits_{n=1}^{\infty}\dfrac{1}{2n-1}$；
  （3）$\sum\limits_{n=1}^{\infty}\dfrac{1}{n\sqrt{n+2}}$；

（4）$\sum\limits_{n=1}^{\infty}\dfrac{1}{(n+1)\sqrt[3]{n}}$；
  （5）$\sum\limits_{n=10}^{\infty}\dfrac{1}{(n+1)(n+4)}$；
  （6）$\sum\limits_{n=1}^{\infty}\dfrac{1}{2^n-n}$.

3．用比值或根值判别法判断下列级数的敛散性.

（1）$\sum\limits_{n=1}^{\infty}\dfrac{2^n}{n}$；
  （2）$\sum\limits_{n=1}^{\infty}\dfrac{3^n}{n!}$；
  （3）$\sum\limits_{n=1}^{\infty}\dfrac{1}{(n+2)!}$；

（4）$\sum\limits_{n=1}^{\infty}\dfrac{n!}{10^n}$；
  （5）$\sum\limits_{n=1}^{\infty}\dfrac{n^n}{n!}$；
  （6）$\sum\limits_{n=1}^{\infty}\left(\dfrac{n}{3n-1}\right)^{2n-1}$.

第三节　任意项级数、绝对收敛

一、交错级数及其敛散性

定义 1　若级数的各项符号正负相间，即

$$\sum\limits_{n=1}^{\infty}(-1)^{n-1}u_n=u_1-u_2+u_3-u_4+\cdots+(-1)^{n-1}u_n+\cdots(u_n>0,n=1,2,\cdots),\quad(8\text{-}5)$$

则称（8-5）为**交错级数**.

例如，$1-\dfrac{1}{2}+\dfrac{1}{3}-\dfrac{1}{4}+\cdots+(-1)^{n-1}\dfrac{1}{n}+\cdots$ 和 $1-\ln 2+\ln 3-\ln 4+\cdots+(-1)^{n-1}\ln n+\cdots$

等都是交错级数.

交错级数的收敛性判断有以下方法.

定理（莱布尼茨判别法）　设交错项级数（8-5）满足条件：

（1）$u_1\geqslant u_2\geqslant u_3\geqslant\cdots$，即数列 $\{u_n\}$ 单调递减；

（2）$\lim\limits_{n\to\infty}u_n=0$；

则交错级数（8-5）是收敛的，且它的和 $S\leqslant u_1$.

例 1　判断 $\sum\limits_{n=1}^{\infty}(-1)^{n-1}\dfrac{1}{n}$ 级数的敛散性.

解　因为 $u_n=\dfrac{1}{n}$，$u_{n+1}=\dfrac{1}{n+1}$，所以 $u_{n+1}<u_n$.

又因为 $\lim\limits_{n\to\infty}u_n=\lim\limits_{n\to\infty}\dfrac{1}{n}=0$，根据莱布尼茨判别法，级数 $\sum\limits_{n=1}^{\infty}(-1)^{n-1}\dfrac{1}{n}$ 收敛.

二、绝对收敛、条件收敛

定义 2 （1）若级数 $\sum\limits_{n=1}^{\infty} u_n = u_1 + u_2 + \cdots + u_n + \cdots$ 的各项的绝对值所组成的级数

$\sum\limits_{n=1}^{\infty} |u_n| = |u_1| + |u_2| + \cdots + |u_n| + \cdots$ 收敛，则称原级数 $\sum\limits_{n=1}^{\infty} u_n$ **绝对收敛**.

（2）若级数 $\sum\limits_{n=1}^{\infty} u_n$ 收敛，而级数 $\sum\limits_{n=1}^{\infty} |u_n|$ 发散，则称原级数 $\sum\limits_{n=1}^{\infty} u_n$ **条件收敛**.

注意 （1）全体收敛级数可以分为绝对收敛级数与条件收敛级数两大类.

（2）若级数 $\sum\limits_{n=1}^{\infty} |u_n|$ 发散，则 $\sum\limits_{n=1}^{\infty} u_n$ 未必发散.

（3）绝对收敛的级数一定收敛.

例 2 判断下列级数是否收敛，若收敛，是否为绝对收敛.

（1）$\sum\limits_{n=1}^{\infty} \dfrac{\sin n}{n^2}$；（2）$\sum\limits_{n=1}^{\infty} (-1)^{n-1} \dfrac{1}{\sqrt{n}}$；（3）$\sum\limits_{n=1}^{\infty} (-1)^{n-1} \dfrac{n^2}{2^n}$.

解 （1）因为 $\left| \dfrac{\sin n}{n^2} \right| \leqslant \dfrac{1}{n^2}$，而 $\sum\limits_{n=1}^{\infty} \dfrac{1}{n^2}$ 收敛，

所以 $\sum\limits_{n=1}^{\infty} \left| \dfrac{\sin n}{n^2} \right|$ 收敛. 因此级数 $\sum\limits_{n=1}^{\infty} \dfrac{\sin n}{n^2}$ 绝对收敛.

（2）因为 $u_n = \dfrac{1}{\sqrt{n}}$，$u_{n+1} = \dfrac{1}{\sqrt{n+1}}$，$u_{n+1} < u_n$.

又因为 $\lim\limits_{n \to \infty} u_n = \lim\limits_{n \to \infty} \dfrac{1}{\sqrt{n}} = 0$，所以级数 $\sum\limits_{n=1}^{\infty} (-1)^{n-1} \dfrac{1}{\sqrt{n}}$ 收敛.

而级数 $\sum\limits_{n=1}^{\infty} \left| (-1)^{n-1} \dfrac{1}{\sqrt{n}} \right| = \sum\limits_{n=1}^{\infty} \dfrac{1}{\sqrt{n}}$ 发散. 所以级数 $\sum\limits_{n=1}^{\infty} (-1)^{n-1} \dfrac{1}{\sqrt{n}}$ 条件收敛.

（3）考察级数 $\sum\limits_{n=1}^{\infty} \left| (-1)^{n-1} \dfrac{n^2}{2^n} \right| = \sum\limits_{n=1}^{\infty} \dfrac{n^2}{2^n}$，

因为 $\lim\limits_{n \to \infty} \dfrac{u_{n+1}}{u_n} = \lim\limits_{n \to \infty} \dfrac{\dfrac{(n+1)^2}{2^{n+1}}}{\dfrac{n^2}{2^n}} = \lim\limits_{n \to \infty} \dfrac{1}{2} \left(\dfrac{n+1}{n} \right)^2 = \dfrac{1}{2} < 1$，

所以级数 $\sum\limits_{n=1}^{\infty} \left| (-1)^{n-1} \dfrac{n^2}{2^n} \right| = \sum\limits_{n=1}^{\infty} \dfrac{n^2}{2^n}$ 收敛，因此原级数绝对收敛.

习题 8-3

1. 填空题（填绝对收敛、条件收敛或发散）.

（1）若级数 $\sum\limits_{n=1}^{\infty} |u_n|$ 收敛，则级数 $\sum\limits_{n=1}^{\infty} u_n$ 为_____.

（2）若级数 $\sum\limits_{n=1}^{\infty} |u_n|$ 发散，而级数 $\sum\limits_{n=1}^{\infty} u_n$ 收敛，则级数 $\sum\limits_{n=1}^{\infty} u_n$ 为_____.

(3) 对任意项级数 $\sum\limits_{n=1}^{\infty} u_n$，若 $\sum\limits_{n=1}^{\infty}\left|\dfrac{u_{n+1}}{u_n}\right|=l<1$，则级数 $\sum\limits_{n=1}^{\infty} u_n$ _____.

(4) 任意项级数 $\sum\limits_{n=1}^{\infty}(-1)^{n-1}\dfrac{1+(-1)^n}{2}$ _____.

2. 判断级数 $\sum\limits_{n=1}^{\infty}(-1)^{n-1}\dfrac{1}{n!}$ 的敛散性.

3. 判断下列级数的收敛性. 若收敛，指出是绝对收敛还是条件收敛.

(1) $\dfrac{1}{3}-\dfrac{2}{5}+\dfrac{3}{7}-\dfrac{4}{9}+\cdots+(-1)^{n+1}\dfrac{n}{2n+1}+\cdots$;   (2) $\sum\limits_{n=1}^{\infty}(-1)^{n-1}\dfrac{\sqrt{n}}{n+1}$;

(3) $\sum\limits_{n=1}^{\infty}(-1)^n\dfrac{n^2}{3^n}$;   (4) $\sum\limits_{n=1}^{\infty}(-1)^n\dfrac{1}{n^2}$;

(5) $1-\dfrac{1}{3^2}+\dfrac{1}{5^2}-\dfrac{1}{7^2}+\cdots$;   (6) $\sum\limits_{n=1}^{\infty}(-1)^n\dfrac{n}{2^n}$.

第四节　幂级数

前一节讨论的级数，其每一项都是常数，被称为常数项级数. 还有一类级数，其每一项都是函数，被称为函数项级数. 本节将讨论由幂函数列 $\{a_n(x-x_0)^n\}$ 产生的函数项级数.

一、幂级数的概念

定义　形如

$$a_0+a_1x+a_2x^2+\cdots a_nx^n+\cdots=\sum_{n=0}^{\infty}a_nx^n$$

的级数，称为关于 x 的**幂级数**，其中 $a_0,a_1,a_2,\cdots,a_n,\cdots$ 都是常数，称为幂级数的系数.

形如

$$a_0+a_1(x-x_0)+a_2(x-x_0)^2+\cdots+a_n(x-x_0)^n+\cdots$$

的级数，称为关于 $x-x_0$ 的幂级数. 将 $x-x_0$ 换成 x，这个级数就变为 $\sum\limits_{n=0}^{\infty}a_nx^n$.

下面将主要研究形如 $\sum\limits_{n=0}^{\infty}a_nx^n$ 的幂级数.

幂级数 $\sum\limits_{n=0}^{\infty}a_nx^n$ 当 x 取某个数值 x_0 后，就变成了一个常数项级数，可利用常数项级数

敛散性的判别法来判断其是否收敛. 若 $\sum\limits_{n=0}^{\infty}a_nx^n$ 在点 x_0 处收敛，则称 x_0 为它的一个**收敛**

点；若 $\sum\limits_{n=0}^{\infty}a_nx^n$ 在点 x_0 处发散，则称 x_0 为它的一个**发散点**；$\sum\limits_{n=0}^{\infty}a_nx^n$ 的全体收敛点的集

合，称为它的**收敛域**；全体发散点的集合，称为它的**发散域**.

例如，讨论幂级数 $1+x+x^2+\cdots+x^n+\cdots$ 的敛散性.

可以将此级数看作一个公比为 x 的几何级数. 当 $|x|<1$ 时，该级数收敛于 $\dfrac{1}{1-x}$；当

$|x| \geqslant 1$ 时，该级数发散，因此这个幂级数的收敛域是一个区间 $(-1,1)$，在收敛域内取值，则有

$$\frac{1}{1-x} = \sum_{n=0}^{\infty} x^n = 1 + x + x^2 + \cdots + x^n + \cdots, \quad x \in (-1,1)$$

由此我们可以看到，这个幂级数的收敛域是一个区间.

二、幂级数的收敛性

定理 1（阿贝尔定理） 若幂级数 $\sum\limits_{n=0}^{\infty} a_n x^n$ 当 $x = x_0$（$x_0 \neq 0$）时收敛，则对任意满足不等式 $|x| < |x_0|$ 的 x，幂级数 $\sum\limits_{n=0}^{\infty} a_n x^n$ 绝对收敛. 反之，若幂级数 $\sum\limits_{n=0}^{\infty} a_n x^n$ 当 $x = x_0 (x_0 \neq 0)$ 时发散，则对一切适合不等式 $|x| > |x_0|$ 的 x，幂级数 $\sum\limits_{n=0}^{\infty} a_n x^n$ 都发散.

证 若 $\sum\limits_{n=0}^{\infty} a_n x^n$ 在 $x = x_0$ 处收敛，则

$$\lim_{n \to +\infty} a_n x_0^n = 0,$$

于是，$a_n x_0^n$ 是有界变量. 故存在 $M > 0$，使对一切的 n 都有

$$0 \leqslant |a_n x_0^n| \leqslant M$$

成立. 从而有

$$|a_n x^n| = |a_n x_0^n| \cdot \left|\frac{x^n}{x_0^n}\right| = |a_n x_0^n| \cdot \left|\frac{x}{x_0}\right|^n \leqslant M \left|\frac{x}{x_0}\right|^n,$$

当 $|x| < |x_0|$ 时，$\left|\dfrac{x}{x_0}\right| < 1$. 故等比级数 $\sum\limits_{n=0}^{\infty} \left|\dfrac{x}{x_0}\right|^n$ 收敛. 由正项级数的比较判别法知，级数 $\sum\limits_{n=0}^{\infty} |a_n x^n|$ 收敛；即级数 $\sum\limits_{n=0}^{\infty} a_n x^n$ 绝对收敛.

用反证法证明后半部分结论. 若存在点 x_1，其中 $|x_1| > |x_0|$ 时，使得 $\sum\limits_{n=0}^{\infty} a_n x_1^n$ 收敛. 由前半部分证明的结论知，$\sum\limits_{n=0}^{\infty} a_n x_0^n$ 绝对收敛，这与已知矛盾. 故对一切适合 $|x| > |x_0|$ 的 x，幂级数 $\sum\limits_{n=0}^{\infty} a_n x^n$ 发散.

推论 若幂级数 $\sum\limits_{n=0}^{\infty} a_n x^n$ 不是仅在 $x = 0$ 处收敛，也不是在整个数轴上都收敛，则必有一个确定的正数 R 存在，使得

(1) 当 $|x| < R$ 时，幂级数绝对收敛；

(2) 当 $|x| > R$ 时，幂级数发散；

(3) 当 $x = R$ 与 $x = -R$ 时，幂级数可能收敛也可能发散.

R 称为幂级数 $\sum\limits_{n=0}^{\infty} a_n x^n$ 的**收敛半径**. 开区间 $(-R, R)$ 称为幂级数 $\sum\limits_{n=0}^{\infty} a_n x^n$ 的**收敛区**

间. 再由幂级数在 $x=\pm R$ 处的收敛性, 可确定该幂级数的收敛域是 $(-R,R)$, $[-R,R)$, $(-R,R]$ 或 $[-R,R]$ 这四个区间之一. 若只在 $x=0$ 处收敛, 我们规定它的收敛半径 $R=0$; 若对任何实数 x, 幂级数 $\sum\limits_{n=0}^{\infty}a_nx^n$ 皆收敛, 则规定其收敛半径 $R=+\infty$, 这时收敛域是 $(-\infty,+\infty)$. 关于幂级数的收敛半径有如下定理.

定理 2 设对于幂级数 $\sum\limits_{n=0}^{\infty}a_nx^n$, 有 $\lim\limits_{n\to+\infty}\left|\dfrac{a_{n+1}}{a_n}\right|=\rho$, 则幂级数的收敛半径为

$$R=\begin{cases}\dfrac{1}{\rho}, & \rho\neq 0\\ +\infty, & \rho=0\\ 0, & \rho=+\infty\end{cases}.$$

例 1 试求下列幂级数的收敛域.

(1) $1+\dfrac{x}{2}+\dfrac{x^2}{4}+\cdots+\dfrac{x^n}{2^n}+\cdots$; (2) $\sum\limits_{n=1}^{\infty}(-1)^n\dfrac{x^n}{\sqrt{n}}$; (3) $\sum\limits_{n=1}^{\infty}\dfrac{(x-1)^n}{n\cdot 2^n}$.

解 (1) 因为 $\rho=\lim\limits_{n\to+\infty}\left|\dfrac{\frac{1}{2^{n+1}}}{\frac{1}{2^n}}\right|=\dfrac{1}{2}$, 所以收敛半径 $R=2$. 当 $x=-2$ 时, $\sum\limits_{n=0}^{\infty}\dfrac{(-2)^n}{2^n}=$ $1-1+1-1+\cdots$ 发散; 当 $x=2$ 时, $\sum\limits_{n=1}^{\infty}\dfrac{2^n}{2^n}=\sum\limits_{n=0}^{\infty}1$ 发散; 因此, 其收敛域是 $(-2,2)$.

(2) 因为 $\rho=\lim\limits_{n\to+\infty}\left|\dfrac{a_{n+1}}{a_n}\right|=\lim\limits_{n\to+\infty}\left|\dfrac{\frac{1}{\sqrt{n+1}}}{\frac{1}{\sqrt{n}}}\right|=\lim\limits_{n\to+\infty}\sqrt{\dfrac{n}{n+1}}=1$, 所以收敛半径 $R=1$. 当 $x=-1$ 时, $\sum\limits_{n=1}^{\infty}\dfrac{(-1)^{2n}}{\sqrt{n}}=\sum\limits_{n=1}^{\infty}\dfrac{1}{\sqrt{n}}(p<1)$ 发散; 当 $x=1$ 时, $\sum\limits_{n=1}^{\infty}\dfrac{(-1)^n}{\sqrt{n}}$ 条件收敛, 因而其收敛域为 $(-1,1]$.

(3) 因为 $\rho=\lim\limits_{n\to+\infty}\left|\dfrac{a_{n+1}}{a_n}\right|=\lim\limits_{n\to+\infty}\dfrac{\frac{1}{(n+1)\cdot 2^{n+1}}}{\frac{1}{n\cdot 2^n}}=\dfrac{1}{2}\lim\limits_{n\to+\infty}\dfrac{n}{n+1}=\dfrac{1}{2}$, 所以收敛半径 $R=2$. 当 $x-1=-2$ 时, $\sum\limits_{n=1}^{\infty}\dfrac{(-1)^n}{n}$ 收敛; 当 $x-1=2$ 时, $\sum\limits_{n=1}^{\infty}\dfrac{1}{n}$ 发散, 因此收敛域为 $[-1,3)$.

三、幂级数的运算

下面给出幂级数运算的几个性质, 但不予证明.

1. 加减法运算

设有两个幂级数 $\sum\limits_{n=0}^{\infty}a_nx^n$ 与 $\sum\limits_{n=0}^{\infty}b_nx^n$ 分别在区间 $(-R_1,R_1)$ 及 $(-R_2,R_2)$ 内收敛,

且其和函数为 $s_1(x)$ 与 $s_2(x)$，设 $R=\min\{R_1,R_2\}$，则在 $(-R,R)$ 内有如下运算法则：

$$\sum_{n=0}^{\infty}a_nx^n\pm\sum_{n=0}^{\infty}b_nx^n=\sum_{n=0}^{\infty}(a_n\pm b_n)x^n=s_1(x)\pm s_2(x).$$

2. 数乘幂级数

设 $\sum_{n=0}^{\infty}a_nx^n$ 在区间 $(-R,R)$ 内收敛于 $s(x)$，则对非零常数 k，有

$$k\sum_{n=0}^{\infty}a_nx^n=\sum_{n=0}^{\infty}(ka_n)x^n=ks(x).$$

3. 逐项求导

设 $\sum_{n=0}^{\infty}a_nx^n=s(x)$，收敛半径为 R，则对一切 $x\in(-R,R)$，都有

$$s'(x)=\left(\sum_{n=0}^{\infty}a_nx^n\right)'=\sum_{n=1}^{\infty}na_nx^{n-1}.$$

4. 逐项积分

设 $\sum_{n=0}^{\infty}a_nx^n=s(x)$，收敛半径为 R，则对一切 $x\in(-R,R)$，都有

$$\int_0^x s(x)=\int_0^x\left(\sum_{n=0}^{\infty}a_nx^n\right)\mathrm{d}x=\sum_{n=0}^{\infty}\int_0^x a_nx^n\mathrm{d}x=\sum_{n=0}^{\infty}\frac{a_n}{n+1}x^{n+1}.$$

法则 3，4 表明：**收敛的幂级数逐项求导或逐项积分得到的新幂级数，其收敛半径不变.**

例 2　求幂级数 $\sum_{n=1}^{\infty}\frac{(-1)^{n-1}}{n}x^n$ 的和函数.

解　$R=\lim_{n\to\infty}\left|\frac{a_n}{a_{n+1}}\right|=\lim_{n\to\infty}\frac{\frac{1}{n}}{\frac{1}{n+1}}=1$. 当 $x=1$ 时，原级数可化为

$$1-\frac{1}{2}+\frac{1}{3}-\frac{1}{4}+\cdots+(-1)^{n-1}\frac{1}{n}+\cdots,$$

是收敛的.

当 $x=-1$ 时，原级数可化为调和级数

$$-\left(1+\frac{1}{2}+\frac{1}{3}+\frac{1}{4}+\cdots+\frac{1}{n}+\cdots\right),$$

是发散的. 故收敛域为 $(-1,1]$.

设 $S(x)=\sum_{n=1}^{\infty}\frac{(-1)^{n-1}}{n}x^n=x-\frac{1}{2}x^2+\frac{1}{3}x^3-\cdots+(-1)^{n-1}\frac{1}{n}x^n+\cdots$，从而 $S(0)=0$.

两边对 x 求导，得 $S'(x)=1-x+x^2-\cdots+(-1)^{n-1}x^{n-1}+\cdots$，右边级数是公比为

$-x$ 的几何级数，所以 $S'(x)=\frac{1}{1+x}$. 两边同时从 0 到 x 积分得：

$$S(x) = \int_0^x S'(t)\,dt = \int_0^x \frac{1}{1+t}\,dt = \ln(1+x), \quad x \in (-1,1],$$

即 $\displaystyle\sum_{n=1}^{\infty} \frac{(-1)^{n-1}}{n} x^n = \ln(1+x)$, $x \in (-1,1]$.

例 3 求幂级数 $\displaystyle\sum_{n=0}^{\infty} \frac{x^{n+1}}{n+2}$ 在区间 $(-1,1)$ 内的和函数.

解 设和函数为 $s(x)$，则 $s(x) = \displaystyle\sum_{n=0}^{\infty} \frac{x^{n+1}}{n+2}$，显然 $s(0)=0$. 于是

$$xs(x) = \sum_{n=0}^{\infty} \frac{x^{n+2}}{n+2},$$

对上式逐项求导，得 $[xs(x)]' = \displaystyle\sum_{n=0}^{\infty} x^{n+1} = x\sum_{n=0}^{\infty} x^n = \frac{x}{1-x}$, $0 < |x| < 1$.

对上式从 0 到 x 积分，得 $xs(x) = \displaystyle\int_0^x \frac{t}{1-t}\,dt = -\ln(1-x)-x$，于是有

$s(x) = -\dfrac{\ln(1-x)}{x} - 1$，从而 $s(x) = \begin{cases} -\dfrac{1}{x}\ln(1-x) - 1, & 0 < |x| < 1 \\ 0, & x = 0 \end{cases}$.

习题 8-4

1. 设幂级数 $\displaystyle\sum_{n=0}^{\infty} a_n x^n$ 满足 $\displaystyle\lim_{n\to\infty} \left| \frac{a_{n+1}}{a_n} \right| = \rho$，求其收敛半径.

2. 设 $\displaystyle\lim_{n\to\infty} \left| \frac{a_n}{a_{n+1}} \right| = 1$，则幂级数 $\displaystyle\sum_{n=0}^{\infty} a_n x^n$ 在开区间_____内是收敛的.

3. 当 $t \in (-1,1)$ 时，$1 - t + t^2 - \cdots + (-1)^n t^n + \cdots = $_____.

4. 求下列幂级数的收敛半径和收敛区间.

(1) $\displaystyle\sum_{n=1}^{\infty} n x^n$;

(2) $\displaystyle\sum_{n=1}^{\infty} \frac{n!}{2^n} x^n$;

(3) $\displaystyle\sum_{n=1}^{\infty} \frac{(n!)^2}{(2n)!} x^n$;

(4) $\displaystyle\sum_{n=1}^{\infty} \frac{1}{n^2 2^n} x^n$;

(5) $\displaystyle\sum_{n=1}^{\infty} \frac{(x-1)^n}{\sqrt{n}}$;

(6) $\displaystyle\sum_{n=1}^{\infty} \frac{3^n + (-2)^n}{n} (x+1)^n$.

5. 求幂级数 $\displaystyle\sum_{n=1}^{\infty} \frac{x^{4n+1}}{4n+1}$ 的和函数.

6. 求幂级数 $\displaystyle\sum_{n=1}^{\infty} n x^n = x + 2x^2 + 3x^3 + \cdots + n x^n + \cdots$ 的收敛区间及和函数.

第五节　幂级数的展开及其应用

　　前面我们讨论了幂级数的收敛域及其和函数的性质. 但在许多应用中，我们遇到的却恰好是相反的问题：给定函数 $f(x)$，要考虑它是否能在某个区间内"展开成幂级数". 也就

是说，是否能找到这样一个幂函数，它在某区间内收敛，且其和恰好就是给定函数 $f(x)$．如果能找到这样的幂级数，则认为函数 $f(x)$ 在该区间内能展开成幂级数，而这个幂级数在该区间内则表达函数 $f(x)$．

一、泰勒公式

有时候，我们对精确度要求较高且需要估计误差，故需要用高次多项式来近似表达函数，同时给出误差公式．于是提出如下问题．

设函数 $f(x)$ 在含有 x_0 的开区间内具有直到 $n+1$ 阶导数，试找出一个关于 $(x-x_0)$ 的 n 次多项式

$$p_n(x)=a_0+a_1(x-x_0)+a_2(x-x_0)^2+\cdots+a_n(x-x_0)^n \tag{8-6}$$

来近似表达 $f(x)$，要求 $p_n(x)$ 与 $f(x)$ 之差是当 $x\to x_0$ 时比 $(x-x_0)^n$ 高阶的无穷小，并给出误差 $|f(x)-p_n(x)|$ 的具体表达式．

下面我们来讨论这个问题．假设 $p_n(x)$ 在点 x_0 处的函数值及它的直到 n 阶导数在点 x_0 处的值依次与 $f(x_0),f'(x_0),\cdots,f^{(n)}(x_0)$ 相等，即满足

$$p_n(x_0)=f(x_0),p_n'(x_0)=f'(x_0),p_n''(x_0)=f''(x_0),\cdots,p_n^{(n)}(x_0)=f^{(n)}(x_0),$$

按这些等式来确定多项式（8-6）的系数 $a_0,a_1,a_2,\cdots,a_n$．为此，对式（8-6）求各阶导数，然后分别代入以上等式，得

$$a_0=f(x_0),\quad 1\cdot a_1=f'(x_0),\quad 2!a_2=f''(x_0),\cdots,n!\ a_n=f^{(n)}(x_0),$$

即得 $a_0=f(x_0)$，$a_1=f'(x_0)$，$a_2=\dfrac{1}{2!}f''(x_0)$，$\cdots$，$a_n=\dfrac{1}{n!}f^{(n)}(x_0)$．

将求得的系数 $a_0,a_1,a_2,\cdots,a_n$ 代入式（8-6），有

$$p_n(x)=f(x_0)+f'(x_0)(x-x_0)+\frac{f''(x_0)}{2!}(x-x_0)^2+\cdots+\frac{f^{(n)}(x_0)}{n!}(x-x_0)^n. \tag{8-7}$$

下面的定理表明，多项式（8-7）的确是所要找的 n 次多项式．

定理 1 ［泰勒（Taylor）中值定理］ 如果函数 $f(x)$ 在含有 x_0 的某个开区间 (a,b) 内具有直到 $n+1$ 阶的导数，则对任意 $x\in(a,b)$，有

$$f(x)=f(x_0)+f'(x_0)(x-x_0)+\frac{f''(x_0)}{2!}(x-x_0)^2+\cdots$$
$$+\frac{f^{(n)}(x_0)}{n!}(x-x_0)^n+R_n(x), \tag{8-8}$$

其中

$$R_n(x)=\frac{f^{(n+1)}(\xi)}{(n+1)!}(x-x_0)^{n+1}, \tag{8-9}$$

这里 ξ 是 x_0 与 x 之间的某个值．

式（8-8）称为 $f(x)$ 按 $(x-x_0)$ 的幂展开的 **n 阶泰勒公式**，而 $R_n(x)$ 的表达式（8-9）称为**拉格朗日型余项**．

由泰勒中值定理可知，以多项式 $p_n(x)$ 近似表达函数 $f(x)$ 时，其误差为 $|R_n(x)|$．如果对于某个固定的 n，当 $x\in(a,b)$ 时，$|f^{(n+1)}(x)|\leqslant M(M>0)$，则有估计式：

$$|R_n(x)|=\left|\frac{f^{(n+1)}(\xi)}{(n+1)!}(x-x_0)^{n+1}\right|\leqslant\frac{M}{(n+1)!}|x-x_0|^{n+1}$$

及

$$\lim_{x \to x_0} \frac{R_n(x)}{(x-x_0)^n} = 0.$$

由此可见，当 $x \to x_0$ 时误差 $|R_n(x)|$ 是比 $(x-x_0)^n$ 高阶的无穷小，即

$$R_n(x) = o[(x-x_0)^n]. \qquad (8\text{-}10)$$

这样，我们提出的问题就得到了完美的解决.

下面我们来看泰勒公式的其他几种相关形式.

当 $n=0$ 时，泰勒公式变成拉格朗日中值公式：

$$f(x) = f(x_0) + f'(\xi)(x-x_0) \quad (\xi \text{ 在 } x_0 \text{ 与 } x \text{ 之间})$$

因此，泰勒中值定理是拉格朗日中值定理的推广.

在泰勒公式（8-8）中，如果取 $x_0=0$，则 ξ 在 0 与 x 之间. 因此可令 $\xi=\theta x (0<\theta<1)$，从而泰勒公式变成较简单的形式：

$$f(x) = f(0) + f'(0)x + \frac{f''(0)}{2!}x^2 + \cdots$$
$$+ \frac{f^{(n)}(0)}{n!}x^n + \frac{f^{(n+1)}(\theta x)}{(n+1)!}x^{n+1} \quad (0<\theta<1), \qquad (8\text{-}11)$$

其被称为**带有拉格朗日型余项的麦克劳林（Maclaurin）公式**.

二、泰勒级数

由上节中的泰勒中值定理的讨论，可得下列定理.

定理 2 若函数 $f(x)$ 在点 x_0 的某邻域内存在任意阶导数，则 $f(x)$ 在点 x_0 的邻域内能展开成

$$f(x) = f(x_0) + f'(x_0)(x-x_0) + \frac{f''(x_0)}{2!}(x-x_0)^2 + \cdots + \frac{f^{(n)}(x_0)}{n!}(x-x_0)^n + \cdots$$
$$(8\text{-}12)$$

的**充要条件**是 $f(x)$ 的泰勒公式中的余项 $R_n(x)$ 的表达式（8-9）在该邻域内满足

$$\lim_{n \to \infty} R_n(x) = 0.$$

式（8-12）右端的幂级数称为函数 $f(x)$ 在点 x_0 处的**泰勒级数**. 特别地，当 $x_0=0$ 时，得到的幂级数

$$f(0) + f'(0)x + \frac{f''(0)}{2!}(x)^2 + \cdots + \frac{f^{(n)}(0)}{n!}(x)^n + \cdots \qquad (8\text{-}13)$$

称为函数 $f(x)$ 的**麦克劳林级数**.

注意 可以证明，如果 $f(x)$ 能展开成 x 的幂级数，则这种展开式是唯一的，它就是 $f(x)$ 的麦克劳林级数.

三、初等函数的幂级数展开式

利用泰勒公式将函数展开成幂级数的方法，称为**直接展开法**. 一般来说，将函数展开成幂级数的方法分为直接展开法和间接展开法，下面就这两种方法加以介绍.

1. 直接展开法

例 1 试将函数 $f(x) = e^x$ 展开成 x 的幂级数.

解 因为 $f^{(n)}(x) = e^x$ $(n = 1, 2, \cdots)$,所以 $f^{(n)}(0) = e^0 = 1(n = 1, 2, \cdots)$,于是按式(8-8)可写出幂级数

$$1 + x + \frac{1}{2!}x^2 + \cdots + \frac{1}{n!}x^n + \cdots.$$

由于 $\lim\limits_{n \to \infty} \left| \dfrac{a_{n+1}}{a_n} \right| = \lim\limits_{n \to \infty} \dfrac{1}{n+1} = 0$,所以收敛半径 $R = +\infty$. 故该幂级数的收敛区间为 $(-\infty, +\infty)$. 为了确定该幂级数是否以 $f(x) = e^x$ 为和函数,根据本书定理 2,还需考察余项 $R_n(x)$ 在 $(-\infty, +\infty)$ 上是否满足 $\lim\limits_{n \to \infty} R_n(x) = 0$. 因为 $R_n(x) = \dfrac{e^\xi}{(n+1)!}x^{n+1}$,其中 ξ 介于 0 与 x 之间. 所以

$$|R_n(x)| = \left| \frac{e^\xi}{(n+1)!}x^{n+1} \right| < e^{|x|} \cdot \frac{|x|^{n+1}}{(n+1)!}.$$

由于对任一确定的 x 值,$e^{|x|}$ 是一个确定的常数,而幂级数 $\sum\limits_{n=0}^{\infty} \dfrac{x^n}{n!}$ 是绝对收敛的,因此当 $n \to \infty$ 时,$\dfrac{|x|^{n+1}}{(n+1)!} \to 0$,从而有 $e^{|x|} \cdot \dfrac{|x|^{n+1}}{(n+1)!} \to 0$ $(n \to \infty)$.

由此可知 $\lim\limits_{n \to \infty} R_n(x) = 0$,从而得 e^x 的幂级数展开式

$$e^x = \sum_{n=0}^{\infty} \frac{x^n}{n!} = 1 + x + \frac{1}{2!}x^2 + \cdots + \frac{1}{n!}x^n + \cdots \quad (-\infty < x < +\infty) \tag{8-14}$$

例 2 试将函数 $f(x) = \sin x$ 展开成 x 的幂级数.

解 因为 $f^{(n)}(x) = \sin\left(x + \dfrac{n\pi}{2}\right)(n = 1, 2, \cdots)$,所以

$f(0) = 0, f'(0) = 1, f''(0) = 0, f'''(0) = -1, \cdots, f^{(2n)}(0) = 0, f^{(2n+1)}(0) = (-1)^n, \cdots$

于是,得到幂级数

$$x - \frac{x^3}{3!} + \frac{x^5}{5!} - \cdots + (-1)^n \frac{x^{2n+1}}{(2n+1)!} + \cdots$$

且它的收敛区间为 $(-\infty, +\infty)$. 易证函数 $\sin x$ 的余项 $R_n(x)$ 满足 $\lim\limits_{n \to \infty} R_n(x) = 0$. 因此有

$$\sin x = \sum_{n=0}^{\infty} \frac{(-1)^n x^{2n+1}}{(2n+1)!} = x - \frac{x^3}{3!} + \frac{x^5}{5!} - \cdots + (-1)^n \frac{x^{2n+1}}{(2n+1)!} + \cdots \quad (-\infty < x < +\infty)$$

$$\tag{8-15}$$

上面运用泰勒公式将函数展开成幂级数的方法,虽然步骤明确,但是运算过于烦琐,尤其是要检验余项是否趋近于零. 因此人们普遍采用下面这种比较简便的幂级数展开法,即**间接展开法**. 所谓**间接展开法**,指的是利用已知的幂级数展开式,如 e^x,$\sin x$,运用幂级数的运算性质(四则运算、逐项微分、积分)及变量替换,从而得到更多函数的幂级数展开式.

2. 间接展开法

例 3 试将函数 $f(x)=\cos x$ 展开成 x 的幂级数.

解 由于 $(\sin x)'=\cos x$，而

$$\sin x=\sum_{n=0}^{\infty}\frac{(-1)^n x^{2n+1}}{(2n+1)!}=x-\frac{x^3}{3!}+\frac{x^5}{5!}-\cdots+(-1)^n\frac{x^{2n+1}}{(2n+1)!}+\cdots \quad (-\infty<x<+\infty)$$

所以，根据幂级数逐项求导的运算性质，可得

$$\cos x=\sum_{n=0}^{\infty}\frac{(-1)^n x^{2n}}{(2n)!}=1-\frac{x^2}{2!}+\frac{x^4}{4!}-\cdots+(-1)^n\frac{x^{2n}}{(2n)!}+\cdots \quad (-\infty<x<+\infty)$$

$$(8\text{-}16)$$

例 4 试将函数 $f(x)=\dfrac{1}{1+x^2}$ 展开成 x 的幂级数.

解 由于

$$\frac{1}{1-x}=1+x+x^2+\cdots+x^n+\cdots \quad (-1<x<1),$$

将 x 换成 $-x^2$，得

$$\frac{1}{1+x^2}=1-x^2+x^4-\cdots+(-1)^n x^{2n}+\cdots \quad (-1<x<1).$$

例 5 试将函数 $f(x)=\ln(1+x)$ 展开成 x 的幂级数.

解 由于 $\ln(1+x)=\displaystyle\int_0^x\frac{1}{1+x}\mathrm{d}x$，而

$$\frac{1}{1+x}=\frac{1}{1-(-x)}=1-x+x^2-x^3+\cdots+(-1)^n x^n+\cdots \quad (-1<x<1),$$

将上式从 0 到 x 逐项积分，得

$$\ln(1+x)=x-\frac{x^2}{2}+\frac{x^3}{3}-\frac{x^4}{4}+\cdots+(-1)^n\frac{1}{n+1}x^{n+1}+\cdots$$

$$=\sum_{n=0}^{\infty}(-1)^n\frac{1}{n+1}x^{n+1}=\sum_{n=1}^{\infty}(-1)^{n-1}\frac{1}{n}x^n.$$

由于幂级数逐项积分后收敛半径不变，故上式右端幂级数的收敛半径依然为 1. 当 $x=-1$ 时，该级数发散；当 $x=1$ 时，该级数收敛. 因此，函数 $f(x)=\ln(1+x)$ 在区间 $(-1,1]$ 上可展开成 x 的幂级数 $\displaystyle\sum_{n=1}^{\infty}(-1)^{n-1}\frac{1}{n}x^n$.

为了便于读者查用，现将几个常用函数幂级数的展开式列在下面.

(1) $\dfrac{1}{1-x}=\displaystyle\sum_{n=0}^{\infty}x^n=1+x+x^2+\cdots+x^n+\cdots \quad (-1<x<1)$；

(2) $\mathrm{e}^x=\displaystyle\sum_{n=0}^{\infty}\frac{x^n}{n!}=1+x+\frac{1}{2!}x^2+\cdots+\frac{1}{n!}x^n+\cdots \quad (-\infty<x<+\infty)$；

(3) $\sin x=\displaystyle\sum_{n=0}^{\infty}\frac{(-1)^n x^{2n+1}}{(2n+1)!}=x-\frac{x^3}{3!}+\frac{x^5}{5!}-\cdots+(-1)^n\frac{x^{2n+1}}{(2n+1)!}+\cdots \quad (-\infty<x<+\infty)$；

(4) $\cos x=\displaystyle\sum_{n=0}^{\infty}\frac{(-1)^n x^{2n}}{(2n)!}=1-\frac{x^2}{2!}+\frac{x^4}{4!}-\cdots+(-1)^n\frac{x^{2n}}{(2n)!}+\cdots \quad (-\infty<x<+\infty)$；

(5) $\ln(1+x)=\sum\limits_{n=0}^{\infty}(-1)^n\frac{1}{n+1}x^{n+1}=x-\frac{x^2}{2}+\frac{x^3}{3}-\frac{x^4}{4}+\cdots+(-1)^n\frac{1}{n+1}x^{n+1}+\cdots$

$(1<x\leqslant1)$；

(6) $(1+x)^{\alpha}=1+\alpha x+\frac{\alpha(\alpha-1)}{2!}x^2+\cdots+\frac{\alpha(\alpha-1)\cdots(\alpha-n+1)}{n!}x^n+\cdots$　$(-1<x<1)$.

注意　最后一个式子称为**二项展开式**，该式右端的幂级数在区间端点 $x=\pm1$ 处的敛散性与常数 α 有关. 例如，当 $\alpha>0$ 时，收敛域为 $[-1,1]$；当 $-1<\alpha<0$ 时，收敛域为 $(-1,1]$.

例 6　将函数 $f(x)=\dfrac{1}{x^2-3x+2}$ 展开成 x 的幂级数.

解　因为

$$f(x)=\frac{1}{x^2-3x+2}=\frac{1}{(1-x)(2-x)}=\frac{1}{1-x}-\frac{1}{2-x},$$

而

$$\frac{1}{1-x}=\sum_{n=0}^{\infty}x^n,\ -1<x<1$$

$$\frac{1}{2-x}=\frac{1}{2}\cdot\frac{1}{1-\frac{x}{2}}=\frac{1}{2}\sum_{n=0}^{\infty}\left(\frac{x}{2}\right)^n=\sum_{n=0}^{\infty}\frac{1}{2^{n+1}}x^n,\quad -2<x<2,$$

所以

$$f(x)=\frac{1}{1-x}-\frac{1}{2-x}=\sum_{n=0}^{\infty}x^n-\sum_{n=0}^{\infty}\frac{1}{2^{n+1}}x^n=\sum_{n=0}^{\infty}\left(1-\frac{1}{2^{n+1}}\right)x^n.$$

根据幂级数和的运算法则，其收敛域为 $-1<x<1$.

例 7　将函数 $f(x)=\ln x$ 展开成 $x-1$ 的幂级数，并求收敛域.

解　因为

$$\ln(1+t)=t-\frac{t^2}{2}+\frac{t^3}{3}-\frac{t^4}{4}+\cdots+(-1)^n\frac{1}{n+1}t^{n+1}+\cdots,\quad -1<t\leqslant1.$$

将上式中的 t 换为 $x-1$，有

$$\ln x=\ln[1+(x-1)]=(x-1)-\frac{(x-1)^2}{2}+\frac{(x-1)^3}{3}-\cdots+(-1)^n\frac{1}{n+1}(x-1)^{n+1}+\cdots$$

由于 $-1<x-1\leqslant1$，得 $0<x\leqslant2$，即收敛域为 $(0,2]$.

四、幂级数的应用举例

有了函数的幂级数展开式，就可以用它来进行近似计算，下面举例说明.

例 8　求 $\sqrt{e}$ 的近似值.

解　因为

$$e^x=\sum_{n=0}^{\infty}\frac{x^n}{n!}=1+x+\frac{1}{2!}x^2+\cdots+\frac{1}{n!}x^n+\cdots\quad(-\infty<x<+\infty)$$

令 $x=\dfrac{1}{2}$，得

$$\sqrt{e}=e^{\frac{1}{2}}=1+\frac{1}{2}+\frac{1}{2!}\left(\frac{1}{2}\right)^2+\frac{1}{3!}\left(\frac{1}{2}\right)^3+\frac{1}{4!}\left(\frac{1}{2}\right)^4+\cdots+\frac{1}{n!}\left(\frac{1}{2}\right)^n+\cdots$$

取前 5 项作为 $\sqrt{e}$ 的近似值，故 $\sqrt{e}\approx1+\frac{1}{2}+\frac{1}{8}+\frac{1}{48}+\frac{1}{384}\approx1.648$.

利用幂级数不仅可以计算一些函数值的近似值，也可以计算一些定积分的近似值. 具体地说，如果被积函数在积分区间能展开成幂级数，则把这个幂级数逐项积分，用积分后的级数即可算出定积分的值.

例 9 计算定积分 $\int_0^{0.1}e^{-x^2}dx$ 的近似值，要求误差不超过 0.0001.

解 先计算积分 $\int_0^x e^{-t^2}dt$ 的幂级数展开式.

由于 $e^x=\sum\limits_{n=0}^{\infty}\dfrac{x^n}{n!}=1+x+\dfrac{1}{2!}x^2+\cdots\dfrac{1}{n!}x^n+\cdots$ $(-\infty<x<+\infty)$，得

$$e^{-x^2}=\sum_{n=0}^{\infty}\frac{(-x^2)^n}{n!}=\sum_{n=0}^{\infty}\frac{(-1)^n}{n!}x^{2n}\quad(-\infty<x<+\infty).$$

所以 $\displaystyle\int_0^x e^{-t^2}dt=\int_0^x\left[\sum_{n=0}^{\infty}\frac{(-1)^n}{n!}t^{2n}\right]dt=\sum_{n=0}^{\infty}\frac{(-1)^n}{n!}\int_0^x t^{2n}dt$

$$=\sum_{n=0}^{\infty}\frac{(-1)^n}{(2n+1)\cdot n!}x^{2n+1}=x-\frac{x^3}{3\cdot1!}+\frac{x^5}{5\cdot2!}-\frac{x^7}{7\cdot3!}+\cdots\quad(-\infty<x<\infty)$$

在上式中，令 $x=0.1$，取前三项的和作为积分的近似值，得

$$\int_0^{0.1}e^{-x^2}dx\approx0.1-\frac{0.1^3}{3}+\frac{0.1^5}{10}\approx0.0996.$$

例 10（计算资金现值问题） 某演艺公司与某位演员签订一份合同，合同规定演艺公司在第 n 年末必须支付给该演员或其后代 n 万元（$n=1,2,\cdots$），假定银行存款按 4% 的年复利计算利息，那么演艺公司需要在签约当天存入银行的金额为多少？

解 设 $r=4\%$ 为年复利率，因第 n 年末必须支付 n 万元，故在银行存入的总金额为

$$\sum_{n=1}^{\infty}\frac{n}{(1+r)^n}.$$

先考察幂级数 $\sum\limits_{n=1}^{\infty}nx^n$，其收敛域为 $(-1,1)$，当 $x=\dfrac{1}{1+r}$ 时可用于本题的计算. 设 $S(x)=\sum\limits_{n=1}^{\infty}nx^n$，通过幂级数的运算可得 $S(x)=\dfrac{x}{(1-x)^2}$. 将 $x=\dfrac{1}{1+0.04}$ 代入，可求得演艺公司需要在签约当天存入银行的金额为 650 万元.

习题 8-5

1. 利用已知函数的幂级数展开式，求下列函数在 $x=0$ 处的幂级数展开式，并确定其收敛于该函数的区间.

(1) $f(x)=e^{x^2}$；

(2) $f(x)=\dfrac{1}{x-4}$；

(3) $f(x)=\dfrac{e^x+e^{-x}}{2}$；

(4) $f(x)=\sin^2x$；

(5) $f(x)=\sin x\cos x$；　　　　　　　　(6) $f(x)=x\mathrm{e}^{-x}$.

2. 求函数 $f(x)=\dfrac{1}{x}$ 在 $x=1$ 处的泰勒展开式.

3. 将函数 $f(x)=\cos x$ 展开成 $\left(x+\dfrac{\pi}{3}\right)$ 的幂级数.

4. 将函数 $f(x)=\mathrm{e}^{x}$ 在 $x=1$ 处展开成幂级数.

本章思维导图

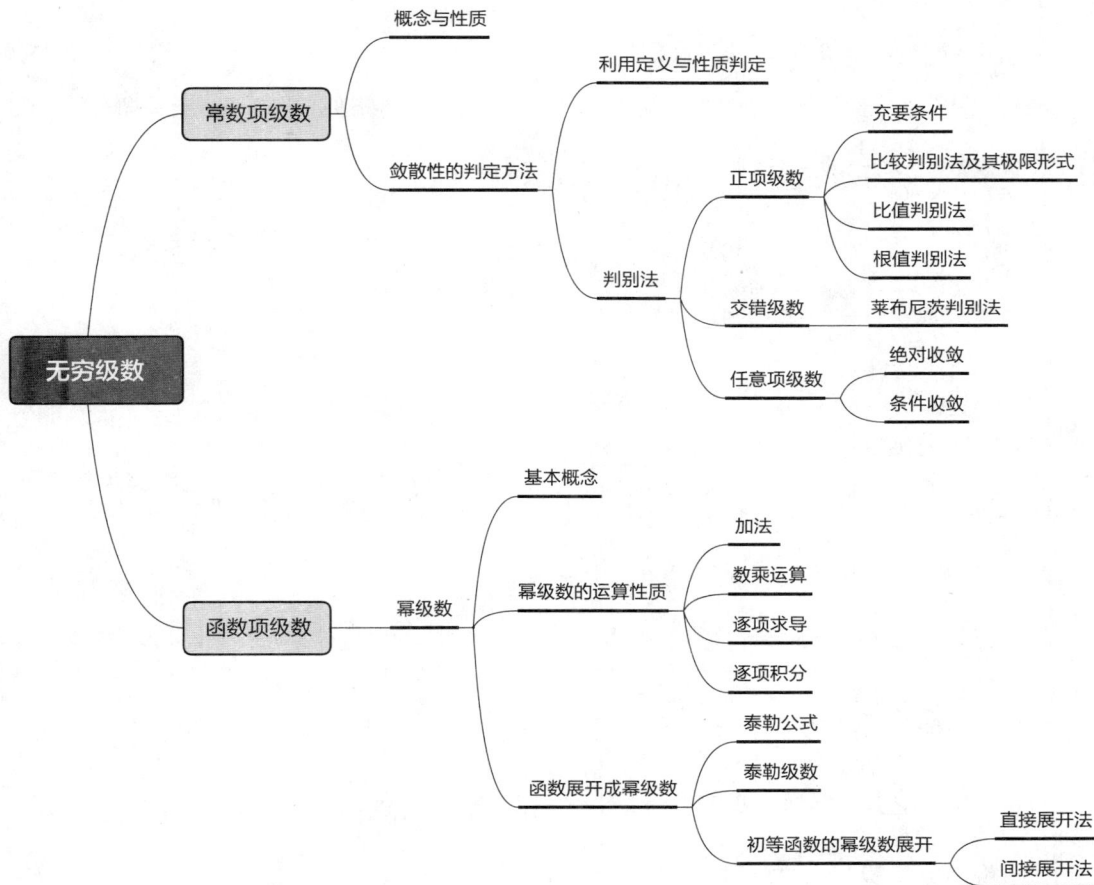

总复习题八

1. 单项选择题.

(1) 如果级数 $\displaystyle\sum_{n=1}^{\infty}u_{n}$ 收敛，且 $S_{n}=\displaystyle\sum_{k=1}^{\infty}u_{k}$，则数列 S_{n}（　　）.

A. 单调增加　　　　　　B. 单调减少　　　　　　C. 收敛　　　　　　D. 发散

(2) 下列级数中，绝对收敛的级数是（　　）.

A. $\sum_{n=1}^{\infty} \dfrac{1}{\sqrt{2n+1}}$

B. $\sum_{n=1}^{\infty}(-1)^n\left(\dfrac{3}{2}\right)^n$

C. $\sum_{n=1}^{\infty}(-1)^{n-1}\dfrac{1}{\sqrt{n^3}}$

D. $\sum_{n=1}^{\infty}(-1)^n\dfrac{n-1}{n}$

（3）下列级数中发散的是（   ）.

A. $\sum_{n=1}^{\infty}\dfrac{1}{n(n+1)}$

B. $\sum_{n=1}^{\infty}\dfrac{1}{3^n}$

C. $\sum_{n=1}^{\infty}(-1)^{n-1}\dfrac{1}{n}$

D. $\sum_{n=1}^{\infty}\dfrac{1}{\sqrt{n}}$

（4）$\lim_{n\to\infty}u_n=0$ 是级数 $\sum_{n=1}^{\infty}u_n$ 收敛的（   ）.

A. 充分条件　　　　B. 必要条件　　　　C. 充要条件　　　D. 无关条件

（5）级数 $\sum_{n=1}^{\infty}n\dfrac{1}{2^n}$ 的和是（   ）.

A. 2　　　　　　B. $\dfrac{1}{2}$　　　　　　C. -2　　　　　D. $-\dfrac{1}{2}$

（6）幂级数 $\sum_{n=1}^{\infty}\dfrac{2^n}{n^2+1}x^n$ 的收敛域为（   ）.

A. $\left[-\dfrac{1}{2},\dfrac{1}{2}\right]$　　　B. $\left(-\dfrac{1}{2},\dfrac{1}{2}\right]$　　　C. $(-1,1)$　　　D. $[-1,1]$

（7）在下列级数中，收敛的是（   ）.

A. $\sum_{n=1}^{\infty}\dfrac{1}{2n-1}$　　B. $\sum_{n=1}^{\infty}\left(\dfrac{3}{2}\right)^n$　　C. $\sum_{n=1}^{\infty}\dfrac{1}{n^{\frac{3}{2}}}$　　D. $\sum_{n=1}^{\infty}\dfrac{n^2+1}{3n+2}$

2. 填空题.

（1）若 $\lim_{n\to\infty}u_n\neq0$，则级数 $\sum_{n=1}^{\infty}u_n$ 必为＿＿＿＿级数.

（2）判别级数 $\sum_{n=1}^{\infty}n\sin\dfrac{1}{2^n}$ 的敛散性（填："收敛"或"发散"）＿＿＿＿.

（3）若级数 $\sum_{n=1}^{\infty}u_n$ 的前 n 项的和 $S_n=\dfrac{1}{2}-\dfrac{1}{2(2n+1)}$，则 $\sum_{n=1}^{\infty}u_n=$＿＿＿＿.

（4）将函数 $f(x)=\dfrac{1}{x}$ 展开成 $(x-3)$ 的幂级数，则 $f(x)=$＿＿＿＿.

（5）已知 $\mathrm{e}^x=\sum_{n=0}^{\infty}\dfrac{x^n}{n!}$，$x\in(-\infty,\infty)$，则 $\mathrm{e}^{\frac{x}{2}}=$＿＿＿＿.

（6）级数 $\dfrac{1}{2\cdot3}+\dfrac{1}{3\cdot4}+\cdots+\dfrac{1}{(n+1)(n+2)}+\cdots$ 的和是＿＿＿＿.

3. 判断下列级数的敛散性.

（1）$\sum_{n=1}^{\infty}\dfrac{n+1}{2n+3}$；

（2）$\sum_{n=1}^{\infty}\dfrac{(2n-1)!}{3^n\cdot n!}$；

（3）$\sum_{n=1}^{\infty}\dfrac{\sin 3^n}{n^3}$；

（4）$\sum_{n=1}^{\infty}\dfrac{1}{3^n-n}$；

(5) $\displaystyle\sum_{n=0}^{\infty}\left(\dfrac{3}{e}\right)^n$；

(6) $\displaystyle\sum_{n=1}^{\infty}\dfrac{1}{2n(2n+2)}$；

(7) $\displaystyle\sum_{n=1}^{\infty}(\sqrt{n+1}-\sqrt{n})$；

(8) $\displaystyle\sum_{n=1}^{\infty}(-1)^{n+1}\dfrac{2^{n^2}}{n!}$；

(9) $\displaystyle\sum_{n=1}^{\infty}(-1)^{n-1}\dfrac{n}{2n+1}$.

4. 求下列幂级数的收敛域.

(1) $\displaystyle\sum_{n=1}^{\infty}\dfrac{2^{n-1}x^{2n-1}}{n^2}$；

(2) $\displaystyle\sum_{n=1}^{\infty}\dfrac{2^n}{n^2+1}x^n$；

(3) $\displaystyle\sum_{n=1}^{\infty}(-1)^{n+1}\dfrac{(2x-3)^n}{2n-1}$.

5. 求下列幂级数在收敛区间内的和函数.

(1) $\displaystyle\sum_{n=1}^{\infty}nx^{n-1}\quad(-1<x<1)$；

(2) $\displaystyle\sum_{n=1}^{\infty}\dfrac{n(n+1)}{2}x^{n-1}\quad(-1<x<1)$.

6. 将下列函数展开成 x 的幂级数，并求出收敛域.

(1) $\arctan x$；

(2) $\dfrac{1}{x-4}$；

(3) $\ln(3+x)$.

7. 将函数 $f(x)=\dfrac{1}{x}$ 展开成 $(x-3)$ 的幂级数.

8. 将函数 $f(x)=\dfrac{x}{9+x^2}$ 展开成 x 的幂级数.

附录一

初等数学常用公式

一、代数公式

1. 绝对值

$$|a| = \begin{cases} a, & a \geqslant 0 \\ -a & a < 0 \end{cases};$$
$$|x| \leqslant a \Leftrightarrow -a \leqslant x \leqslant a;$$

$$|x| \geqslant a \Leftrightarrow x \geqslant a \text{ 或 } x \leqslant -a;$$
$$|a| - |b| \leqslant |a \pm b| \leqslant |a| + |b|.$$

2. 指数公式

$$a^m \cdot a^n = a^{m+n};\qquad a^m \div a^n = a^{m-n};\qquad (ab)^m = a^m \cdot b^m;$$

$$a^0 = 1 \ (a \neq 0);\qquad a^{-p} = \frac{1}{a^p};\qquad a^{\frac{n}{m}} = \sqrt[m]{a^n}.$$

3. 对数公式

设 $a > 0$ 且 $a \neq 1$

$$a^x = b \Leftrightarrow x = \log_a b;\qquad \log_a 1 = 0;\qquad \log_a a = 1;$$

$$a^{\log_a N} = N;\qquad \log_a b = \frac{\log_c b}{\log_c a} \ (c > 0, \ c \neq 1);$$

$$\log_a MN = \log_a M + \log_a N;\qquad \log_a \frac{M}{N} = \log_a M - \log_a N;\qquad \log_a M^n = n \log_a M.$$

4. 乘法公式及因式分解公式

$$(a+b)^n = C_n^0 a^n + C_n^1 ab^{n-1} + \cdots + C_n^r a^r b^{n-r} + \cdots + C_n^n b^n;$$
$$(a \pm b)^2 = a^2 \pm 2ab + b^2;$$
$$(a \pm b)^3 = a^3 \pm 3a^2 b + 3ab^2 \pm b^3;$$
$$a^n - b^n = (a-b)(a^{n-1} + a^{n-2}b + a^{n-3}b^2 + \cdots + ab^{n-2} + b^{n-1});$$
$$a^2 - b^2 = (a+b)(a-b);$$
$$a^3 \pm b^3 = (a \pm b)(a^2 \mp ab + b^2).$$

5. 求根公式

一元二次方程 $ax^2+bx+c=0$ $(a\neq0)$ 的求根公式为 $x_{1,2}=\dfrac{-b\pm\sqrt{b^2-4ac}}{2a}$.

6. 数列公式

（1）首项为 a_1，公差为 d 的等差数列：

通项为 $a_n=a_1+(n-1)d$，前 n 项的和为 $S_n=\dfrac{n(a_1+a_n)}{2}=na_1+\dfrac{n(n-1)}{2}d$.

（2）首项为 a_1，公比为 q 的等比数列：

通项为 $a_n=a_1q^{n-1}$，前 n 项的和为 $S_n=\begin{cases}na_1, & q=1\\[2mm]\dfrac{a_1(1-q^n)}{1-q}, & q\neq1\end{cases}$.

（3）常用公式：

$1+2+\cdots+n=\dfrac{n(n+1)}{2}$；

$1+3+5+\cdots+(2n-1)=n^2$；

$1^2+2^2+3^2+\cdots+n^2=\dfrac{n(n+1)(2n+1)}{6}$；

$1^3+2^3+3^3+\cdots+n^3=\left[\dfrac{n(n+1)}{2}\right]^2$.

二、三角公式

1. 同角三角函数间的关系

（1）平方关系：$\sin^2x+\cos^2x=1$，　　$1+\tan^2x=\sec^2x$，　　$1+\cot^2x=\csc^2x$.

（2）倒数关系：$\sin x\csc x=1$，　　$\cos x\sec x=1$，　　$\tan x\cot x=1$.

（3）商数关系：$\tan x=\dfrac{\sin x}{\cos x}$，　　$\cot x=\dfrac{\cos x}{\sin x}$.

2. 倍角公式

$\sin2x=2\sin x\cos x$；　　　　$\cos2x=\cos^2x-\sin^2x=2\cos^2x-1=1-2\sin^2x$；

$\tan2x=\dfrac{2\tan x}{1-\tan^2x}$；　　　　$\sin^2x=\dfrac{1-\cos2x}{2}$；　　　　$\cos^2x=\dfrac{1+\cos2x}{2}$.

3. 积化和差

$\sin\alpha\cos\beta=\dfrac{1}{2}\left[\sin(\alpha+\beta)+\sin(\alpha-\beta)\right]$；

$\cos\alpha\sin\beta=\dfrac{1}{2}\left[\sin(\alpha+\beta)-\sin(\alpha-\beta)\right]$；

$$\cos\alpha\cos\beta=\frac{1}{2}\left[\cos(\alpha+\beta)+\cos(\alpha-\beta)\right];$$

$$\sin\alpha\sin\beta=-\frac{1}{2}\left[\cos(\alpha+\beta)-\cos(\alpha-\beta)\right].$$

4. 和差化积

$$\sin\alpha+\sin\beta=2\sin\frac{\alpha+\beta}{2}\cos\frac{\alpha-\beta}{2};\qquad \sin\alpha-\sin\beta=2\cos\frac{\alpha+\beta}{2}\sin\frac{\alpha-\beta}{2};$$

$$\cos\alpha+\cos\beta=2\cos\frac{\alpha+\beta}{2}\cos\frac{\alpha-\beta}{2};\qquad \cos\alpha-\cos\beta=-2\sin\frac{\alpha+\beta}{2}\sin\frac{\alpha-\beta}{2}.$$

5. 正余弦定理及面积公式

$$\frac{a}{\sin A}=\frac{b}{\sin B}=\frac{c}{\sin C}=2R;$$

$$a^2=b^2+c^2-2bc\cos A,\ b^2=a^2+c^2-2ac\cos B,\ c^2=a^2+b^2-2ab\cos C;$$

$$S=\frac{1}{2}ab\sin C=\frac{1}{2}bc\sin A=\frac{1}{2}ac\sin B;$$

$$S=\sqrt{p(p-a)(p-b)(p-c)},\ 其中\ p=\frac{1}{2}(a+b+c).$$

三、解析几何公式

1. 两点间的距离

两点 $P_1(x_1,y_1)$ 与 $P_2(x_2,y_2)$ 的距离为 $d=\sqrt{(x_2-x_1)^2+(y_2-y_1)^2}$.

2. 直线的斜率

（1）经过两点 $P_1(x_1,y_1)$ 与 $P_2(x_2,y_2)$ 的直线的斜率为 $k=\frac{y_2-y_1}{x_2-x_1}$;

（2）倾斜角为 θ 的直线的斜率为 $k=\tan\theta$.

3. 直线方程

（1）直线的点斜式方程：经过点 $P(x_0,y_0)$，斜率为 k 直线方程为 $y-y_0=k(x-x_0)$.
（2）直线的截距式方程：斜率为 k，纵截距为 b 的直线方程为 $y=kx+b$.
（3）直线的一般式方程：$Ax+By+C=0$.

4. 点到直线的距离

点 $P(x_0,y_0)$ 到直线 $Ax+By+C=0$ 的距离为 $d=\frac{|Ax_0+By_0+C|}{\sqrt{A^2+B^2}}$.

5. 两直线的位置关系

设 $\begin{cases} L_1 : y = k_1 x + b_1 \\ L_2 : y = k_1 x + b_2 \end{cases}$ ，则 $L_1 /\!/ L_2 \Leftrightarrow k_1 = k_2$ ；$L_1 \perp L_2 \Leftrightarrow k_1 k_2 = -1$.

6. 圆的方程

（1）圆的标准方程：以 (a, b) 为圆心，r 为半径的圆的方程为 $(x-a)^2 + (x-b)^2 = r^2$.

（2）圆的一般方程：$x^2 + y^2 + Dx + Ey + F = 0$（$D^2 + E^2 - 4F > 0$）.

7. 抛物线（$p > 0$）

标准方程	$y^2 = 2px$	$y^2 = -2px$	$x^2 = 2py$	$x^2 = -2py$
图形				
焦点坐标	$\left(\dfrac{p}{2}, 0\right)$	$\left(-\dfrac{p}{2}, 0\right)$	$\left(0, \dfrac{p}{2}\right)$	$\left(0, -\dfrac{p}{2}\right)$
准线方程	$x = -\dfrac{p}{2}$	$x = \dfrac{p}{2}$	$y = -\dfrac{p}{2}$	$y = \dfrac{p}{2}$

积分公式

一、基本积分公式

(1) $\int k \, \mathrm{d}x = kx + C$ （k 是常数）

(2) $\int x^{\mu} \, \mathrm{d}x = \dfrac{x^{\mu+1}}{\mu+1} + C$ （$\mu \neq -1$）

(3) $\int \dfrac{\mathrm{d}x}{x} = \ln|x| + C$

(4) $\int a^{x} \, \mathrm{d}x = \dfrac{a^{x}}{\ln a} + C$ （$a>0, a \neq 1$）

(5) $\int \mathrm{e}^{x} \, \mathrm{d}x = \mathrm{e}^{x} + C$

(6) $\int \dfrac{1}{1+x^{2}} \, \mathrm{d}x = \arctan x + C$

(7) $\int \dfrac{1}{\sqrt{1-x^{2}}} \, \mathrm{d}x = \arcsin x + C$

(8) $\int \cos x \, \mathrm{d}x = \sin x + C$

(9) $\int \sin x \, \mathrm{d}x = -\cos x + C$

(10) $\int \sec^{2} x \, \mathrm{d}x = \tan x + C$

(11) $\int \csc^{2} x \, \mathrm{d}x = -\cot x + C$

(12) $\int \tan x \, \mathrm{d}x = -\ln|\cos x| + C$

(13) $\int \cot x \, \mathrm{d}x = \ln|\sin x| + C$

(14) $\int \sec x \, \mathrm{d}x = \ln\left|\tan\left(\dfrac{\pi}{4}+\dfrac{x}{2}\right)\right| + C = \ln|\sec x + \tan x| + C$

(15) $\int \csc x \, \mathrm{d}x = \ln\left|\tan\dfrac{x}{2}\right| + C = \ln|\csc x - \cot x| + C$

(16) $\displaystyle\int \sec x \tan x \, \mathrm{d}x = \sec x + C$

(17) $\displaystyle\int \csc x \cot x \, \mathrm{d}x = -\csc x + C$

(18) $\displaystyle\int \sin^2 x \, \mathrm{d}x = \dfrac{x}{2} - \dfrac{1}{4}\sin 2x + C$

(19) $\displaystyle\int \cos^2 x \, \mathrm{d}x = \dfrac{x}{2} + \dfrac{1}{4}\sin 2x + C$

(20) $\displaystyle\int \dfrac{\mathrm{d}x}{ax+b} = \dfrac{1}{a}\ln|ax+b| + C$

(21) $\displaystyle\int (ax+b)^{\mu} \, \mathrm{d}x = \dfrac{1}{a(\mu+1)}(ax+b)^{\mu+1} + C \quad (\mu \neq -1)$

(22) $\displaystyle\int \dfrac{\mathrm{d}x}{x^2+a^2} = \dfrac{1}{a}\arctan \dfrac{x}{a} + C$

(23) $\displaystyle\int \dfrac{\mathrm{d}x}{x^2-a^2} = \dfrac{1}{2a}\ln\left|\dfrac{x-a}{x+a}\right| + C$

(24) $\displaystyle\int \dfrac{\mathrm{d}x}{\sqrt{x^2+a^2}} = \ln(x+\sqrt{x^2+a^2}) + C$

(25) $\displaystyle\int \dfrac{\mathrm{d}x}{\sqrt{x^2-a^2}} = \ln\left|x+\sqrt{x^2-a^2}\right| + C$

(26) $\displaystyle\int \dfrac{\mathrm{d}x}{\sqrt{a^2-x^2}} = \arcsin \dfrac{x}{a} + C$

二、常用积分表

（一）含有 $ax+b$ 的积分（$a \neq 0$）

(1) $\displaystyle\int \dfrac{\mathrm{d}x}{ax+b} = \dfrac{1}{a}\ln|ax+b| + C$

(2) $\displaystyle\int (ax+b)^{\mu} \, \mathrm{d}x = \dfrac{1}{a(\mu+1)}(ax+b)^{\mu+1} + C \quad (\mu \neq -1)$

(3) $\displaystyle\int \dfrac{x}{ax+b}\mathrm{d}x = \dfrac{1}{a^2}(ax+b-b\ln|ax+b|) + C$

(4) $\displaystyle\int \dfrac{\mathrm{d}x}{x(ax+b)} = -\dfrac{1}{b}\ln\left|\dfrac{ax+b}{x}\right| + C$

（二）含有 $\sqrt{ax+b}$ 的积分

(5) $\displaystyle\int \sqrt{ax+b} \, \mathrm{d}x = \dfrac{2}{3a}\sqrt{(ax+b)^3} + C$

(6) $\displaystyle\int x\sqrt{ax+b} \, \mathrm{d}x = \dfrac{2}{15a^2}(3ax-2b)\sqrt{(ax+b)^3} + C$

(7) $\displaystyle\int x^2 \sqrt{ax+b} \, \mathrm{d}x = \dfrac{2}{105a^3}(15a^2x^2-12abx+8b^2)\sqrt{(ax+b)^3} + C$

(8) $\displaystyle\int \frac{x}{\sqrt{ax+b}}\mathrm{d}x = \frac{2}{3a^2}(ax-2b)\sqrt{ax+b}+C$

（三）含有 $x^2 \pm a^2$ 的积分

(9) $\displaystyle\int \frac{\mathrm{d}x}{x^2+a^2} = \frac{1}{a}\arctan\frac{x}{a}+C$

(10) $\displaystyle\int \frac{\mathrm{d}x}{x^2-a^2} = \frac{1}{2a}\ln\left|\frac{x-a}{x+a}\right|+C$

（四）定积分

(11) $\displaystyle\int_{-\pi}^{\pi} \cos nx\,\mathrm{d}x = \int_{-\pi}^{\pi} \sin nx\,\mathrm{d}x = 0$

(12) $\displaystyle\int_{-\pi}^{\pi} \cos mx \sin nx\,\mathrm{d}x = 0$

(13) $\displaystyle\int_{-\pi}^{\pi} \cos mx \cos nx\,\mathrm{d}x = \begin{cases} 0, & m \neq n \\ \pi, & m = n \end{cases}$

(14) $\displaystyle\int_{-\pi}^{\pi} \sin mx \sin nx\,\mathrm{d}x = \begin{cases} 0, & m \neq n \\ \pi, & m = n \end{cases}$

(15) $\displaystyle\int_{0}^{\pi} \sin mx \sin nx\,\mathrm{d}x = \int_{0}^{\pi} \cos mx \cos nx\,\mathrm{d}x = \begin{cases} 0, & m \neq n \\ \dfrac{\pi}{2}, & m = n \end{cases}$

(16) $\displaystyle I_n = \int_{0}^{\frac{\pi}{2}} \sin^n x\,\mathrm{d}x = \int_{0}^{\frac{\pi}{2}} \cos^n x\,\mathrm{d}x$

$$I_n = \frac{n-1}{n}I_{n-2}$$

$$I_n = \frac{n-1}{n} \cdot \frac{n-3}{n-2} \cdot \cdots \cdot \frac{4}{5} \cdot \frac{2}{3} \quad (n\text{ 为大于 1 的正奇数}), I_1=1$$

$$I_n = \frac{n-1}{n} \cdot \frac{n-3}{n-2} \cdot \cdots \cdot \frac{3}{4} \cdot \frac{1}{2} \cdot \frac{\pi}{2} \quad (n\text{ 为正偶数}), I_0=\frac{\pi}{2}.$$

附录三

希腊字母表

序号	大写	小写	英文注音	中文读音
1	A	α	alpha	阿尔法
2	B	β	beta	贝塔
3	Γ	γ	gamma	伽马
4	Δ	δ	delta	德尔塔
5	E	ε	epsilon	伊普西龙
6	Z	ζ	zeta	截塔
7	H	η	eta	艾塔
8	Θ	θ, ϑ	thetə	西塔
9	I	ι	iotə	约塔
10	K	κ	kappa	卡帕
11	Λ	λ	lambda	兰布达
12	M	μ	mu	米欧
13	N	ν	nu	纽
14	Ξ	ξ	xi	克西
15	O	o	omicron	奥密克戎
16	Π	π	pi	派
17	P	ρ	rho	柔
18	Σ	σ	sigma	西格马
19	T	τ	tau	套
20	Υ	υ	upsilon	宇普西隆
21	Φ	φ, ϕ	phi	佛爱
22	X	χ	chi	凯
23	Ψ	ψ	psi	普赛
24	Ω	ω	omega	欧米伽

参考文献

［1］ 同济大学数学系. 高等数学：上、下册 ［M］. 8 版. 北京：高等教育出版社，2023.

［2］ 方桂英，崔克俭. 高等数学 ［M］. 4 版. 北京：科学出版社，2018.

［3］ 郝志峰. 高等数学：上、下册 ［M］. 2 版. 北京：北京大学出版社，2022.

［4］ 赵树嫄. 微积分 ［M］. 5 版. 北京：中国人民大学出版社，2021.

［5］ （美）阿德里安·班纳·普林斯顿微积分读本 ［M］. 杨爽，赵晓婷，高璞，译. 2 版. 北京：人民邮电出版社，2016.

［6］ （美）比尔·柏林霍夫，（美）费尔南多·辜维亚. 这才是好读的数学史 ［M］. 胡坦，译. 北京：北京时代华文书局，2019.

［7］ 王贵军. GeoGebra 与数学实验 ［M］. 北京：清华大学出版社，2017.

［8］ 司守奎，孙玺菁. 数学建模算法与应用 ［M］. 3 版. 北京：国防工业出版社，2021.

［9］ 黄创霞，李建平. 微积分 ［M］. 2 版. 北京：北京大学出版社，2023.